无障碍读本

（明）洪应明\著　霍明琨\编著

菜根谭

（下册）原文·注释·译文·点评

团结出版社

图书在版编目（CIP）数据

《菜根谭》无障碍读本 / (明) 洪应明著 ; 霍明琨
编著. -- 北京 : 团结出版社, 2021.2
　ISBN 978-7-5126-8379-2

　Ⅰ.①菜… Ⅱ.①洪… ②霍… Ⅲ.①个人-修养-
中国-明代 Ⅳ.①B825

中国版本图书馆CIP数据核字(2020)第213510号

《菜根谭》无障碍读本

(明) 洪应明　著

霍明琨　编著

出　　版：团结出版社
　　　　　（北京市东城区东皇城根南街84号　邮编：100006）
责任编辑：郑　纪
电　　话：（010）65228880
发　　行：（010）51393396
网　　址：http://www.tjpress.com
E－ma i l：65244790@163.com
经　　销：全国新华书店
印　　刷：三河市双升印务有限公司

开　　本：145×210　1/32
印　　张：22
字　　数：260千字
版　　次：2021年2月第1版
印　　次：2021年2月第1次印刷

书　　号：ISBN 978-7-5126-8379-2
定　　价：58.00元(上、下册)

第一七四则

勿为欲情所系　便与本体相合

心体便是天体。一念之喜，景星庆云①；一念之怒，震雷暴雨；一念之慈，和风甘露；一念之严，烈日秋霜。何者少得，只要随起随灭，廓然②无碍，便与太虚③同体。

【注释】

①景星庆云：代表祥瑞的星名。庆云，又名景云，象征祥瑞的云层。《史记·天官书》："天晴而见景星。"《汉书·礼乐志》："甘露降，庆云出。"

②廓然：广大。

③太虚：泛指天地。

【译文】

人心的本性就像天地的本体。有了喜乐的念头，仿佛出现瑞星祥云；有了愤怒的念头，发生暴雨雷电；有了慈悲的念头，仿佛春风化雨；有了严苛的念头，仿佛寒霜烈日。哪一种天象和念头都不会少，但只要这些心念自然升起又落下，心体如天体一般广袤无边毫无滞碍，便可以天人合一。

【点评】

以前读这句话时，认为应该注重每一念头的起落，尽量不生怒念、苛念、嗔念、贪念、痴念；然而再读时，蓦然发现：其实只要"随起随灭"、"廓然无碍"，才真正是"与太虚同体"、天人合一。

也就是说，作为血肉有情之品的人，几乎避免不了出现负向的情绪，然而是否能和大自然一般，起便起了，灭便灭了，全无挂碍，也不停留；狂风暴雨之后，仍然是朗日晴空，这才是关键。

《心经》说："无挂碍故，无有恐怖，远离颠倒梦想，究竟涅槃。"正所谓顺乎自然、得乎天然。

第一七五则

无事寂寂以照惺惺　有事惺惺以主寂寂

无事时，心易昏冥，宜寂寂而照以惺惺^①；有事时，心易奔逸，宜惺惺而主以寂寂^②。

【注释】

①惺惺：机警、警觉。刘基《醒斋铭》："昭昭生于惺惺，而愦愦出于冥冥。"

②寂寂：安静、沉静、落寞。

【译文】

无事闲居时，心思容易昏昧沉迷，这时虽然沉静寂寞，但是要提示自己有所警醒；有事忙碌时，心情容易急躁忙乱，这时虽然机警灵动，但是要提示自己冷静沉稳。

【点评】

王阳明说：防山中贼易，防心中贼难。

不管有事还是无事，一颗心都容易偏离轨道，或昏昧或放逸。所以如何调适身心，一直都是传统文化中的主题。

太过低迷的时候，需要以警觉来提醒；太过冲动的时候，需要以冷静来克制。正如那个成语"心猿意马"，要让一颗心听从调教、走入正轨，真正是需要一番修养的功夫的。

第一七六则

明利害之情　忘利害之虑

议事者，身在事外，宜悉利害之情；任事①者，身居事中，当忘利害之虑。

【注释】

①任事：负责某事。

【译文】

议论事情的得失时，应该置身事外，才能了解掌握事情的始末，通晓利害；负责事情的进展时，应该置身事中，才能忘记个人利益，抛弃利害得失。

【点评】

当身处不同位置的时候，角色不同，思考和行动的角度也不同。

正如苏轼诗中所写：横看成岭侧成峰，远近高低各不同。不识庐山真面目，只缘身在此山中。

故此《菜根谭》建议，若想对一件事情有清醒的评判，最好置身事外，旁观者清；而如果是以主政者、当事人的身份，则又必须全然忘却得失荣辱，才可以专心致志、担负重任。

第一七七则

操持严明 守正不阿

士君子处权门要路，操履要严明，心气要和易，毋少随而近腥膻①之党，亦毋过激而犯蜂虿②之毒。

【注释】

①腥膻〔shān〕：鱼臭叫腥；羊臭叫膻。这里比喻操行不好的人。

②蜂虿〔chài〕：虿：蝎子一类的毒虫。这里用蜂虿比喻险恶的人心。《左传·僖公二十二年》："蜂虿有毒，而况国乎？"

【译文】

一个正直有修养的君子处于有权势的重要地位时，道德行为和节操品德要刚正清明，心地气度要平易随和，不要放弃自己的原则与结党营私的奸邪之人接近，也不要过于激烈去触犯那些阴险之人而遭其谋害。

【点评】

这句话是对于具有儒家"修身齐家治国平天下"理想的士君子的深刻警示。

首先要严于律己，警觉自己的所作所为是否光明磊落，防止不慎不觉中接近奸佞小人；其次要防止言行过激，心量气度宽宏平和，防止授予他人把柄，遭叵测之人陷害。

宦海沉浮、仕途坎坷，掌握这些原则，为官之路才更为平顺。

第一七八则

浑然和气　处事珍宝

标节义者，必以节义受谤；榜道学①者，常因道学招尤。故君子不近恶事，亦不立善名，只浑然和气②，才是居身之珍。

【注释】

①道学：宋代的理学也称为"道学"。这里泛指学问、道德。

②浑然和气：纯朴敦厚，儒雅温和。

【译文】

喜欢标榜自己有节义的人，必然会因为节义受到他人的毁谤；经常标榜道德学问的人，必然会因为道德学问遭到他人的指责。所以一个有德行的君子，既不做坏事，也不争美名，只是保持纯朴敦厚，才是立身处世中最珍贵的法宝。

【点评】

有时纳闷，为何《菜根谭》一直写到中间部分，才把立身处事的无价之宝教给我们。后来才恍然大悟，原来太早的时候不懂得既要"不近恶事"，也要"不立善名"的真义。

老子一直认为："天下皆知美之唯美，斯恶已；皆知善之为善，斯不善已"；只要树立了所谓美、善的标杆，就会显出丑、恶。所以古来圣人"处无为之事，行不言之教"，"不尚贤，使民不争；不见可欲，使民心不乱"。

圣人之志是使百姓"虚其心、实其腹"，让人们内心平和纯净，没有名利之欲，不刻意区分善恶，也不刻意扬善去恶，只是淳朴天然、顺从本性；其实这就是"浑然和气"，就是走在天道的路上了。天人合一，又怎能不是"居身之珍"呢？

第一七九则

诚心和气陶冶暴恶　名义气节激励邪曲

遇欺诈之人，以诚心感动之；遇暴戾①之人，以和气薰②蒸之；遇倾邪私曲之人，以名义气节激励之。天下无不入我陶冶中矣。

【注释】

①戾 [lì]：凶暴、猛烈。

②薰：一种香草。《左传·僖公四年》："一薰一莸。"（莸：一种臭草）。这里是沐化、感化的意思。

【译文】

遇到狡诈不实的人，用真诚去感动他；遇到粗暴乖戾的人，用平和去感染他；遇到行为不正自私自利的人，用道义名节去激励他。那么天下就没有人不受到我的感化了。

【点评】

常常想，怎样才能遇到欺诈之人、暴戾之人、私邪之人，竟然能不恼、不怒、不恨，还能感动之、薰蒸之、激励之？

现在多少有些了悟，原来是自己的心量、心智、心力都远远不够。心量不够，所以有种种分别，所以眼里揉不下沙子，对所谓的小人心生嗔恨。心智不够，所以对欺诈、暴戾、私邪之人不能明辨，反受其害、无力抵抗。心力不够，自己的力量不够强大，那就更谈不上对其施加影响，予以改变、教化、陶冶、熔铸。

　　所以，打铁还需自身硬，打虎还需真功夫；不修炼自己，就不要谈家国天下了。

第一八〇则

和气致祥瑞　洁白留清名

　　一念慈祥，可以酝酿^①两间和气；寸心洁白，可以昭^②垂百代清芬。

【注释】

　　①酝酿：本指造酒，这里指制造、调和。

　　②昭：明显、显著。《诗经·小雅·鹿鸣》："德音孔昭。"（孔：很）

【译文】

　　心念慈悲祥和，就可以使天地充满温暖平和的气息；心地纯洁清白，就可以使美名千古流传。

【点评】

　　孟子说："大人者，不失其赤子之心者也。"越是登峰造极、一览群山的大人物，越是能保持一颗真挚纯净之心。

　　很多人以为，阅尽千山之后，必然胸中城府沟壑纵横，所谓"出走半生，归来仍是少年"不过是一句虚言；却不记得老子早就说过："专气致柔，能婴儿乎？""赤子之心，与天地同"，"柔弱胜刚强"。

　　慈悲祥和、纯洁清白的人，因其合于自然、中于至道，所以可能暂时不如世俗眼中所见得到功名富贵，但必然浩气贯天地、清气满乾坤，也必然会"昭垂百代清芬"。

第一八一则

庸德庸行　和平之基

阴谋怪习，异行奇能，俱是涉世的祸胎。只一个庸德庸行，便可以完混沌①而招和平。

【注释】

①混沌：宇宙初开、元气未分之时称为"混沌"，这里比喻自然、淳朴的心神。

【译文】

阴险的诡计，古怪的陋习，怪异的行为和奇特的能力，都是涉身处世时招致祸患的根源。只有那些谨守平凡的品德和简朴的言行，才是合乎自然的本性，而给自己带来平和喜乐。

【点评】

有人认为这句话已经不适用于日新月异、竞争和创新的现代社会了，但我想，我们真的懂其中的含义吗？

《汉书·艺文志》说："道家者，君人南面之术也。"道家也许并不像我们所想的那么超然物外、自在逍遥，它在某种程度上恰是统治天下的权术。

也就是，从社会整体运行来讲，平和、安定、恒常、少变动、不折腾，最适合一个国家民族的长远发展，最符合天地之道，所以老子也说"治大国如烹小鲜"。

奇谈怪论、标新立异，偶一人为之可以，偶一事为之可以，但却不适合整体。如果所有人所有事都如此，就乱套了。

所以，"庸"并不是德才很差、只能滥竽充数，而是能守得住本性和本分之意；如果每个人都能守住本性和本分，顺乎自然地成长和发展，那么一个社会和国家也就能和谐前进了。

第一八二则

忍得住耐得过　则得自在之境

语云："登山耐侧路，踏雪耐危桥。"一耐字极有意味，如倾险之人情，坎坷之世道，若不得一耐字撑持过去，几何不堕入榛莽①坑堑②哉？

【注释】

①榛莽：榛［zhēn］：杂木。莽［mǎng］：草木深邃的地方。

②堑［qiàn］：护城河，壕沟。《史记·高祖本纪》："使高垒深堑，勿与战。"

【译文】

俗话说："爬山要能耐得住险峻难行的路，踏雪要耐得住危险的桥梁。"这一个"耐"字意味深长。就像阴险邪恶的人情、坎坷难行的世道，如不用一个"耐"字支撑过去，有几人不掉入杂草丛生、荆棘遍布的深沟中的呢？

【点评】

有一首歌名叫《从前慢》，歌中唱道："从前的日色变得慢，车马邮件都慢，一生只够爱一个人。"

我想：现在的人大多受不了这种慢了。不止受不了这种慢，我们耐不住的事情还有很多：耐不住寂寞，耐不住平庸，更耐不住挫败和低谷。

　　也许在现代人急于培养的各种能力中，并没有给予"耐受力"以充分的重视，而往往，善于包容、等待、忍耐的人，才是笑着走到最后的人。

第一八三则

心体莹①然　不失本真

夸逞②功业，炫耀文章，皆是靠外物做人。不知心体莹然，本来不失，即无寸功只字，亦自有堂堂正正做人处。

【注释】

①莹：玉石的光彩。

②逞：炫耀，显示。《韩非子·说林下》："势不便，非所以逞能也。"

【译文】

夸耀自己的功业，炫耀自己的文章，这些都是依靠身外之物来做人。殊不知只要保持心地的洁白纯净，不失自然的本性，即使没有半点功业，没有片纸文章，也自然可以堂堂正正地做人。

【点评】

读完这一则怅然若失，我们是否都太依赖外在系统定位自己，太依靠"外物做人"了呢？功业好文章好，就会出人头地、受人赞赏；功业不好文章不好，我们还是不是我们自己了呢？

很多时候，早已本末倒置，忘记了我们自身就是值得珍贵和重视的，忘记了我们自己的心灵原本就是一块美玉。能够珍视自身，能够让这块美玉不染尘埃，已经是一生的功业文章，所有后来追加的外物只不过是锦上添花，奈何世人大都舍本逐末、买椟还珠了啊。

第一八四则

忙里偷闲　闹中取静

　　忙里要偷闲，须先向闲时讨个把柄；闹中要取静，须先从静处立个主宰①。不然，未有不因境而迁②，随事而靡③者。

【注释】

①主宰：主见。《吕氏春秋·精通》："万民主宰也。注：'主宰，盖主持之意'。"

②迁：转移、变更。

③靡[mǐ]：散败、损毁。

【译文】

　　繁忙的时候要懂得抽空清闲一下，以便有张有弛、身心舒展；而要做到这一点，必须在空闲无事时就有一个合理的安排和考虑；要想在喧闹的环境中保持头脑冷静，就必须先在心情平静时有个主张。如果没有良好的习惯调剂身心，那么一旦遇到繁忙或者喧闹的情形就会被搅乱节奏，以至手足无措。

【点评】

　　总感觉古人的生活像一首诗、一幅画、一支琴曲，不论何时都懂得掌握节奏，比只知道忙来忙去、热锅蚂蚁一般的现代人幸福多了。

这个节奏就是：忙里偷闲、闹中取静。知道何时该刹车，何时该暂停；也知道何时该加油，何时该保养；最后身心安定，轻松自然地读万卷书，行万里路。既看到了风景，也登上了山顶，这样的人生，岂不快哉！

第一八五则

为天地立心　为生民立命　为子孙造福

不昧①己心，不尽②人情，不竭③物力。三者可以为天地立心，为生民立命④，为子孙造福。

【注释】

①昧：昏暗、蒙蔽。

②尽：完、绝。

③竭：穷尽、极力。这里是极度浪费之意。《庄子·天下》："一尺之捶，日取其半，万不可竭。"

④为天地立心，为生民立命：语出宋代理学家张载："为天地立心，为生民立命，为往圣继绝学，为万世开太平。"

【译文】

不蒙蔽自己的良心，不违背人之常情，不过分浪费物力。做到这三点，就可以在天地之间树立善良的心性，为万民创下生生不息的命脉，为子子孙孙打造永恒绵长的幸福。

【点评】

站在时空交汇的点上，能够说出"为天地立心，为生民立命，为子孙造福"的话，需要何等胸襟、智慧和力量！

达到如此大境界，拥有如此大抱负，绝非眼高手低、恨铁不成钢、张牙舞爪、花拳绣腿之人所能为。

《菜根谭》说：只需真诚忠实于自己内心的良知，尊重遵循自然的人伦情感，敬畏珍惜天地中的万事万物，做到这三点，便已经足够建功立业、传之后人。

第一八六则

为官公廉　居家恕①俭

居官有二语，曰：唯公则生明，唯廉则生威。居家有二语，曰：唯恕则情平，唯俭则用足。

【注释】

①恕：用自己的心推想别人的心。《论语·卫灵公》："子贡问曰：'有一言可以终身行之者乎？子曰：'其恕乎！己所不欲，勿施于人。'"

【译文】

为官者有两句经典格言："只有公正才能清明，只有廉洁才能威严。"治家者也有两句经典格言："只有宽容才能心情平和，只有节俭家用才能富足。"

【点评】

多少时候，我们觉得清官难断家务事，因为家庭琐事不胜其扰；多少时候，我们觉得世事难料、人心叵测，因为仕途艰险不胜其烦。

其实传统文化早已为我们化繁为简、四两拨千斤。如同这一句：为官没有那么复杂，只要坚守两个字：公、廉；持家没有那么心累，只需坚持两个字：恕、俭。

公正无私，廉洁自律，推己及人，节用有度，这就是最大的原则，也会达到最好的效果。大道至简，仔细想想，难道不是如此吗？

第一八七则

处富知贫　居安思危

处富贵之地，要知贫贱的痛痒①；当少壮之时，须念衰老的辛酸。

【注释】

①痛痒：指痛苦。王阳明《传习录》："如耳目之知视听，手足之知痛痒，此知觉便是心也。"

【译文】

富贵的时候要了解贫穷困苦人家的艰辛；年轻力壮时，要理解年老体衰之人的悲哀。

【点评】

往往在富贵少壮的时候，我们会有一种错觉，以为自己仿佛可以永远如此；只有随着时间流逝，各种变化和变迁来临，才会在某一个时间点蓦然了悟：原来"无常"早已改变生命。

而只有了悟到"无常"的时候，我们才会对生命有所敬畏，才会在富贵的时候不骄矜，在少壮的时候不自恃。因为我们终究会明白："少年休笑白头翁，花开能有几日红。"

第一八八则

清浊并包　善恶兼容

持身不可太皎①洁，一切污辱垢秽要茹②纳得；与人不可太分明，一切善恶贤愚要包容得。

【注释】

①皎：洁白明亮。《诗经·陈风·月出》："月出皎兮。"

②茹：含。范成大《相州》诗："茹痛含辛说乱华。"

【译文】

立身处世不可太清高，所有污浊、屈辱、毁谤、丑恶的东西都要能够容忍接受；与人交往不能太过计较，对于善良的、邪恶的、智慧的、愚蠢的人都要能够理解包容。

【点评】

越来越明白，《菜根谭》所讲的很多道理，都必须在经历过一些人生历练后，才可以懂得。

人往往在儿童期是二元思维，非黑即白、非好即坏，所以看电影的时候总追问谁是好人谁是坏人；日渐成熟之后才明白，如果这个世界能简单分成黑白好坏，也就不会有诸多争斗和烦恼了；也正是在此时，才会懂得"包容茹纳"的重要。

第一八九则

勿仇小人　勿媚君子

休与小人仇雠①，小人自有对头；休向君子谄媚，君子原无私惠。

【注释】

①雠［chóu］：仇敌、仇人。《尚书·微子》："小民方兴，相为敌雠。"

【译文】

不要与那些行为不正的小人结下仇怨，小人自然有他的冤家对头；不要向君子去讨好献媚，君子本来就不会因为私情而给予恩惠。

【点评】

与小人结仇，就等于把自己拉低到了小人的段位；这种较量往往耗费生命，而且毫无结果和意义。

向君子谄媚，则等于把君子拉低到了自己的段位；自己反而变成了小人，以小人之心度君子之腹，用小人的手段与君子结交，这种交往只会自惭形秽、自取其辱。

第一九〇则

疾病易医　魔障难除

　　纵欲之病可医，而势理之病①难医；事物之障可除，而义理之障②难除。

【注释】

　　①势理之病：固执己见自以为是的毛病。

　　②义理之障：正义真理方面的障碍。

【译文】

　　放纵情绪欲念的毛病还可以医治，而固执己见自以为是的毛病却很难纠正；对于一般事理和物理的认识障碍还能够除去，但是对于义理和品德方面的认知障碍却难以消除。

【点评】

　　外在容易看到的毛病，还有希望改正；但是隐形潜伏在人心之中的顽疾，却难以去除。

　　有一种顽疾就是"势理之病"，也就是固执一隅之理，僵化自持，拒绝接受和改变；一旦如此，就无法慈悲悦纳、从善如流，不会变得柔软和通达，当然，也就不会真正强大和长久了。

第一九一则

金须百炼　矢不轻发

磨砺当如百炼之金，急就者，非邃^①养；施为宜似千钧之弩^②，轻发者，无宏功。

【注释】

①邃 [jù]：深远。柳宗元《永州韦使君新堂记》："窍穴逶邃。"（逶：曲折）

②弩：一种利用机械力量发射箭的弓。

【译文】

磨砺意志应当像炼金一样，反复陶冶才能成功，急于求成的人，就没有高深的修养；做人做事应当像拉开千钧的弓弩一样，特别专注努力才能拉动，如果随便轻易发射，就不会建立宏大的功业。

【点评】

《西游记》中孙悟空的成佛之路，典型地代表了传统文化对心性修炼的态度。

这个猴子在刚出道时，已经是七十二变、一个筋斗十万八千里，自封为齐天大圣，而且打翻王母娘娘蟠桃盛宴、搅乱东海龙宫、撕毁阎王花名册，可以说上天入地无所不能，可这么厉害的能耐，却不能成佛。

如来佛祖将他镇在五行山下，压压他的野性；戴上紧箍咒，管管他的躁性；十万八千里取经路，磨磨他的耐性；九九八十一难，炼炼他的心性。经历了沧海桑田、千山万水，大圣才变成了悟空，悟空最后才成为了斗战胜佛。

　　而"佛"在梵语中的本意，就是觉悟的人。

第一九二则

宁为小人所毁　勿为君子所容

宁为小人所忌毁，毋为小人所媚悦①；宁为君子所责备，毋为君子所包容。

【注释】

①媚悦：本指女性以美色取悦于人，这里指用不正当的行为博取他人欢心。

【译文】

宁可受到小人嫉恨诽谤，也不要被小人之取宠献媚所迷惑；宁可受到君子的责难训斥，也不要被君子原谅和包涵。

【点评】

在与人交往中，应该充满着清醒与辨别。就像前几年曾经流行的那首歌：《借我一双慧眼》。既要分清何为小人、君子，也要明辨该受何忌毁与责备，拒何媚悦与包容。

君子坦荡荡，小人长戚戚。小人忌毁的正是光明磊落之事，因此尽管正道沧桑，也该行之如初。小人媚悦的却是以利相交、甘之若醴，看似甜蜜，却是布满荆棘榛莽的阴沟，必然翻船。

君子所责备的是其引为同类，恨铁不成钢、爱之深责之切者，所以才能快马加鞭、响鼓重锤；如果被君子包容，则意味着朽木不可雕也，粪土之墙不可圬也；不再被君子引为同类，又如何能追步圣贤，再进一步呢？

第一九三则

好利者害显而浅　好名者害隐而深

好利者，逸①出于道义之外，其害显而浅；好名者，窜②入于道义之中，其害隐而深。

【注释】

①逸：超出、超越。《三国志·蜀书·诸葛亮传》："亮少有逸群之才。"

②窜：隐匿、躲藏。

【译文】

贪求利益的人，他的所作所为逾越道义之外，所造成的伤害虽然明显但不深远；而贪图名誉的人，他的所作所为隐藏在道义之中，所造成的伤害虽然不明显却很深远。

【点评】

人们往往容易发觉那些显而易见的危害，却不知假借伪装者危害更深。就如同非法牟利、制售假货毒品者，本身就已经违反道德原则、法律底线，反而容易让人引起警惕，甚至群起讨伐。

然而古往今来，总有以道德良善为标榜、以勤政爱民为旗帜者，最后却都是作恶无数、刮地三尺，这样的人除非锒铛入狱、东窗事发，否则如此隐形却重大的蛀虫，又有谁可以发现其害呢？

第一九四则

忘恩报怨　刻薄之尤

受人之恩，虽深不报，怨则浅亦报之；闻人之恶，虽隐不疑，善则显亦疑之。此刻之极，薄之尤①也，宜切戒之。

【注释】

①尤：特别、尤其、更。《汉书·辛庆忌传》："居处恭俭，食饮被服尤节约。"

【译文】

虽然受到了别人深厚的恩德却不曾想着怎样报答，而就算心中有一点点怨恨也要进行报复；听到他人的坏事，即使很隐约也坚信不疑，而明知他人做了好事，却持怀疑的态度。这实在是刻薄到了极点，我们必须要戒除这种行为啊！

【点评】

看到这一句甚为惊悚，这不都是我们日常的通病吗？

常常以为得到的都是应该的，理所当然，不曾想自己的智慧德行是否配得上这些福分，不曾想如何滴水之恩涌泉相报；然而如若受到一些不平不公的对待，却耿耿于怀、挥之不去，乃至睚眦必报。

常常一边讨厌阴暗不堪，一边又充当"好事不出门，坏事传千里"的推手，不知不觉间乐得做个吃瓜群众；然而对于他人的光彩好事却总是半信半疑，甚至吃不到葡萄说葡萄酸，自忖为何没有轮到我的头上来？

这些不都是我们心理中的阴晦部分、至暗时刻吗？我们总以为自己宽厚仁德，这些其实不都是刻薄之极吗？细思极恐，却又真的应该深刻细思。

第一九五则

谗言如云蔽日　甘言如风侵肌

谗夫毁士，如寸云蔽日，不久自明；媚子阿人①，似隙风②侵肌，不觉其损。

【注释】

①阿人：指谄媚取巧、曲意附和的人。

②隙风：指从门窗、墙壁的小孔吹进的风。

【译文】

用恶言毁谤或诬陷他人的小人，只不过像一点点乌云遮住了太阳，不久就会风吹云散重见光明；而那些阿谀奉承、巴结别人的人，却像从门缝中吹进的邪风侵害肌肤，使人们在不知不觉中受到伤害。

【点评】

《菜根谭》在不断提醒我们，越是甜蜜美好的东西，越是应该当心。

春秋五霸之一的齐桓公就是在媚子阿人的阴沟里翻了船。他身边有三个宠臣：易牙，开方，竖刁。易牙烹饪技艺高超，为了博得主子的欢心，竟然把自己儿子蒸了献给桓公吃。开方是卫国的一位贵族，"忠心"追随齐桓公十五年不回国，即使是父母去世也不回家奔丧。竖刁原为齐桓公的一名侍卫，为了表忠心，阉割了自己进宫伺候齐桓公。这三人让齐桓公深为感动，日益宠信。管仲病重的时候告诉国君务必疏远这三个人，否则国家必乱。齐桓公先是遣散了这三人，可是他随后就像抽大烟的人犯了烟瘾一样浑身难受，三年后又忍不住召回三人伴驾。结果三宠专权，朝廷动荡，国家兵乱，最后导致齐桓公死后尸体放了六十多天腐烂不堪尚未入葬，一代明君竟然成了死得最窝囊的国王。

第一九六则

戒高绝之行　忌褊急之衷

山之高峻处无木，而溪谷回环则草木丛生；水之湍急处无鱼，而渊潭停蓄①则鱼鳖聚集。此高绝之行，褊急②之衷③，君子重有戒焉。

【注释】

①停蓄：指水静止不流动。

②褊［biǎn］急：气量狭小、性情急躁。

③衷：内心。颜延之《五君咏》："深衷自此见。"

【译文】

山高险峻的地方往往没有树木生长，而在溪谷蜿蜒曲折的地方却草木丛生；水流湍急的地方没有鱼儿停留，而平静的深潭下则鱼鳖聚积。这意味着，过于清高独绝的行为，过分偏激急躁的心理，对一个有德行的君子来说，是应当努力引以为戒的。

【点评】

中国传统文化强调取法自然，《菜根谭》的智慧也是如此。

过高、过险、过清、过急之处，都不是汇聚福德、生生不息的宝地。做人也是如此，阳春白雪必然曲高和寡，天马行空必然独往独来；唯有放低自己、放平自己，不激不躁，才可以蕴养德行、陶冶情操。

第一九七则

虚圆①立业　偾事失机

建功立业者，多虚圆之士；偾②事失机者，必执拗之人。

【注释】

①虚圆：谦虚圆通。

②偾［fèn］：败。《礼记·大学》："此谓一言偾事。"

【译文】

能够建立宏大功业的人，大多是处世谦虚圆融的人；而容易失败抓不住机会的人，一定是性情固执倔犟的人。

【点评】

这里的所谓"虚圆"，不是虚浮矫饰、圆滑老练，而是虚怀若谷、圆融通达、浑和包容，善于协调上下左右的关系，这才能够建功立业。那些性格执拗一意孤行的人，必然坐失良机、事业无成。这里所说的"虚圆"和"执拗"之分，衡量的就是一个人的协调、沟通能力。

商朝的宰相伊尹，最善于协调安排不同的人在不同的位置上。他在组织土木基建工程的时候，让腿脚强健的人挖掘，肩脊有力的人背运，独眼的人进行测量画线，驼背的人则负责粉刷地面，人力各尽所用，每个人都做他适合做的工作，从而使他们的特点都得到了充分发挥。

汉高祖刘邦，文不能经世、武不能克敌，但他把流亡贵族张良、老乡至交萧何、平民走卒韩信、德行败坏的陈平、杀猪屠夫樊哙……每个人都安排到合适的位置，张良善于谋算、萧何善于安邦、韩信善于作战、陈平能保江山，刘邦长袖善舞地协调沟通好了各个方面的关系，所以才能和"力拔山兮气盖世"的项羽抗衡，最终坐上龙椅建立汉朝。

第一九八则

处世要道　不即不离

处世不宜与俗同，亦不宜与俗①异；作事不宜令人厌，亦不宜令人喜。

【注释】

①俗：指一般人。

【译文】

为人处事既不要随波逐流、陷于庸俗，也不应该故作清高、标新立异；做事既不要与众不同使人讨厌，也不应该刻意委曲求全讨人喜欢。

【点评】

初读此句，一定会感觉太过中庸，难以抓执。既不与俗同，又不与俗异；既不令人厌，也不令人喜，到底该怎么做？

在有了人生历练以后才会明白，只有对自己有更深的了解，知道自己是谁，该做什么样的人，该走哪条路时，才不会盲目跟随别人、混于留俗；也不会特意清高标举、与众不同。

而只有知道自己适合什么，究竟要什么，想得到什么时，也才不会委曲求全、折损心志；更不会不懂事理、违逆人情。

第一九九则

老当益壮　大器晚成

日既暮而犹烟霞①绚烂，岁将晚而更橙桔芳馨②。故末路晚年，君子更宜精神百倍。

【注释】

①烟霞：云气。

②芳馨：香气四溢。

【译文】

太阳快要落山的时候，天空出现的晚霞依然放射出绚丽夺目的光彩；一年将尽的暮秋季节，橙桔正在结出芬芳金黄的果实。所以一个修为很好的君子，到了暮年更应该振作精神、充满信心。

【点评】

以前读"老骥伏枥，志在千里，烈士暮年，壮心不已"，"莫道桑榆晚，为霞尚满天"时，完全浮于表面，只觉得人就应该这样，应该老当益壮。

可是人到中年后，尤其是看到真正进入晚年、老病交加的父母再也没有中年、壮年，甚至刚刚进入晚年那种活泼风采的时候，才明白为何释迦牟尼当年是在生老病死中了悟生命的真谛，才明白为何《菜根谭》也说

"少壮时要知衰老的辛酸"。

　　并不是每个人都能强大到直视、正向面对疾病、衰老和死亡。末路晚年更能精神百倍的人，实在值得钦佩和尊敬。

第二〇〇则

藏才隐智　任重致远

鹰立如睡，虎行似病，正是它取人噬^①人手段处。故君子要聪明不露，才华不逞^②，才有肩鸿^③任钜^④的力量。

【注释】

①噬〔shì〕：咬。柳宗元《封建论》："人不能搏噬。"

②逞：炫耀、显示。《韩非子·说林下》："势不便，非所以逞能也。"

③肩鸿：指担负大责任。

④钜：通"巨"，大。

【译文】

雄鹰伫立时双目半睁半闭好像打瞌睡，猛虎行走时慵懒无力仿佛很病弱，岂不知这正是它们准备抓扑人、吞噬人的高明手段。所以君子要有聪明而不显露、有才华而不逞能，这样才有肩负重任、承担伟业的力量。

【点评】

"机关算尽太聪明，反误了卿卿性命"，这是《红楼梦》中王熙凤的判词。我们的传统文化并不欣赏聪明外漏、才华早展，而更强调大智若愚、大巧若拙。

曹操的谋士杨修自认聪明无比，解读写在门上的"阔"字、分享"一合酥"、宣布退军号令"鸡肋"是他的拿手把戏。可是他表现得越聪明，越是招致曹操的厌恶，最终被置于死地。而曹操的另一个谋士荀攸，和到处炫耀聪明的杨修相比则显得很愚讷，但是在决定曹操一生命运的官渡之战中，荀攸献计声东击西、避实就虚，解了白马之围。袁绍粮草被烧、军心大乱之后，荀攸又献计迷惑袁绍，乘虚而入，大获全胜。征伐吕布时，荀攸坚决反对撤兵，坚持紧急攻击，最后活捉吕布、除去心腹之患。荀攸在辅佐曹操过程中，共奉献重大计谋十二次，每次都能使曹军出奇制胜、绝处逢生，被称为曹操的"谋主"。在政治和军事角逐中，荀攸智谋超人、屡出妙策；可是在对待曹操和同僚时，却总是表现得谦卑、愚钝。他在朝二十余年，能够从容自如地处理政治漩涡中上下左右的复杂关系，从不见有人到曹操处进谗言加害他，也没有一处得罪曹操或使曹操不悦，始终地位稳定，立于不败之地，善终而死后，曹操还推崇备至地赞誉他为谦虚的君子和完美的贤人。

　　曹操曾经评价荀攸："外愚内智，外怯内勇，外弱内强，不伐善，无施劳，智可及，愚不可及，虽颜子、宁武不能过也。""愚不可及"出自《论语》，孔子赞赏卫国大夫宁武子处世为官有方，说他那种聪明别人可以做得到，但他那种"愚笨"就不是一般的人能做得到的，而这，才是真正的大智。

第二○一则

过俭者吝啬　过让者卑曲

俭，美德也，过则为悭吝①，为鄙啬，反伤雅②道；让，懿③行也，过则为足恭④，为曲谨，多出机心⑤。

【注释】

①悭［qiān］吝：为富不仁、吝啬小气。

②雅：高尚、不俗。

③懿［yì］：美，好。《诗经·周颂·时迈》："我求懿德。"

④足恭：过分恭敬。《论语·公冶长》："巧言令色足恭，左丘明耻之，丘亦耻之。"

⑤机心：这里指诡诈狡猾的用心。

【译文】

俭朴是一种美德，可是俭朴过分就是吝啬小器，成为斤斤计较的守财奴，反而伤害了与人交往的雅趣；处事谦让是一种高尚的行为，可是如果谦让过分就显得卑躬屈膝，谨小慎微不够大方得体，反而会多出一些巧诈的心思。

【点评】

所谓"过犹不及"，中庸之道的智慧在于，凡事把握一个适当的尺度，拿捏一个合适的分寸。

如果不懂得这种尺度和分寸，过于死板僵化，则不仅不能让人感觉到进退知止、韵味无穷的优雅美好，反而变得急功近利、前倨后恭，一副状态尽失的奴婢相。

第二〇二则

喜忧安危　勿介于心

　　毋忧拂意①，毋喜快心②，毋恃久安，毋惮③初难。

【注释】

　　①拂意：不如意。拂：违背、不顺。《韩非子·外储说左上》："忠言拂于耳。"

　　②快心：称心。快：高兴、痛快。

　　③惮［dàn］：畏惧、害怕。《管子·乘马》："民不惮劳苦。"

【译文】

　　不要为不顺心意的事忧心忡忡，也不要对称心如意的事欣喜若狂；不要对长久的安定产生依赖，也不要因为遇到一点困难而畏缩害怕、裹足不前。

【点评】

　　在儒家原典《周易》中，"易"有三义，其一为"变易"。

　　八卦的无穷运转、阴阳的循环往复，一再昭示天人宇宙间的规律：没有一件事物可以永恒保持它的状态，盛极必衰、乐极生悲，一切都处于变化之中。

　　明白了这个道理，就不会在失意时忧虑，得意时喜悦；也不会在安稳时自满，困难时畏缩。

第二〇三则

宴乐、声色、名位 三者不可过贪

饮宴之乐多，不是个好人家；声华之习^①胜，不是个好士子^②；名位之念重，不是个好臣士。

【注释】

①习：习惯。

②士子：指读书人或学生。

【译文】

经常宴请宾客饮酒作乐的，不会是个正派人家；喜欢淫靡音乐和华丽服饰的，不是个正经读书人；过于看重名声地位的，不是个好官吏。

【点评】

《菜根谭》一再警示我们，越是看似华美舒适的东西，越容易潜藏危机，甚至稍一疏忽就会酿成大祸。

因此不管修身、持家，还是入仕，都戒一个字："贪"。不贪宴饮作乐，不贪华服美声，不贪名利权钱，能做到这些就可以保全自身。

而我们之所以容易贪图这些，还有一个更重要的原因，就是并不清楚一个好家庭、一个好知识分子、一个好官员的真正品质应该是什么。如果能明白平凡朴实的生活、洁身自爱的操守、忧国忧民的品行如同无价之宝，也就不会在意和追求那些虚浮不实的东西了。

第二〇四则

乐极生悲　苦尽甜来

世人以心肯①处为乐，却被乐心引在苦处；达士以心拂②处为乐，终为苦心换得乐来。

【注释】

①心肯：指心愿得到满足。

②拂：违背。

【译文】

世人以满足自己的欲望为快乐，然而却常常被寻求快乐的心引诱到痛苦中去；一个豁达明智的人在平时能信心百倍地忍受各种不如意，最后用自己的劳苦换来了真正的快乐。

【点评】

"达士"和"世人"的区别，就在于不受事物表象的诱惑，并能透过表象看到本质。

我们之所以是俗人，是因为明知这世界不可能以我们为中心，一切都顺着我们的心意来，却总是天真地以为自己是个例外和侥幸；而且痴心妄想通过求神求佛保佑自己不受苦不遭罪，就可以一帆风顺志得意满，结果反而作茧自缚、自找苦吃。而真正明白这个世界运行规律的人，则充分接纳各种幸与不幸，安之若素、顺势而为、隐忍等待，终于苦尽甘来，笑到最后。

第二○五则

过满则溢　过刚即折

居盈①满者，如水之将溢未溢，切忌再加一滴；处危急者，如木之将折未折，切忌再加一搦②。

【注释】

①盈：充满。《诗经·小雅·楚茨》："我仓既盈。"

②搦［nuò］：压制。左思《魏都赋》："搦秦起赵。"

【译文】

当一个人的权力达到鼎盛的时候，就像水缸中的水已经装满将要溢出来一样，这时切忌再加入一滴；当一个人处在危急状况时，就像树木将要折断却还未折断的时候，这时切忌再施加一点压力。

【点评】

有一次孔子去鲁桓公之庙参观，见庙中有个欹器。孔子问道："这是什么器物?"守庙的人回答说："这是相当于座右铭的器物。"孔子说："我听说这种东西'虚则欹，中则正，满则覆'。当它空虚不盛一点水时，就只能欹斜地放着，不是向左歪就是向右歪，怎么也放不正。灌入正好适量的水后，罐身就竖起来，可以端正地摆在那；但往容器注水又不可太满，水太多了，它又会自动向另一侧翻倒，而把水都倒了出来，是这样的吗？"他让子路取来水试了试，果然这样，于是长叹一声说："恶有满而不覆者哉！"——哪有满了而不翻倒的呢？

　　所谓"百尺竿头再进一步"，真的需要辩证地看。有的时候也许前进一步就是万丈深渊；在适当的时候悬崖勒马、停步退却，也是人生的一种大智慧。

第二〇六则

冷眼观人　理智处世

冷眼观人，冷耳听语，冷情当①感，冷心思理。

【注释】

①当：主持、掌管。《左传·襄公二年》："于是子罕当国。"

【译文】

用冷静的眼光观察他人，用冷静的耳朵听他人说话，用冷静的情感来主导意识，用冷静的头脑来思考问题。

【点评】

俗语常说"头脑一热"、"热血上涌"，形容的都是没有经过平静、理智思考而匆忙、鲁莽采取行动。

《菜根谭》并不欣赏冷漠、薄情、苛刻的处事态度，但是却强调要保持冷静、深思熟虑。唯如此，才可以保证以平和的心态全面观察事物，不至有失偏颇；也可以客观分析和评判，不至忽左忽右、流于偏执；更可以避免草率决定、贻误大事。

第二〇七则

量宽福厚　器小禄薄

仁人心地宽舒，便福厚而庆①长，事事成个宽舒气象；鄙夫②念头迫促，便禄薄而泽短，事事得个迫促规模。

【注释】

①庆：福禄。《易经·文言》："积善人家有余庆。"

②鄙夫：鄙陋之人。

【译文】

仁德宽厚的人心胸宽广坦荡，所以福禄丰厚而长久，凡事都表现出宽宏大度的气概；浅薄无知的人心胸狭窄逼仄，所以福禄微薄而短暂，凡事都表现出目光短浅狭隘局促的心态。

【点评】

格局和境界，是决定一个人能够爬多高、走多远的关键所在。

所以真正的教育的精髓，是注重锤炼品格和灵魂的深度与高度。越是在意一些并不重要的细节，在意所谓的成绩、排名、升学，往往培养出来的孩子除了会考试和学习，其余都鼠目寸光、斤斤计较；而且越是如此，人的心性越狭窄，拿不起放不下、担不动看不开；这样培养出来的人，只能算作"鄙夫"，人生已经被限了高，再难有大胸襟、大气魄去开天辟地、继往开来。

第二〇八则

恶不可即就　善不可即亲

闻恶不可就恶①，恐为谗夫②泄怒；闻善不可即亲，恐引奸人进身。

【注释】

①就恶：立刻厌恶。

②谗夫：陷害别人，说别人坏话的小人。《荀子·修身》："伤良曰谗，害良曰贼。"

【译文】

听到别人有恶行，不能马上就起厌恶之心，要冷静仔细观察，判断是否有人故意诬陷泄愤；听到别人有善行，也不要立刻相信并去亲近他，也要冷静仔细观察，以防有奸邪的人作为谋财求职的手段。

【点评】

《菜根谭》真可谓是一部处世宝典。其中的智慧绝不仅仅是蕴含儒道释精粹那么简单，同时还有千百年积淀下来的人生经验与教训。

如果只是凭借单纯朴实的心性，和恭读圣贤书得来的"知识"，初涉世事的"小白"很容易因为善行而感动、因为恶行而愤怒，并且天真地以为自己"亲君子、远小人"。只有经历过一定世事的资深人士，才懂得这背后也许有更深的套路、更迷惑人的把戏，所以才会等一等、看一看，闻恶不急于就恶，闻善不急于即亲。

第二〇九则

躁性偾事　和平徼福

性躁心粗者一事无成；心和气平者百福自集^①。

【注释】

①集：聚集。贾谊《过秦论》："天下云集而响应。"

【译文】

性情急躁、粗心大意的人，最后没有一件事情能够做得成功；心地平静、性情温和的人，往往各种福分都会降临到他的头上。

【点评】

"躁"的字形字义都象征着手脚乱动、内心不安。《说文》解释说："躁，急也。"而所谓"气急败坏"，凡事只要一躁、一急，必坏无疑。虽说成语中也有"急中生智"，但"智"不是"慧"，只是权且应付眼前，无法长久，而急中更容易生乱，忙中更容易出错。

传统文化智慧欣赏"每临大事有静气"。《道德经》云"静为躁君"，《大学》中说"静而后能安，安而后能虑，虑而后能得"。一旦静下来，则静能生定，定能生慧。

曾国藩刚考中进士时，踌躇满志，得意非凡；但为官不久，就因为无法施展抱负、缺乏仕途经验，更耐不住翰林院清苦孤寂，脾气一下子变得极其暴躁，动不动就申斥仆人，甚至弟弟也因无法忍受他的脾气愤而返乡。后来曾国藩痛下决心改过，拜见晚清理学大师唐鉴。唐鉴针对曾国藩"忿狠"的缺点提出"主静"，告诉他"若不静，省身也不密，都是浮的，总是要静……最是静字工夫要紧"。心静不下来，反省再多，一切都是空的。这番见解拨开了曾国藩心中的迷雾。他开始跟着唐鉴学习静坐功夫。无论公务多么繁忙，每日都要坚持静坐四刻钟。后来他领兵打仗能够指挥若定，都离不开"静"字的功夫。

第二一〇则

酷则失善人　滥则招恶友

用人不宜刻^①，刻则思效者去；交友不宜滥^②，滥则贡谀^③者来。

【注释】

①刻：刻薄、苛刻。柳宗元《封建论》："奸利浚财，怙势作威，大刻于民者。"

②滥：随便、过度、无节制。《荀子·致士》："刑不欲滥。"

③贡谀：指说好话逢迎讨好。

【译文】

用人不可太刻薄，如果用人刻薄，那些想前来效忠你的人也会因此离去；交友不应该太没原则，如果胡乱交友，那么善于逢迎献媚的人都会设法来到身边。

【点评】

《说苑》中记载了一篇《楚庄王绝缨》的故事，可以作为这句话的注解。

春秋时楚庄王一次大宴群臣，直喝到日落西山点起灯烛。这时忽然一阵大风把灯烛吹灭，一个喝得半醉的将军趁乱拉住楚庄王妃子的衣服。妃子大惊，摸着将军的头盔折断了他的帽缨，大喊："大王，有人想趁黑侮辱我，我已经折断了他的帽缨，拿在手上，请一会儿点灯后看谁的头上没帽缨，问他的罪！"楚庄王马上说："且慢！我今天请大家喝酒，有的人喝醉了，酒后失礼不能责怪。我不能为了显示你的贞节而伤害我的大臣。"又说："今天痛饮，不拔掉盔缨不算尽欢，大家都把盔缨拔掉！"参加宴会的一百多人有盔缨，全部拔掉了，然后才重新点灯。君臣直喝得尽欢而散。

三年以后，楚晋大战。有一位将军总是奋不顾身冲在前面，击溃晋军。庄王把那位将军召到跟前，对他说："我平日并没有特殊优待你，你为什么这么舍生忘死地战斗呢？"那个人回答说："三年前宴会上被折缨的就是我。蒙大王不杀不辱，我决心肝脑涂地，以报大王之恩。"由于楚国将领个个效忠，终于打败了晋军，楚国从此得以强盛起来。

急处站得稳　高处看得准　危险径地早回头

风斜雨急处，要立得脚定；花浓柳艳处，要著①得眼高；路危径②险处，要回得头早。

【注释】

①著 [zhuó]：同"着"。着眼，指观察、考虑。

②路危径：路、径，这里均指世路。

【译文】

在急风暴雨一般时局动荡变化中，要能站稳脚跟、把握住立场，才不至于被时代变迁的巨浪吞噬；在莺声燕语、姿色美丽的温柔之乡，要能放眼高处、把持住情感，才不至于被眼前的美景迷惑；在危路险境、世事艰难的转折时刻，要能急流勇退、猛然回头，才不至于深陷其中不能自拔。

【点评】

风斜雨急的时候最容易随波逐流，花浓柳艳的时候最容易意乱神迷，路危径险的时候最容易把握不住——这正是俗人常性的自然反应。要何等智慧和觉知，才能在诸多常人"不识庐山真面目"的时刻高屋建瓴、超然物外？

想起《晋书·张翰传》的记载：西晋名士张翰博学

多才，来到洛阳施展抱负，做了齐王的大司马东曹掾，直接掌管官员的举荐任免，权力很大。齐王司马冏当时正是如日中天、权倾朝野。然而有一天，张翰在出行途中突然感到秋风吹起、草木枯黄、北雁南归，想起家乡的莼菜羹、鲈鱼脍，喟然而叹："人生贵得适意，何能羁宦数千里，以邀名爵乎？"于是断然辞官归隐。

张翰归隐后不久，突然发生变乱，齐王被杀，其属官受株连死伤殆尽，因此有人说他有"见机之能"、先见之明。在我看来，张翰正是因为"反人性"——抵制住了凡人皆有的"贪嗔痴"的惯性，才有清醒的判断；而之所以能"反人性"，是因为他明了并保持了"自性"，并且能真诚忠实并且勇敢追随这个"自性"，才在乱世之中保全了自我。

第二一二则

和衷①以济节义　谦德以承功名

节义之人济以和衷，才不启忿争之路；功名之士承②以谦德，方不开嫉妒之门。

【注释】

①和衷：温和的心胸。《书经·皋陶谟》："同寅协恭，和衷哉。"

②承：奉持、辅助。《左传·哀公十八年》："使帅师而行，请承。"

【译文】

崇尚节义的人，要用温和的心胸来调剂，才不至于跟人发生义气之争；功成名就的人，要以谦和的美德来辅助，才不会招致人们的嫉妒怨恨。

【点评】

广东有一道著名甜品姜撞奶，是用热性温中的姜汁中和寒性凝结的牛奶相融，既各自去除了食物的偏性，又起到滋养身体的功效。所谓阴阳调和、君臣佐使，避免了过分的刚烈，增加了适当的柔和，药食同源，服之如甘如饴、心情舒畅。

　　传统文化中有很多部分，都是互相影响互为借鉴的。处世之道、为人之道，其实也和饮食之道、茶酒之道有异曲同工之妙，适当加一些调和辅助，才可以使好物更显其益，更见其好。

第二一三则

居官有节度　居乡敦旧交

士大夫居官，不可竿牍①无节，要使人难见，以杜②幸端；居乡，不可崖岸太高，要使人易见，以敦旧好。

【注释】

①竿牍［dú］：竹简和木片，这里代指书信。

②杜：杜绝。

【译文】

士君子在做官的时候，对于求职的推荐书信不能毫无节制地接待，对有所求的人要尽量少接见，以避免那些投机取巧奔走钻营的人有机可乘；而当退职赋闲回乡的时候，就不能再摆那种高不可攀的官架子，要态度平和使人容易接近，才能和亲族邻里增进友好感情。

【点评】

《论语·乡党》中说："孔子于乡党，恂恂如也，似不能言者。其在宗庙朝廷，便便言，唯谨尔。朝，与下大夫言，侃侃如也；与上大夫言，訚訚如也。君在，踧踖如也，与与如也。"

孔子在家乡父老面前，好像不大会讲话的样子。可是一旦到了朝廷，就能与各路朝臣侃侃而谈。虽如此，孔子总是非常谨慎，从不口无遮拦。上朝时，孔子与比自己级别低的官员说话，态度和蔼可亲，没有摆架子。与比自己级别高的官员说话，态度热情有礼貌，没有谄媚奉承。当国君在场时，孔子态度有些紧张，表现出敬畏之色，说话认真谨慎。

很多人只见做官的好处，却不懂得为官的艺术。在这方面也应该向我们的至圣先师多学习学习。

第二一四则

事上敬谨　待下宽仁

大人①不可不畏，畏大人则无放逸之心；小民亦不可不畏，畏小民则无豪横②之名。

【注释】

①大人：指有道德、有声望或者身居高位之人。《论语·季氏》："畏大人。注：'大人，圣人也。'"《左传·昭公十八年》："而后及其大人。注：'大人，公卿大夫也。'"

②豪横：豪强蛮横。

【译文】

对于德高望重的人不可不抱敬畏态度，因为畏惧德行高尚的人就不会有放纵轻浮的想法；对于平民百姓也不能没有敬畏之心，因为畏惧平民百姓就不会有豪强蛮横的恶名。

【点评】

孔子说："君子有三畏：畏天命，畏大人，畏圣人之言。小人不知天命而不畏也，狎大人，侮圣人之言。"

一个真正明了天地运行之道、认清自己的卑微与渺小的人，就会懂得敬畏，懂得适当地收束、拘谨。面对贤者，高山仰止、景行行止，不让自己有放浪形骸之心；面对弱者，和蔼可亲、慈悲喜舍，不让自己有蛮横无理之名。

这种敬畏，同样是对自己的尊重与珍惜。

第二一五则

处逆境时比于下　心怠荒时思于上

事稍拂逆①，便思不如我的人，则怨尤②自消；心稍怠③荒，便思胜似我的人，则精神自奋。

【注释】

①拂逆：不如意。

②尤：指责，归罪。司马迁《报任安书》："动而见尤，欲益反损。"

③怠：懒惰，松懈。《商君书·弱民》："民畏死，事乱而战，故兵农怠而国弱。"

【译文】

当事业不如意，处于逆境时，应该想想那些境遇不如自己的人，心中的嗔恨怨烦就会自然消失；当事业很如意，有些懒怠松懈时，便要想想比自己更强的人，精神就自然能振奋起来。

【点评】

只有不懂得调节管理自我的人，才会任由精神状态忽高忽低，任由情绪波澜颠来簸去。而懂得调节管理自我的人，则善于将自身安置在一个合适的位置，找到一个合适的比较坐标。

遇事不顺心、有些狼狈、自我感觉灰头土脸的时候，聪明的人会向下比较，学会感恩、知足常乐，适当宽解自己，甚至懂得自嘲、自黑，降下身段，不怨天尤人。遇事较顺利、左右逢源、自我感觉洋洋得意的时候，聪明的人会向上比较，看到那些高于自己、超于自己段位的灵魂，给自己以提升和引领，瞬间恢复清醒理智，继续奋发进取。

第二一六则

不轻诺 不生嗔 不多事 不倦怠

不可乘喜而轻诺，不可因醉而生嗔①，不可乘快而多事，不可因倦而鲜终②。

【注释】

①嗔 [chēn]：生气、发怒。杜甫《丽人行》："慎莫近前丞相嗔。"

②鲜终：鲜：少。这里指有头无尾、有始无终。

【译文】

不要在高兴时轻率对人许诺，不要在酒醉时借着醉意乱发脾气，不要在得意时因一时冲动惹是生非，不要在疲劳时因为精神倦怠有始无终。

【点评】

随性的人有随性的借口，而自律的人有自律的追求。

《论语》说"君子不威则不重"，然而我们大多数人，都是兴奋时轻许诺言、酒醉后顾影自怜、快意时招惹是非、倦怠时虎头蛇尾，活脱脱一副轻佻之相，自然无法肩鸿任钜。

很多事情差之毫厘失之千里，也许一个疏忽或者随意，就会造成恶劣的后果。著名的淝水大战之前，前秦军队号称百万，本来足可以势压东晋，但苻坚这个主帅

"乘喜轻诺"、"乘快多事",竟然在没有出发之前就飘飘然幻想如果谢安等投降了该给他们封什么官、造什么府邸,而且随意地把"龙骧将军"这一重要职位授予心怀鬼胎、早有异志的姚苌。难怪左将军窦冲气愤说道:"王者无戏言,此不祥之征也!"果然此后百万大军一击即溃,风声鹤唳、草木皆兵,惨败收场。

第二一七则

读书读到乐处　观物观入化境

善读书者，要读到手舞足蹈处，方不落筌蹄①；善观物者，要观到心融神洽②时，方不泥③迹象。

【注释】

①不落筌［quán］蹄：筌：捕鱼的工具。蹄：捕兔的工具。《庄子·外物》："筌所以在鱼，得鱼而忘筌，蹄所以在兔，得兔而忘蹄。"意思是言语可用来解释真理，但言语本身不是真理；所以读书不要只死记硬背，浮于表面，而应真正领悟其中的真理。

②洽：和谐，融洽。《诗经·大雅·江汉》："洽此四国。"

③泥：拘泥。《宋史·刘几传》："儒者泥古。"

【译文】

一个真正善于读书的人，能心领神会到于我心有戚戚焉的至乐之处，而不是只懂得背诵文章词句；一个真正善于观察事物的人，能全神贯注到物我合一心游太虚的境界，才不致只停留于外在表象。

【点评】

读书如何才能读到乐处？譬如《论语》，今天的人大多都能背诵不少句子，然而我们究竟读懂了多少？黄宗羲《宋元学案》中写道：

北宋理学家程颢、程颐曾拜周敦颐为师。开课第一天，周敦颐对他们说："你们既然熟读《论语》，那么找找孔子和颜回的快乐吧。"程颢回答："饭疏食、饮水，曲肱而枕之，乐在其中矣。不义而富且贵，于我如浮云。"程颐回答："贤哉回也！一箪食，一瓢饮，在陋巷，人不堪其忧，回也不改其乐。"周敦颐接着问："孔子和颜回为什么快乐呢？"二程一时语塞。"寻孔颜乐处"这一问，把他们引到了一个新境界：经典并不只是皓首穷经地熟读，而是要去学习圣人之行，体会圣人之心。二程由此开始终身追寻、体悟，并最终成为理学宗师。

第二一八则

勿逞所长以形人之短　勿恃所有以凌人之贫

天贤一人，以诲①众人之愚，而世反逞②所长，以形③人之短；天富一人，以济众人之困，而世反挟所有，以凌人之贫。真天之戮民④哉！

【注释】

①诲：教导、指教。《论语·述而》："学而不厌，诲人不倦。"

②逞：炫耀、显示。《韩非子·说林下》："势不便，非所以逞能也。"

③形：比拟。

④戮民：此指有罪的人。

【译文】

上天给予一个人聪明才智，是要让他来教诲解除大众的愚昧，可是现在世间一些稍具才智的人，反而在那里卖弄自己的才华，来衬托那些天资较差的平庸人；上天给予一个人财富，是要让他来帮助救济大众的困难，可是世间一般拥有财富的人，却仗恃自己的财富来欺凌剥削穷人。这种仗恃聪明欺凌愚笨、仗恃财富剥削穷困的人，真是违背天意、罪大恶极之人。

【点评】

这句话涉及人生中两个关键事情：如何对待"才"与"财"？

我们首先必须认识清楚，自己在这天地宇宙之间扮演什么角色、赋予什么使命、承担什么责任。

一个谦卑而有自知之明的人，从不因自己多么才华横溢而洋洋自得，他会意识到所谓"读书破万卷、下笔如有神"，虽然经过自己的刻苦攻读，但"灵感"却如上天借助他的脑和手，灵光闪现、下笔千言；也许有一天上苍拿走他的生花妙笔，就会江郎才尽。清醒明白了这一点，有才智之人就会尽己所能，分享聪明智慧，利益天下苍生，越如此越能积累福德；而蠢人反而炫耀自己聪明，嘲笑他人愚钝，窘迫天下苍生，越如此越会削减福德。

一个谦卑而有自知之明的人，从不因自己多么富甲四方而自吹自擂。他会意识到所谓"财源滚滚、顺风顺水"，虽然经过自己的苦心经营，但"财富"只不过是上天借助于他的脑和手来运作和聚集，也许有一天上苍拿走他的万贯家资，就会一贫如洗。清醒明白了这一点，有财富的人就会克勤克俭，施舍金钱物资，帮助贫穷困苦的人，越如此越能积累福德；而蠢人反而悭吝鄙啬，或者为富不仁，欺侮天下苍生，越如此越会削减福德。

第二一九则

上智下愚可与论学　中才之人难与下手

至①人何思何虑，愚人不识不知，可与论学，亦可与建功。唯中才的人，多一番思虑知识，便多一番臆②度猜疑，事事难与下手。

【注释】

①至：达到了顶点。《史记·春申君列传》："物至则反。"至人指高人一等的人。《庄子·天下》："不离于真，谓之至人。"

②臆：主观想象和揣测。苏轼《石钟山记》："事不目见耳闻，而臆断其有无，可乎?"

【译文】

智慧道德卓越的人通达开明，因此遇事不会胡乱猜疑；愚鲁笨拙的人憨厚无知，遇事也不懂得钩心斗角。这两种人既可以和他们研究学问，也可以和他们建立功业。唯独那些天赋中等的人，智慧虽然不高却什么都懂一点，遇事往往考虑得十分复杂，而且疑心很重，结果任何事情都很难和他们携手并进。

【点评】

读此不禁汗颜，我等就属于中才之人啊！"多一番思虑知识，便多一番臆度猜疑，事事难与下手"，真是形如自画，不得不让人反观自省。

既然我们达不到至人的境界，又自视甚高，不认为自己是愚人，那么唯一能做的，就是避免中人之才的种种毛病。凡事尽量化繁为简，而不是把小事搞大、把自己搞累、把别人搞晕；凡事尽量减少不必要的思虑，以免疑神疑鬼耗费心神，不仅于事无补，而且痛苦不快乐。

"知人者智，自知者明。"斯之谓矣！

第二二〇则

守口须密 防意^①须严

口乃心之门，守口不密，泄尽真机；意乃心之足，防意不严，走尽邪路^②。

【注释】

①意：意识、思想。

②邪路：指不正当的行为。

【译文】

口是心的大门，如果不能管好自己的口，就会泄露心中的秘密；意是心的双脚，如果防守得不够严谨，那么就会走上邪道。

【点评】

《格言联璧》中说："修己以清心为要，涉世以慎言为先。群处守嘴，独处守心。"的确击中修养的要害。

有人问一个智者：人为什么长两只眼睛两个耳朵一个嘴呢？智者回答：是为了让我们多看、多听、少说。越是智慧高、能力强的人，越出言谨慎；越是智慧低、能力差的人，越口无遮拦。

我们用一年时间学会了说话，却要用一辈子时间学会闭嘴。诚哉如此！

第二二一则

责人宜宽　责己宜苛

责人者，原①无过于有过之中，则情平；责己者，求有过于无过之内，则德进。

【注释】

①原：原谅，宽恕。

【译文】

对待别人应该宽厚，当他偶然犯错时，要像没犯过错一样原谅他，这样相处就能平心静气；对待自己应该严格，在没有过错时，也要能找出自己的不足，这样才能提升品德。

【点评】

"责人宜宽，责己宜严"、"严以律己、宽以待人"，向来是中国传统文化中自我修身的金句。

当我们已经习惯于脱口而出这样的话的时候，是否思考过为何要如此？《菜根谭》说，这样可以使"情平"、"德进"。

有多少时候，我们容易迁怒于人、怨天尤人，尤其是当他人所做不如己愿，或者他人所错使己失望、伤心的时候，很难控制嗔怒、怨恨的情绪；但心不平、气不和，如何能修齐治平？又有多少时候，我们"见人之过易，见己之过难"，往往以自我为中心考虑问题，往往觉得被委屈和冤枉；但如此画地为牢、故步自封、德业无进，又如何能建功立业？

第二二二则

幼不学　不成器

　　子弟者，大人之胚胎①；秀才者，士大夫之胚胎。此时若火力不到，陶铸不纯，他日涉世立朝，终难成个令器②。

【注释】

　　①胚胎：指开端，根源。

　　②令器：指优秀的栋梁之材。《唐书·张昌龄传》："昌龄等华而少实，其文浮靡，非令器也。"

【译文】

　　小孩是大人的雏形，秀才是官吏的前身。但如果在这个阶段磨炼不够，陶冶得不够精纯，以后走向社会或者在朝作官，很难成为一个有用的人才。

【点评】

　　俗话说"三岁看大、七岁看老"，意思是从三岁孩子的心理特点、个性倾向，就能看到这个孩子青少年时期的心理与个性形象的雏形；而从七岁的孩子身上，能看到他中年以后的成就和功业。

　　所以早期的培养教育不可忽视。但如何施加"火力"和"陶铸"，则需要今天的人们好好思量。曾经网络流传很广的"凭什么让我买盒饭"的新闻，暴露出刚入职场和社会的年轻人吃不得亏、吃不了苦，大事干不成、小事不愿干，眼高手低的毛病。

很多时候，我们对少儿的教育早已本末倒置，太注意考试分数、成绩、排名，而不太在乎孩子的人品、性格、意志；这样培养教育出来的孩子，或者过于实用、势利，或者过于脆弱、极端，缺少高标远致的人生坐标和耐难克艰的挫折教育，以至于在走上社会和进入职场时屡屡受挫。我们真该反思一下，是否学习成绩优秀、考上名校、当了学生干部，将来就一定会成为"令器"？

第二二三则

不忧患难　不畏权豪

　　君子处患难而不忧，当宴游而惕^①虑，遇权豪而不惧，对茕独^②而惊心。

【注释】

　　①惕：担心。《左传·襄公二十二年》："无日不惕，岂敢忘哉！"

　　②茕［qióng］独：无兄弟曰茕，无子曰独。这里是孤苦伶仃的意思。

【译文】

　　君子即使生活在患难恶劣的环境中也绝对不会忧愁，而在歌舞升平、欢宴游乐时却能警醒自己，以免误入堕落之途；君子即使遇到有权势有地位很豪横的人也绝不畏惧，但是当他遇到孤苦无依的老弱时却具有高度的同情心，绝不会无动于衷。

【点评】

　　《论语》中有这样的句子：

　　司马牛问君子，子曰："君子不忧不惧。"曰："不忧不惧，斯谓之君子已乎？"子曰："内省不疚，夫何忧何惧？"

　　《菜根谭》进一步扩展解释了这句话，它说君子并不是没有忧虑和畏惧，虽然君子不忧患难、不惧豪强，却警惕宴游、同情孤苦。

对照于此，三省吾身，我们平时忧虑和畏惧的，又是什么呢？

第二二四则

浓夭淡久　大器晚成

桃李虽艳，何如松苍柏翠之坚贞？梨杏虽甘，何如橙黄桔绿之馨冽^①？信乎，浓夭^②不及淡久，早秀不如晚成也。

【注释】

①馨冽：馨：芳香。屈原《九歌·山鬼》："折芳馨兮遗所思。"冽：本意为寒冷，这里指清新。

②夭：夭折，短命。《荀子·荣辱》："忧险者常夭折。"

【译文】

桃李的花朵虽然艳丽夺目，但哪里比得上苍松翠柏的四季常青坚贞不移；梨和杏的果实虽然香甜甘美，但哪里比得上黄橙绿桔的清雅淡远长久保持？真的是这样：浓烈美艳易逝，不如清淡芬芳的持久，少年得志易折，不如大器晚成的稳重。

【点评】

席慕蓉的《青春之一》写道：

在长长的一生里，为什么欢乐总是乍现就凋落，走得最急的，都是最美的时光。

越是美好的东西越脆弱，天地、自然、人生莫不如此。所以古人"伤春悲秋"，感慨哀叹。正因如此，传统文化并不太赞美过早、过快展现美色或者才华，而是欣赏劲健持久、大器晚成。

第二二五则

静中见真境　淡中识本然

风恬浪静①中，见人生之真境；味淡声稀处，识心体②之本然。

【注释】

①风恬浪静：比喻生活平静。

②心体：指心的深处。

【译文】

在平和宁静的时候，才能发现人生的真正境界；在淡泊质朴的时候，才能体会心性的本来面目。

【点评】

《黄帝内经》说："恬淡虚无"，庄子说："恬以养志"。什么是恬？恬是用舌头舔自己的心，是可以为自己疗伤，具有自我平衡、自我修复的能力。能够做到"恬"的人，虽然心湖曾掀起过万丈波澜，仍能够水面如镜不着痕迹。

《清静经》说："人能常清静，天地悉皆归"，诸葛亮说："静以养身"。什么是静？静从青从争，青是出生之物的颜色，争是上下两手双向持引。静是不受外在滋扰而坚定初生本色、秉持初心。能够做到"静"的人，即使辛苦劳累也不会心神烦乱，虽然日理万机仍然静如止水。

只有"恬、静"，才能滤去表层、见到实质，明白人生的真相。

第二二六则

言者多不顾行　谈者未必真知

谈山林之乐者，未心真得山林之趣①；厌名利之谈者，未必尽忘名利之情。

【注释】

①趣：味。李白《月下独酌》："但得醉中趣，勿为醒者传。"

【译文】

喜欢谈论隐居生活山林之乐的人，不一定真的领悟山林生活的乐趣。口头上说讨厌名利的人，未必真的忘却对名利的贪恋。

【点评】

亦舒说："真正有气质的淑女，从不炫耀她所拥有的一切，她不告诉人她读过什么书，去过什么地方，有多少件衣服，买过什么珠宝，因为她没有自卑感。"

这句话和《菜根谭》此章有异曲同工之妙。往往真正懂得山林的意境和乐趣，真正厌恶名利的牵绊和裹挟的人，从不将这些挂在嘴上。

第二二七则

无为无作　优游清逸

钓水①，逸事也，尚持生杀之柄②；弈棋，清戏也，且动战争之心。可见喜事不如省事之为适，多能不若无能之全真③。

【注释】

①钓水：指垂钓。

②柄：权力，权柄。《韩非子·问田》："治天下之柄。"

③全真：保全本真的心性。

【译文】

在水边钓鱼本来是一件清闲洒脱的事，却掌握着鱼儿的生杀之权；下棋本是高雅轻松的娱乐，而其中还充斥着争强斗胜的心理。从中可以看出，多一事不如少一事那样悠闲自在，多才多艺还不如平凡无才能够保全自己的真实本性。

【点评】

清代周希陶的《重订增广》中有一幅对联："有书真富贵，无事小神仙。"洪应明自己也曾感慨："福莫福于少事，祸莫祸于多心。唯多事者，方知少事之为福；唯平心者，始知多心之为祸。"

　　凡事皆有两面性，凡起做事之心都是双刃剑。既可能利益众人，也可能戕害生灵；既可能显身扬名，也可能招致诽谤。涉世入仕的人必得明白这个道理，做好心理准备，才不至于眼中只有光环和利益，孤单英雄独闯虎穴，却最终烦恼缠身、进退失格。

第二二八则

春色为人间之装饰　秋气见天地之真吾

　　莺花茂而山浓谷艳，总是乾坤之幻①境；水木落而石瘦崖枯，才见天地之真吾②。

【注释】

　　①幻：虚幻。

　　②真吾：真实的本来面目。

【译文】

　　春夏之际，鸟语花香草木繁茂，山谷溪流中充满了艳丽风光，然而这一切不过是天地间的虚幻境象；秋冬来临，流水干枯山崖光秃，草木凋零涧石清冷，这才能看到自然界的真实本来面目。

【点评】

　　有一篇小文章说：想不开的时候去这四个地方走走：医院、菜市场、图书馆、殡仪馆。

　　去菜市场是再次回味人间烟火，去图书馆是除烦解惑，而去医院、去殡仪馆，则是真正直面人生最本质的真相和最终极的归宿。

　　尤其是在重症病房，不管曾经怎样漂亮帅气，曾经如何呼风唤雨，到了这里都被残忍剥下原来浓妆艳抹、矫揉造作的外衣，有的剃光了头发，有的插满了管子，有的胡言乱语，有的口舌流涎……看到这些，也许会唏嘘感慨，却不知，就像春华秋实落尽之后的凋零枯萎——血肉疮痍、屎尿脓涕，人之面目本来如此啊！

第二二九则

世间之广狭　皆由于自造

　　岁月本长，而忙者自促；天地本宽，而鄙者自隘；风花雪月本闲，而劳攘①者自冗②。

【注释】

　　①劳攘〔rǎng〕：劳：形体的劳碌；攘：精神的困扰。

　　②冗：多而无用。

【译文】

　　岁月本来很悠长，可是那些忙忙碌碌的人却自己弄得急迫仓促；天地本来很宽阔，可是那些心胸狭窄的人却自己弄得画地为牢；风花雪月本来清雅闲适，可是那些奔波折腾的人却无事找事，徒增烦恼。

【点评】

　　明代罗念庵写过系列《醒世诗》，其中之一写道：
　　急急忙忙苦追求，寒寒暖暖度春秋；
　　朝朝暮暮营家计，昧昧昏昏白了头。
　　是是非非何日了，烦烦恼恼几时休；

　　明明白白一条路，千千万万不肯修。

　　很多时候，我们是不是非常愚痴地自己折腾自己，自己窘迫自己，自己捉弄自己了呢？

第二三〇则

乐贵自然真趣　景物不在多远

得趣不在多，盆池拳石^①间，烟霞俱足；会景不在远，蓬窗竹屋下，风月自赊^②。

【注释】

①盆池拳石：如盆宽之池，如拳般之石。

②赊［shē］：买卖货品时延期收款或付款。这里指暂借一下。

【译文】

享受生活的情趣不在于东西的多寡，即便只有一个小池塘和一些小石头，也可欣赏到云蒸霞蔚的山水之景；体会大自然的景致不必远求，即便在自己家的草窗竹屋之下，也可以享受清风拂面、明月照人的悠闲意趣。

【点评】

三千里寻仙问道，却总归诗酒田园。

内心拥挤的人，就算在空旷山谷也觉得狭窄逼仄；内心旷达的人，就算在拥挤闹市也觉得舒畅自在。

陶渊明说得好："问君何能尔，心远地自偏。"信然。

第二三一则

心静而本体现　水清而月影明

听静夜之钟声，唤醒梦中之梦；观澄潭之月影，窥见身外之身①。

【注释】

①身外之身：此指佛家所说的真如自性。

【译文】

夜深人静时刻，远处传来的钟声可以把我们从痴迷人生的幻梦中惊醒；澄澈的潭水之中，倒映的月亮身影可以让我们窥见肉身之外的灵性之躯。

【点评】

《金刚经》说："一切有为法，如梦幻泡影，如露亦如电，应作如是观。"

《庄子·齐物论》说："梦饮酒者，旦而哭泣；梦哭泣者，旦而田猎。方其梦也，不知其梦也。梦之中又占其梦焉，觉而后知其梦也。且有大觉而后知此其大梦也，而愚者自以为觉，窃窃然知之。"

睡梦里饮酒作乐的人，天亮醒来后很可能痛哭饮泣；睡梦中痛哭饮泣的人，天亮醒来后又可能在欢快地逐围打猎。正当他在做梦的时候，他并不知道自己是在做梦。睡梦中还会卜问所做之梦的吉凶，醒来以后方知是在做梦。人在最为清醒的时候方才知道他自身也是一场大梦，而愚昧的人则自以为清醒，好像什么都知晓什么都明了。

也许在白日的喧嚣褪去、夜深人静的时候，我们会距离清醒的自我更近一些。

第二三二则

天地万物　皆是实相

　　鸟语虫声，总是传心①之诀；花英草色，无非见道之文。学者要天机②清澈，胸次玲珑③，触物皆有会心处。

【注释】

　　①传心：指心灵的领会。

　　②天机：本指天道机密，这里指人的灵性智慧。

　　③胸次玲珑：胸次：胸怀。玲珑：本指玉的声音，这里指光明磊落。

【译文】

　　鸟的语言和虫儿的鸣叫，是自然界"只可意会、不可言传"的秘密；花的艳丽和草的青葱，是领悟天地奥秘的符号字码。读书为学者，应该心灵澄明通透，胸怀光明磊落，接触万物时才能心领神会、豁然领悟。

【点评】

　　一花一世界，一沙一天堂；掌中握无限，瞬间成永恒。

　　一个真正有心、用心的人，所接触、遭遇的一切都会成为机缘，助他瞬间警醒、提升，从而独具慧眼、聪明颖悟，触类旁通、触处生春。

第二三三则

知无形物　悟无尽趣

人解读有字书，不解读无字书；知弹有弦琴，不知弹无弦琴。以迹用①，不以神用，何以得琴书之趣？

【注释】

①迹用：运用形体。

【译文】

人们只会读懂用文字写成的书，却无法读懂宇宙这本无字的书；只知道弹奏有弦的琴，却不知道弹奏大自然这架无弦之琴。如果只懂得有形东西的运用，却不懂得无形神韵的妙用，又如何能理解弹琴和读书的真正乐趣呢？

【点评】

《陶靖节传》中记载："渊明不解音律，而蓄无弦琴一张，每酒适，则抚弄以寄其意。"陶渊明虽弹无弦琴，却和嵇康一样得琴之趣，"目送归鸿，手挥五弦。俯仰自得，游心太玄"。

欧阳修自己也说过曾先后得琴三具，一张比一张名贵，但"官愈昌，琴愈贵，而意愈不乐"。当他做夷陵县令时，日与青山绿水为邻，故琴不佳而意自适；可是日后官至舍人、学士以后，奔走于尘土之间、名利场上，思绪昏乱，即便弹奏名琴，也索然无趣，因云："乃知在人不在琴，若心自适，无弦也可。"作为其弟子的苏轼深解此理，他的《琴诗》写道："若言琴上有琴声，放在匣中何不鸣？若言声在指头上，何不于君指上听？"

　　琴棋书画诗酒茶，无一不是修行的介质；如果能悟道，又何必在意介质呢？

第二三四则

心无物欲乾坤静　坐有琴书便是仙

心无物欲，即是秋空霁①海；坐有琴书，便成石室丹丘②。

【注释】

①霁：天放晴。

②石室丹丘：石室：指珍贵物品或藏书所在，此处引申为神仙居住的地方。丹丘：指仙人居住之所。

【译文】

如果内心不被物欲蒙蔽，就会像秋日天空和晴朗海面一样清爽辽阔；如果闲坐的时候有琴弦和书籍为伴，就会像飘然出尘的神仙一般逍遥自在。

【点评】

刘禹锡《陋室铭》写道：

谈笑有鸿儒，往来无白丁。可以调素琴，阅金经。无丝竹之乱耳，无案牍之劳形。南阳诸葛庐，西蜀子云亭。孔子云：何陋之有？

当一个人的精神世界极为高贵、丰富、饱满、澄澈无碍的时候，它是不待外求的，是自带光环的。这样的人，可以"坐地日行八万里，巡天遥看一千河"，超越种种现实的羁绊，逍遥游于天地之间。

第二三五则

欢乐极兮哀情多　兴味浓后感索然

宾朋云集，剧饮淋漓，乐矣，俄而漏尽烛残①，香销②茗③冷，不觉反成呕咽，令人索然无味。天下事率类此，人奈何不早回头也？

【注释】

①漏尽烛残：漏：漏刻，古代计时之器。漏尽烛残指夜深人静之时。

②香销：古时宴会常焚烧檀木以使满室生香。指檀木已经烧尽。

③茗：茶。

【译文】

高朋满座聚在一起时，大家酣畅痛饮，狂欢作乐，然而转眼之间就夜静更深，只有燃尽的残烛，烧尽的檀香，冰凉的茶水，觉得方才的狂欢豪饮反而有些要吐的感觉，再回想那些美酒佳肴更觉得兴味索然。人间的万般事物大多如此，人们为什么不及时回头适可而止呢？

【点评】

汉武帝的《秋风辞》写道："欢乐极兮哀情多，少壮几时兮奈老何！"

天下事总如此，欢歌宴饮过后就是残羹冷炙，少年气盛之后就是年长色衰，万事万物逃不出这规律。对我们来说，也许壮盛与欢乐都是人生必然的阶段，所需要的，只是在这个阶段时多一些清醒的前瞻和后顾，少一些日后的失落和伤悲。

第二三六则

知机其神乎　会趣明道矣

　　会得个中趣，五湖之烟月①尽入寸里②；破得眼前机，千古之英雄尽归掌握。

【注释】

①烟月：指自然景色。

②寸里：古时用方寸指人心，寸里就是心里。

【译文】

　　如果能够体会天地之间所蕴含的机趣，那么五湖四海的山川景色便可纳入我的心中；如果能够看破眼前的机缘，那么所有古往今来的英雄豪杰都可归于我掌握。

【点评】

　　苏轼曾在赤壁遗址旁写道："大江东去，浪淘尽，千古风流人物。"

　　如此绝顶聪明的人也感慨，江山万里、人事沧桑，如何能窥破各种机关？

　　禅宗有两句偈子写道："千江有水千江月，万里无云万里天。"也许，于千回百转中忽然悟得真机、真趣的时候，就可以见一湖之烟月即见千湖之烟月，见当世之英雄即见千古之英雄。

第二三七则

万象皆空幻　达人须达观

山河大地已属微尘，而况尘中之尘；血肉身躯且归泡影，而况影外之影。非上上智①，无了了心②。

【注释】

①上上智：最高的智慧。

②了了心：了：明白、明了。指彻底洞悟之心。

【译文】

山河大地与广袤的宇宙相比，只是一粒极其细小的尘土，而人类不过是微尘中的微尘；血肉之躯与无限的时间相比较，只是一个一闪即逝的泡影，何况功名富贵不过是泡影外的泡影。所以说，没有绝顶高超的智慧，就不能有彻底洞悟之心。

【点评】

《菜根谭》中的很多话，都是将眼前人、当下事放在极为漫长、极为浩瀚的时空坐标轴上再度衡量，从而看清真实与虚幻、宏阔与渺小，让人在这种强烈的反差对比中，背如芒刺、醍醐灌顶，获得清醒和理智。

第二三八则

泡沫人生　何争名利

石火光中争长竞短，几何光阴？蜗牛角上^①较雌论雄，许大^②世界？

【注释】

①蜗牛角上：比喻地方极小。

②许大：多大。

【译文】

与茫茫宇宙相比，人生如电光石火般短暂，争名夺利究竟还有多少时间？与浩瀚苍穹相比，世界如蜗牛触角般狭小，争强斗胜究竟能有多大空间？

【点评】

《庄子·则阳》里有这样一则寓言：

传说古代有一只蜗牛的两个触角上有两个小国，左边的叫触氏国，右边的叫蛮氏国。两个国家因为争夺地盘而经常发生战争，有时竟伏尸百万，血流成河，造成民不聊生，怨声载道，蜗牛因此而丧失触觉功能。

白居易晚年有一首诗引用了这个典故：

蜗牛角上争何事，石火光中寄此身。

随富随贫且欢乐，不开口笑是痴人。

这可以说是在经历过人生的各种阴晴冷暖、高低起伏之后所领悟到的真相吧。

第二三九则

极端空寂　过犹不及

寒灯无焰，敝①裘无温，总是播弄光景；身如槁②木，心似死灰，不免堕在顽空。

【注释】

①敝：坏，破旧。《墨子·公输》："邻有敝舆（Yú，车）而欲窃之。"

②槁：草木枯干。刘向《九叹·远逝》："草木摇落时槁悴兮。"

【译文】

微弱的灯火没有光焰，破旧的棉衣丧失了温暖，这是造化在玩弄世人；衰败的身体像干枯的树木，空虚的心灵像燃透的灰烬，这样的人不免陷入冥顽的空境。

【点评】

学佛教陷入偏执的人，甚至流于极端空寂、断绝尘缘。殊不知佛教中还有很多"情"。

它把"娑婆世界"叫做"有情世间"，把"众生"叫做"有情"。正因为众生有情，所以产生妄想执着，拥有时会计较、比较，失去了会伤心难过。圣贤也有情，是悲悯众生之情，虽有情但不执着；因其不执着，所以不自我束缚，能怨亲平等，没有分别地去行善布施。菩萨为"觉有情",也就是觉悟的众生；他们自觉觉他，自利利人，广行善巧方便，看到众生受苦受难，即生大慈悲心，"视一切众生如己身"，"人饥己饥、人溺己溺"，"无缘大慈、同体大悲"。

人皆有情，这世界是个有情的世界，关键在于，如何把握、如何转化"情"，慈悲喜舍、没有分别。

第二四〇则

得好休时便好休　如不休时终无休

人肯当下休，便当下了[1]。若要寻个歇处，则婚嫁虽完，事亦不少；僧道虽好，心亦不了。前人云："如今休去便休去，若觅了时无了时。"见之卓矣。

【注释】

[1]了：结束、了断。

【译文】

不论何种情况，一个人想要就此罢休，就要当机立断、快刀斩乱麻，不必等到万事俱备。如果一定要寻找一个何时罢休的好时机，那就像男女结婚虽然完成了终身大事，以后家务和儿女夫妻间的问题还很多；就像出家的和尚虽然暂时获得清静，其实内心的烦恼却不见得一时能够消除。所以古人说："现在能够罢休就赶快罢休，如果去寻找一个合适的机会罢休，便永远无法罢休。"这真是一个极高明的见解。

【点评】

心理学上有一种延缓幸福综合症，就是总把最想做的事情列在时间表的最后一排，总以为一切还来得及，以后再说；等我有了时间一定要如何如何；等我挣够了钱一定要如何如何……

很多时候，这个"一定要"从来没有来到。因为缺乏当下了的果敢和决断力，很多事情可能就此成为永久的遗憾。

第二四一则

冷静观世事　忙中去偷闲

从冷^①视热^②，然后知热处之奔驰无益；从冗^③入闲，然后觉闲中之滋味最长。

【注释】

①冷：指寂静、安闲。

②热：指热衷于名利权势。

③冗：多余、繁忙。刘宰《走笔谢王去非》："知君束装冗，不敢折简致。"

【译文】

从热闹的名利场中退出后，再冷静地回头看，才明白热衷于争名夺利是最没有意思的；从忙碌的状态抽身出来，回到安闲的生活，才知道安逸悠闲的人生趣味最为长久。

【点评】

这世界的规律总是这样，没有经历过追名逐利、奔波进取的人，总想努力去追求；而经历过这些的人，则因为有了更深刻的对比而看清真相，并了悟生活的真谛。

奈何，即使有不少人告诉我们前路太拥挤太劳累，我们仍然想去亲自看一看前路所谓的风景。

第二四二则

不亲富贵　不溺酒食

有浮云富贵之风，而不必岩栖穴处①；无膏肓②泉石之癖，而常自醉酒耽③诗。

【注释】

①岩栖穴处：指居住在深山洞穴中。

②膏肓：膏在胸隔膜上，肓在胸隔膜下。如果病入膏肓之间，任何药物都难以治愈。这里比喻喜欢某种事物成癖。

③耽：沉溺，爱好而沉浸其中。《韩非子·十过》："耽于女乐，不顾国政则亡国之祸也。"

【译文】

如果有把富贵荣华视作浮云的风骨，就没有必要居住到深山幽洞中去怡养心性；如果对山水泉林风景没有特别癖好，能够时常作诗饮酒，也自有一番乐趣。

【点评】

孔子说："不义而富且贵，于我如浮云。"

能够自我释怀和调解的人，一花一叶，均是禅机；一草一木，都可入境。

得意忘形、得鱼忘筌；自然不必苛求、拘泥于固定的形式和外在途径。

第二四三则

恬淡适己　身心自在

竞逐①听人，而不嫌尽醉；恬淡适己，而不夸独醒。此释氏②所谓"不为法缠③，不为空④缠，身心两自在"者。

【注释】

①竞逐：竞争。

②释氏：佛祖释迦牟尼的简称。

③法缠：法：禅语，指一切事物和道理。缠：捆绑、困扰。

④空：虚无缥缈。

【译文】

别人争名夺利与我无关，我不必因为他人醉心名利而嫌恶疏远他；恬静淡泊顺着自己的本性，因此也不必夸耀"世人皆醉我独醒"。这就是佛家所说："既不被物欲所蒙蔽，也不被空虚寂寞所困扰，能做到这些就可以身心俱逍遥自在。"

【点评】

"不为法缠，不为空缠，身心两自在"——简直是太让人羡慕嫉妒恨的人生境界。

这样的人，已经完全"无我"，不以物喜，不以己悲，不受外在物质名利的各种纠缠困扰；同时又非常"有我"，即清醒具有自我独立的判断和意识，不受外在评判和框架的束缚。

既不盲从又不艳羡，这样的人明白自己要过什么样的生活，也活出了自己想要的样子。

第二四四则

广狭长短　由于心念

延促①由于一念，宽窄系之寸心。故机闲者②，一日遥于千古；意广者，斗室宽若两间。

【注释】

①延促：延：延长、伸长。促：短、短促。

②机闲者：意指善于调节自己、从容闲适之人。机：气机。

【译文】

时间的长短是因为人的主观感受，空间的宽窄是由于人的心理体验。所以，对心灵闲适的人来说，一天可以比千古还长；对心境开阔的人来说，斗大的屋子可以像天地一样宽广。

【点评】

苏轼的词中，我最喜欢这一句："一点浩然气，千里快哉风。"这不只在形容他的恩师欧阳修，也在形容他自己。

二人都命运多舛，幼年、青年丧父母，中年丧配偶，老年丧子女，很多令人黯然神伤的悲事发生；在仕途上他们也是走得异常坎坷，多次被贬谪、被流放，甚至几度濒临死亡。可是生活虐他千万遍，他仍待生活如初恋。

欧苏留给我们的，没有自悲自悯、自怨自怜，反而都是通达放旷、真挚幽默。他们真情对待这个红尘，纵情游于自然山水，开心品尝美食，痛快喝酒作诗。

　　他们的一生崎岖无比，也精彩无比。尽管命运已经把他们逼到了墙角，可是那些接踵而至的苦难没有将他们压垮，反而让他们修炼出了高旷的心胸、有趣的灵魂。一个人如果不能支配自己的命运，那么，就支配自己对待命运的态度。命运如果不能压垮我们，就会使我们变得更强大。

第二四五则

栽花种竹　心境无我

损①之又损，栽花种竹，尽交还乌有先生②；忘无可忘，焚香煮茗，总不问白衣童子③。

【注释】

①损：减少。

②乌有先生：指虚构的人物，这里比喻去除一切物质欲望的虚无状态。《史记·司马相如》："乌有先生有此事齐之为难。"

③白衣童子：引用陶渊明"九月九日有菊无酒，适逢友人遣白衣童子送酒"的典故。陶渊明九月九日在宅边菊丛中，坐了很久，正苦无酒，忽值江州刺史王弘派白衣童子送酒至，陶渊明于是就酌，烂醉而归。

【译文】

一再地降低、减少对生活的物质欲望，每天种些花草树竹，一切烦扰和忧愁早都不知跑到哪里去了；不断地遗忘各种琐碎纠葛，每天只是烧香煮茶，就会完全进入物我两忘的境界与状态。

【点评】

《道德经》说："为学日益，为道日损，损之又损，以至于无为。"很多时候，我们只会做加法，不会做减法；或者不知道何时该做加法，何时该做减法。

王阳明曾说："吾辈用功，只求日减，不求日增。减得一分人欲，便是复得一分天理，何等轻快洒脱，何等简易！"

也许，只有人生到了一定境界，以及对生命的真相看得更为透彻的时候，才懂得减损的意义、忘却的意义，才能去掉所有的浮尘与矫饰，回归到最简单最原始的本来面目。

第二四六则

知足则仙凡异路　善用则生杀自殊

都来眼前事，知足者仙境，不知足者凡境；总出世上因，善用者生机，不善用者杀机①。

【注释】

①杀机：危机。杀：败坏。

【译文】

对于当下的境况，能够知足的人就感到生活在逍遥仙境，而不知满足的人就感觉始终处在凡俗纠葛中；总结世上的一切原因，善于运作的人，就能创造机运，不善运作的人，就处处陷入危机当中。

【点评】

同样半杯水，有人说：怎么剩下半杯了？有人说：幸好还有半杯。

很多事，只因对待的心境不同，呈现出来的状态也不同。

不知足的人，往往不清楚自己的所需、所求、所应该设置的边界，因此往往不知停止，不知收束，被各种欲望折磨，痛苦不堪。岂止生活在凡境，有时简直就是生活在炼狱。

第二四七则

守正安分　远祸之道

趋炎附势^①之祸，甚惨亦甚速；栖恬守逸之味，最淡亦最长。

【注释】

①趋炎附势：攀附权贵。

【译文】

攀附权贵的人，所带来的祸害往往是最悲惨最迅速的；坚守恬静淡泊的人，虽然可能寂寞，但生活的趣味却最长久。

【点评】

唐玄宗晚期时的奸相杨国忠，执政时一呼百应，从者云集。他对公卿以下，颐指气使，一人兼领四十余个头衔。所有不依附自己的人，一律排挤出朝廷。当时有人劝陕郡进士张彖谒见杨国忠，并说："如拜见则富贵立可至。"张彖说："你们以为倚靠杨国忠如泰山，我以为是冰山。如果皎日升起，冰山消融，你们就没有依靠。"随后便退出官场隐居去了。后来炙手可热、如日中天的杨国忠在马嵬坡横尸刀下，为天下唾骂；那些攀附杨国忠的人纷纷落马，张象反而得以保全。正所谓"栖恬守逸之味，最淡亦最长"。

第二四八则

与闲云为友 以风月为家

松涧边携杖独行，立处云生破衲①；竹窗下枕书高卧，觉时月侵寒毡②。

【注释】

①衲：僧衣。白居易《赠僧自远禅师》："自出家来长自在，缘身一衲一绳床。"

②毡：用毛制成的毡子。

【译文】

手拄拐杖独步行走于松柏溪涧之间，云雾飘绕在身上穿着的破僧袍；头枕书本无忧无虑地安然睡在竹窗之下，醒来时清凉的月光洒照在自己的薄毛毡上。

【点评】

关于携杖独行，想起苏轼的两首词：

夜饮东坡醒复醉，归来仿佛三更。家童鼻息已雷鸣。敲门都不应，倚杖听江声。

长恨此身非我有，何时忘却营营。夜阑风静縠纹平。小舟从此逝，江海寄余生。

莫听穿林打叶声，何妨吟啸且徐行。竹杖芒鞋轻胜马，谁怕？一蓑烟雨任平生。

料峭春风吹酒醒，微冷，山头斜照却相迎。回首向来萧瑟处，归去，穿戴风雨与阴晴。

　　苏东坡终于没有抛弃这个尘世，乘桴浮于海；而是以一种旷达洒脱的姿态，穿越人生萧瑟处，穿越风雨与阴晴。

　　今天的我们，如果只有破衲和寒毡，还能在松涧边携杖独行，在竹窗下枕书高卧吗？

第二四九则

存道心　消幻业

色欲火炽，而一念及病时，便兴似寒灰；名利饴①甘，而一想到死地，便味如嚼蜡。故人常忧死虑病，亦可消幻业②而长道心③。

【注释】

①饴：用米、麦制成的糖浆、糖稀。王充《论衡·本性》："甘如饴蜜。"

②幻业：佛家语，本指造作的业。

③道心：据《朱子全书·尚书》："人心，人欲也；道心，天理也。"

【译文】

色情的欲望像火焰般炽热，可是当一想到生病时的情形，兴致就会像一堆死灰；功名利禄像蜜糖一样甜蜜，可是当一想到死亡时，味道便会像咀嚼蜡丸一般无味。所以如果一个人能常常想到疾病和死亡，那么就可以消除虚幻的追求而增长一些进德修业之心了。

【点评】

很多人都是大限将至时，才第一次认真思考死亡。《西藏生死书》说：我们是一个没有死亡准备的民族。

在我们的教育中，一直缺席"死亡"这一课。所以，对于生存的种种问题，就缺乏清醒的认识。

孔夫子有句话："未知生，焉知死？"或许也可以从另一个角度说："未知死，焉知生？"

乔布斯说，"死的意义就在于让我们知道生的可贵。一个人只有在认识到自己是有死的时候，才会开始思考生命，从而大彻大悟。不再沉溺于享乐、懒散、世俗，不再沉溺于金钱、物质、名位，然后积极地去筹划与实践美丽人生。"

认识死亡，才能更好地认识生命。关于活着这件事，死亡是最好的老师。

第二五○则

退一步　宽平一步

争先①的径路窄，退后一步，自宽平一步；浓艳的滋味短，清淡一分，自悠长一分。

【注释】

①争先：此指争强好胜。

【译文】

人人竞相争先的道路最为狭窄，如果能退后一步，道路自然变得宽广；太过浓烈艳丽的味道最容易生腻，如果能清淡一分，自然觉得滋味持久绵长。

【点评】

人往往作茧自缚、自断退路，而这一切却总是以努力上进、奋勇争先为代价。

并不是说努力争先不对，而是我们一直以来的教育和早已形成的固有思维中，过于强调了孤军奋战、只手取敌的向上走、向前走。

有人会说，又没有伤人之心、害人之举，我自己进取，我自己优秀，有什么错？却不明白何时挡住了别人的去路，何时显得他人愚痴蠢钝，何时把属于别人的好处和利益占为己有，何时开始遭人反感、遭人诬构、遭人谗陷。

所以古人说退一步海阔天空，不是让人消极退让，而是给了我们一个更灵活的思维和视角，因而也有了更宽阔的回旋余地。

第二五一则

修养定静工夫　临变方不动乱

忙处不乱性，须闲处心神养得清；死时不动心^①，须生时事物看得破。

【注释】

①不动心：镇定，不慌乱、不畏惧。

【译文】

要想在事务纷忙时心性不乱，必须在平时培养清醒冷静的头脑；要想在死亡面前不感到畏惧，必须在平日里就对人生觉悟得透彻。

【点评】

《孟子》中有这样一段对话：

公孙丑问曰："夫子加齐之卿相，得行道焉，虽由此霸王不异矣。如此，则动心否乎？"孟子曰："否。我四十不动心。"

不动心，就是不论外界环境如何变化，内心都不被扰动。这简直是一种太强大的能力，尤其是在当今这个各种乱象频生、机遇诱惑无数的时代。

　　《孟子》中公孙丑还问："不动心有道乎？"孟子说："持其志，无暴其气。"要把握住心志，不要妄动意气。——静和定，历来是安身立命的功夫，我辈确实应该好好修为。

第二五二则

隐者无荣辱　道义无炎凉

隐逸林中无荣辱，道义路上无炎凉①。

【注释】

①炎凉：炎：热。凉：冷。比喻人情冷暖。

【译文】

隐居山林之中的人生，没有荣耀与耻辱；追求仁义道德的道路上，没有人情冷暖、世态炎凉。

【点评】

这世界上的事只有两种解决办法，彻底担起来或者彻底放下去。

如果彻底放下去，就是离开世间法的规则，跳出三界外不在五行中，不跟它玩儿了，自然跟它所给的荣辱再也没有关系。

而彻底担起来，则是明知这世界有艰难险阻、有罪恶丑陋，该做的还得做。铁肩担道义，妙手著文章；做便做了，君子坦荡荡，朝闻道，夕死可矣。一旦有了高维度的大坐标，世态炎凉、人情冷暖，自然可以细如微尘、忽略不计了。

第二五三则

去思苦亦乐　随心热亦凉

热不必除，而除此热恼，身常在清凉台上；穷不可遣①，而遣此穷愁，心常居安乐窝②中。

【注释】

①遣：排除，排遣。任昉《出群传舍哭范仆射》："欲以遣离情。"

②安乐窝：指舒适的处所。

【译文】

要想消除夏天的暑热根本不必用特殊方式，只要消除烦躁不安的情绪，那就宛如坐在凉亭上一般清爽；要想消除贫穷也不必用特殊方法，只要驱逐为贫穷而愁的错误观念，那心境就宛如生活在快乐世界一般幸福。

【点评】

编纂本书时正值盛夏酷暑三伏天，动辄挥汗如雨，而且家事国事天下事乱作一团，都来眼前，更加既热且烦。

《菜根谭》说若想清凉，关键在于除去烦恼；而为何会有烦恼，关键还是一介俗人，既不能看清形势、掌握命运，也不能两眼一闭、遁入空门。所以俗人的日子就是每天都在处理各种事，而每天又都会产生越来越多的各种事。

归根结底，去烦，就必须脱俗；而脱俗，绝不是高风亮节、清高独行那么简单。

第二五四则

居安思危　处进思退

进步处便思退步，庶免触藩①之祸；著手时先图放手，才脱骑虎之危②。

【注释】

①触藩：进退两难。

②骑虎之危：比喻做事一旦开始不能终止的危险。

【译文】

当事业正飞黄腾达、进展顺利时，应该早早想好退路，以免将来像山羊角夹在篱笆里一般进退维谷、无法抽身；当开始着手进行某一件事时，就要先策划好何时罢手，以后才不至于骑虎难下、无法控制而招来危险。

【点评】

不得不说，能在进步的时候想到退步，着手的时候想到放手的人，真的是人间高手、俗世牛人。

记得曾听到两个人聊天，一个说钱多了还不好吗？谁嫌钱扎手啊？另一个则告诫：有些钱不能要，会扎手。

一个在看到玫瑰香艳的同时，知道玫瑰会扎手的人，才会避免被扎手，也才能避免更大的灾祸与危险。

第二五五则

贪得者虽富亦贫　知足者虽贫亦富

　　贪得者分金恨不得玉，封公①怨不授侯，权豪自甘乞丐；知足者藜羹旨于膏粱②，布袍暖于狐貉，编民③不让王公。

【注释】

　　①公：爵位。
　　②膏粱：珍美的菜肴。
　　③编民：指一般平民。

【译文】

　　一个贪得无厌的人，分到了金银还会遗憾得不到珠玉，封得了公爵还会怨恨没封到侯爵，这种人虽然身居富贵之位却等于自愿沦为乞丐。一个自知满足的人，即使吃野菜汤也感到比吃山珍海味还要香甜，即使穿布棉袍也感觉比狐袄貂裘还要温暖，这种人虽然说身居平民地位，实际却比王公更为高贵。

【点评】

　　有一本畅销书《穷人缺什么》中写道：
　　时刻感觉到"我不够、我还要、都给我"，这样的人即使坐拥金山银山，都还是一个穷人。经常觉得"我有了，不需要、分给你"，这样的人即使是布衣草履的平民百姓，也依然是一个富人。

将自身安放的位置不同，实际的感受也就有天壤之别。

第二五六则

隐者高明　省事平安

矜^①名不若逃名趣，练^②事何如省事闲。

【注释】

①矜：夸耀。《史记·文帝本纪》："今又矜其功，受上赏，处尊位。"

②练：训练，使熟练。

【译文】

一个喜欢夸耀名声的人，倒不如避讳自己的名声显得更高明；一个周旋练达于世事的人，倒不如减省一些杂事来得更安闲。

【点评】

南怀瑾先生说过一个故事：一个人每天半夜跪在庭院烧香拜天，非常诚恳地拜了三十年，有一夜感动了天神下凡，问：你想求什么？这个人想了一会儿，说：我什么都不求，只想一辈子有饭吃，有衣服穿，不会穷，多几个钱可以游山玩水，没有病痛，没有烦恼，无疾而终。天神听了说：哎唷，你如果求人世间的功名富贵，要官做的大，财发的多，我都可以答应你；但你求的这个乃上界神仙之清福，我没法子给你。

清净的福叫做清福，人生鸿福容易享，但是清福却不然，没有智慧的人不敢享清福。人到了晚年，本来清净了，但多数人反而因为寂寞无事觉得痛苦，也享不了这个清福。真正是寂寞难耐、清福难享。

第二五七则

超越喧寂　悠然自适

嗜寂者，观白云幽石而通玄^①；趋荣者，见清歌妙舞而忘倦。唯自得^②之士，无喧寂，无荣枯，无往非自适之天。

【注释】

①玄：深奥，玄妙。《老子》："玄之又玄，众妙之门。"

②自得：自己领悟人生、懂得安放自我。

【译文】

喜欢宁静的人，看到天上的白云和山间的幽石就能悟出其中的玄机；喜欢繁华热闹的人，听见清扬的歌声看到美妙的舞蹈就会忘记疲倦。只有那些纯净自得的人，内心既无喧哗也无寂寞，既无得志也无失意，无论何时、无论何地都是他逍遥自在的境界。

【点评】

什么是"自得"？

《遵生八笺》中记载了很多人的"自得"之乐，其中关于陶弘景的文字写道："偃蹇园巷，从容郊邑，守一介之志，非敢蔑荣嗤俗，自致云霞。盖任性灵而直往，保无用以得闲。垄薪井汲，乐有余欢，切松煮术，此外何务。"陶弘景认为自己能在园圃小巷中安然自得，在郊野城邑中从容洒脱，能守住一介之士的节志，不是敢轻蔑世俗荣华，独赏云霞。只是顺着自己的性情，在无所用事中得到一点清闲。在土垄上砍薪柴，在井中汲取清水，在快乐之余，切煮药材，此外别无杂务。

孟子曰："君子深造之以道，欲其自得之也。自得之，则居之安；居之安，则资之深；资之深，则取之左右逢其原，故君子欲其自得之也。"一个能够自我了悟、懂得自我安放的人，会安定、深沉，同时又不拘小节、灵活变通。

第二五八则

得道无牵系 静躁两无关

孤云出岫①，去留一无所系；朗②镜悬空，静躁两不相干。

【注释】

①岫［xiù］：山洞。张协《七命》：“临重岫而揽辔，顾石室而回轮。”

②朗：明朗。王羲之《兰亭集序》：“天朗气清。”

【译文】

孤云从山谷中飘起，了无牵挂自由自在；明月悬挂在天际，安静喧闹都与它毫无关系。

【点评】

陶渊明写过：“万物各有托，孤云独无依”；“云无心而出岫，鸟倦飞而知还”；李白写过“众鸟高飞尽，孤云独去闲”；杜牧写过：“清时有味是无能，闲爱孤云静爱僧。”孤云常比喻贫寒或客居的人，清高、孤傲，既有独自漂泊、无所依附之感，又有自由闲适之心、出世隐居之意。正如《菜根谭》的另一句：“宠辱不惊，闲看庭前花开花落；去留无意，漫随天外云卷云舒。”

　　而朗月如镜，毫无挂碍，"无挂碍故，无有恐怖，远离颠倒梦想，究竟涅槃"。它只是按照自己的轨迹运行，只是静默地观照、客观地映照，丝毫不被干扰，丝毫没有牵绊。

　　境界如孤云朗月，又有几人能为？

第二五九则

浓处味短　淡中趣长

悠长之趣，不得于浓酽^①，而得于啜菽饮水^②；惆恨之怀，不生于枯寂，而生于品竹调丝^③。故知浓处味常短，淡中趣独真也。

【注释】

①酽〔yàn〕：浓、味厚。

②啜菽〔shū〕饮水：啜：吃。菽：豆类的总称，此处指粗粮。啜菽饮水比喻清淡的生活。《礼记·檀弓下》："子路曰：'伤哉贫也！生无以为养，死无以为礼。'子曰：'啜菽饮水，尽其欢，斯之谓孝。'"

③品竹调丝：指欣赏音乐。

【译文】

悠远绵长的趣味不一定能从浓烈的美酒美食中得来，而是在粗茶淡饭中得到；惆怅悲恨的情怀不是从孤寂困苦中产生，而往往产生于美妙的声色欢乐。可见浓厚的味道往往很快消散，而平淡之趣才是长远和真实的。

【点评】

"啜菽饮水"，与"饭疏食，饮水，曲肱而枕之"，"一箪食，一瓢饮，在陋巷"一样，如此简约、平淡的生活，未必没有欢乐，未必没有滋味。

就像《礼记》中孔子与子路的对话那样，关键在于啜菽饮水的同时，是否尽其欢？如果尽心而为、乐在其中，就已经足够。

至于美声美色，老子早就说过："五色令人目盲，五音令人耳聋，五味令人口爽，驰骋畋猎令人心发狂"；刘禹锡也说过"丝竹乱耳、案牍劳形"。可知古人早已勘破真相。

第二六〇则

理出于易　道不在远

禅宗曰："饥来吃饭倦来眠。"《诗旨》曰："眼前景致口头语。"盖极高寓^①于极平，至难出于至易；有意者反远，无心者自近也。

【注释】

①寓：寄，寄托。《管子·小匡》："事有所隐，而政有所寓。"

【译文】

禅宗有一则偈语说："饥饿时吃饭，疲倦时睡眠。"另外《诗旨》里有一句是："眼前景致口头语。"极高深的哲理往往蕴含在极平淡的事物中，最复杂的东西往往要从最简单处着手；凡事刻意去强求的人往往南辕北辙，无心而任其自然的人反而会接近"大道"。

【点评】

《五灯会元》中记载：

一日，源律禅师问大珠慧海禅师："和尚修道，还用功否？"慧海禅师回答："用功。"问："如何用功？"慧海禅师说："饥来吃饭，困来即眠。"源律禅师不解："一切人总如是，同师用功否？"慧海禅师答："不同。"源律禅师问："何故不同？"慧海禅师说："他吃时不肯吃，百种须索；睡时不肯睡，千般计较。所以不同也。"源律禅师闭口沉思。

王阳明写道："饥来吃饭倦来眠，只此修去玄更玄，说与世人浑不信，却由身外觅神仙。"

活在当下、专注眼前；每一个普通的日常都是修行场所，都是修行禅机；奈何我等当面错过、失之交臂，却反而千山万水、踏破铁鞋，才明白大道至简、大道如常。

第二六一则

动静合宜　出入无碍

　　水流而境无声，得处喧见寂之趣；山高而云不碍，悟出有入无①之机。

【注释】

　　①出有入无：有：有形的事物。无：无我、忘我的境界。《云笈七签》："或与众仙，策空驾虚，出有入无，分形散影，处处游集。"

【译文】

　　流水淙淙，但两岸却听不到明显的水声，由此领悟到在喧闹环境中的静谧意味；高山耸立，但白云却丝毫没有受到阻碍，由此体会到从有我进入无我的玄机。

【点评】

　　盛唐山水派宗师王维笔下，经常会有这样的诗句："空山不见人，但闻人语响；返影入深林，复照青苔上。""空山新雨后，天气晚来秋……竹喧归浣女，莲动下渔舟。""人闲桂花落，夜静春山空。月出惊山鸟，时鸣春涧中。""木末芙蓉花，山中发红萼。涧户寂无人，纷纷开且落。"

　　清幽山林间的一些微妙响动，更加反衬出一种空灵静谧之美。王维被称为"诗佛"，他的诗中充满禅意，也深刻揭示出喧嚣与寂静、有我与无我相伴相生的境界。

第二六二则

执著是苦海　解脱是仙乡

山林是胜地，一营①恋变成市朝；书画是雅事，一贪痴便成商贾②。盖心无染著，欲境是仙都；心有系恋，乐境成苦海矣。

【注释】

①营：迷惑。《孙膑兵法·威王问》；"营而离之，我并卒而击之。"

②贾：商人。《盐铁论·轻重》："笼天下盐铁诸利，以排富商大贾。"

【译文】

清幽山林是隐居的好地方，可一旦沉迷留恋于此，那么山林也成了俗市；琴棋书画是高雅的行为，可一旦贪恋痴迷于此，原本的风雅就变成了市侩。所以只要心地纯净，丝毫不为外物所染，那么即使身处物欲横流之中也如同就在仙境；而如果心中羁绊牵挂太多，那么即使身处快乐仙境之中也如同痛苦深渊。

【点评】

一位修为很高的上师曾经谈到，什么是真正的出离心：

修行几年之后，你也许可以轻而易举地出离很多过去无法出离的东西，不再关心那些被认为很世俗的事物。比如不再留意开过身边的车是法拉利还是奥迪；不再关心精品购物杂志、漂亮的衣服和背包；不再关心哪家购物中心正在打折；也不再经常更新 QQ 版本；甚至可以不需要肉食、不再抽烟。你确实出离了一些东西。但是你可能会被另一些东西控制住，例如，开始执著于素食，甚至认为肉食不洁，那些吃肉的人也会引发你的反感和敌视……你的出离并不彻底；你只是从一个笼子钻到另一个笼子里而已。

有这样一个故事：一位客人拜访一个修行成就者，客人对成就者所住的过于豪华的房子非常惊讶，他直接问道：我听说您是一位舍弃今生者，但是看着你屋子里的那些东西，我觉得您似乎并不太符合舍弃今生的标准。修行成就者微微一笑：舍弃一切并不意味着你我要像密勒日巴（藏传佛教著名高僧）那样生活，虽然我住在这样的房子里，但我早已没有了对这些东西的执著，我随时可以走出去。

——可以随时抛弃任何熟悉的东西，可以走出任何习惯的场景。不会有犹豫，不会有不舍，这才是真正的出离心。

第二六三则

躁极则昏　静极则明

时当喧杂，则平日所记忆者，皆漫然忘去；境在清宁，则夙昔①所遗忘者，又恍尔②现前。可见静躁稍分，昏明顿异也。

【注释】

①夙［sù］昔：以前，过去。杜甫《骢马行》："夙昔传闻思一见。"

②恍尔：恍然，忽然。

【译文】

喧闹嘈杂、心浮气躁时，即便平时记忆的事物也会淡忘掉；安宁静谧、神清气爽时，即便平时遗忘的东西也会出现在眼前。可见心神处于安静和浮躁的不同境界，灵智也会有昏昧和明朗的迥然不同。

【点评】

老子说："重为轻根，静为躁君，是以君子终日行不离辎重；虽有荣观，燕处超然。"又说："躁胜寒，静胜热，清静为天下正。"

"清"，水澄澈之意，与"浊"相对；又引申为纯洁无秽，明鉴不杂。"静"，即心地宁静，不受外物干扰，安定不烦。有学者认为："清静"形成一个涵蕴丰湛的哲理范畴，其中包含着"神"与"心"、"心"与"物"、"性"与"情"、"清"与"浊"、"净"与"毒"、"静"与"欲"、"善"与"恶"之间的矛盾斗争；能够以"神"制"心"、以"心"制"物"、以"性"制"情"、以"清"制"浊"、以"净"制"毒"、以"静"制"欲"、以"善"制"恶"，就能够从矛盾纷扰、功利束缚中解脱出来，达到常清常静、与"道"合真的境界。

第二六四则

卧云弄月　绝俗超尘

　　芦花被下，卧雪眠云，保全得一窝夜气；竹叶杯中，吟风弄月①，躲离了万丈红尘②。

【注释】

①吟风弄月：指填词吟诗。

②红尘：尘世、人间，多指热闹繁华的地方。

【译文】

　　以芦花作棉被，在白云清雪中安眠，可以保持天地之间的精气；以竹叶作酒杯，在清风明月下吟咏，可以摆脱滚滚红尘的纷扰。

【点评】

　　芦花被、竹叶杯，既不保暖也不名贵，本是贫寒困窘之物，但物质的有限挡不住精神和灵魂的高雅与高贵。这样的句子其实蕴含了当今社会失传已久，而古人一直有之的贵族精神。

　　英文里的noble，除了"贵族"之意外，还有"高贵的"、"高尚的"、"伟大的"、"崇高的"、"卓越的"、"辉煌的"等意，"贵族精神"包括高贵的气质、宽厚的爱心、悲悯的情怀、清洁的精神、承担的勇气，以及坚韧的生命力、人格的尊严、人性的良知、不媚、不娇、不乞、不怜，始终恪守"美德和荣誉高于一切"的原则。贵族精神与钱并没有太大关系。储安平在《英国采风录》中写道："凡是一个真正的贵族，他们都看不起金钱……英国人以为一个真正的贵族绅士是一个真正高贵的人，正直、不偏私、不畏难，甚至能为了他人而牺牲自己，他不仅仅是一个有荣誉的，而且是一个有良知的人。"

　　生活中有很多只路芦花被和竹叶杯的人，仍然可以保持这种贵族精神：比如旧上海公寓里的电梯工，一定要衣冠楚楚，领带打得整整齐齐，才肯出来给顾客开电梯；比如一个下岗车夫，靠自己蹬三轮车的微薄收入养活了几十个孤儿，一个一个送他们去上学；比如头发稀疏、不施粉黛，脸上刻尽了沧桑与疲惫，而眼底却写满了坚定与骄傲，倾尽所有，为贫困山区创办女校的教师……

第二六五则

鄙俗不及风雅 淡泊反胜浓厚

衮冕①行中，著一藜杖②的山人，便增一段高风；渔樵路上，著一衮衣的朝士，转添许多俗气。固知浓不胜淡，俗不如雅也。

【注释】

①衮［gǔn］冕：指代官位。衮：古代皇帝穿的绣有卷龙的衣服。冕：古代天子、诸侯、卿大夫等戴的礼帽。

②藜杖：藜：草本植物。王维《菩提寺禁口号又示裴迪》："悠然策藜杖，归向桃花源。"

【译文】

在冠盖云集的高官显贵之中，如果出现一位手持藜杖、身着布衣的雅士，便可增加无限清高风采；在平民百姓、渔人樵夫往来的路上，假如加入一个朝服华丽的达官，反而增加很多俗气。可见荣华富贵并不如淡泊宁静，红尘俗世也不如山野清雅。

【点评】

汉语词汇中，"清"字开头有很多美好的称誉：卓越的才能是清才，志行高洁之人是清士，儒雅的文章称清文，廉洁奉公的官员称清官，纯洁的友情为清交……还有清秀、清名、清醇等等佳词，凡属令人敬重的人品、举止，物性、事理，几乎都要冠上一个"清"字。

　　而"清高"两个字很值得玩味，有趣的是中国词语里并没有造出"浊低"这个词。也就是说，与世混同、和光同尘只是个人的选择，未必就低俗、低下；但两袖清风、清明淡泊，却永远仿佛自带能量，自带信号强度。虽没有锦衣玉食、高冠峨带，但清者、廉者、洁者却常常使他人自惭形秽、自叹弗如。

　　这就是世俗标准所无法衡量的、无形的力量。

第二六六则

出世在涉世　了心在尽心

　　出世之道，即在涉世中，不必绝人以逃世；了[1]心之功，即在尽心内，不必绝欲以灰心。

【注释】

　　①了：懂得，明白。《南史·蔡撙传》："卿殊不了事。"

【译文】

　　超凡脱俗的方法，就应该在尘世中寻找，不必刻意隔绝世人，远遁山林；了悟心性的功夫，还是要用此心去体会领悟，不一定要断绝欲念，心如死灰。

【点评】

　　禅宗六祖慧能写过这样一首诗：

　　佛法在世间，不离世间觉；离世觅菩提，恰如求兔角。

　　世间法就是修行法。梵语中，"佛"就是觉悟的人，而一个真正觉悟者，绝不是在滚滚红尘的诸多烦恼面前望风而逃、抱头鼠窜，像鸵鸟一样把头埋进沙子里，捂着眼睛假装看不见。这样的人，必须要进入烦恼之中，担当起来；对烦恼不拒不避，兵来将挡水来土掩，勇敢投入一切烦恼的因缘，探其究竟，从而使烦恼成为助自己修行的禅机。

这也正应了那句话：烦恼即是无上菩提，人间方为究竟道场。

第二六七则

身放闲处　心在静中

此身常放在闲处，荣辱得失谁能差遣我？此心常安在静中，是非利害谁能瞒昧①我？

【注释】

①瞒昧：隐瞒。

【译文】

把自己的身体放在闲适的环境中，那么世间的荣辱得失如何能够使唤我？使自己的心境经常处在安宁平静的状态，那么世间的是非利害又如何能够欺骗愚弄我？

【点评】

《义勇军进行曲》中唱道："起来，不愿做奴隶的人们，把我们的血肉铸成我们新的长城。"做自己的主人，这也许不是一时一地的事业，而是永生永世要探究的根本。

究竟是谁让我们在名利权情之间奔波劳碌？究竟是谁让我们在得失恩怨之间羁绊纠缠？

三十功名尘与土，八千里路云和月。蓦然回首才明白，自己将自己放置在了错误的地方，所以犹如上套牛马，辗转一生。

古语说"安身立命"，将此身安放在何处，决定了一生命运的走向，可不慎哉！

第二六八则

云中世界　静里乾坤

竹篱下，忽闻犬吠鸡鸣，恍似云中世界；芸窗①中，雅听蝉吟鸦噪，方知静里乾坤②。

【注释】

①芸窗：芸：古人藏书用的一种香草。这里指代书房。

②乾坤：天地。杜甫《江汉》："江汉思归客，乾坤一腐儒。"

【译文】

在竹篱下，忽然听到鸡鸣狗吠的声音，恍惚让人觉得置身于神仙世界；在书房中，耳畔有蝉鸣鸦啼，才体会到宁静中蕴藏着无限幽雅情趣。

【点评】

"采菊东篱下，悠然见南山。""东篱把酒黄昏后，有暗香盈袖。"

"篱"在中国的文学和文化中，一直有一种象征意象，既意味着持守的精神家园，也意味着隐逸生活的自得超然与闲适幽雅。

　　而"篱"同时又是一道屏障，不窥破其中玄机的人，无法入内；汲汲于红尘的人，注定无法享受到"暖暖远人村，依依墟里烟；狗吠深巷中，鸡鸣桑树巅"的田园之乐与诗意栖居。

第二六九则

不希荣达 不畏权势

我不希荣，何忧乎利禄之香饵^①？我不竞进^②，何畏乎仕宦之危机？

【注释】

①香饵：引诱人的东西。

②竞进：争夺，竞争。

【译文】

如果我不稀罕荣华富贵，那么又何必担心名利和官禄的诱惑呢？如果我不妄想升官发财，那么又何必恐惧官场上潜伏的各种危机呢？

【点评】

古语中有一个词叫做"禄饵"，非常形象地比喻功名利禄对于迫切希望鲤鱼跃龙门的世人才子，愿者上钩的诱惑与吸引。

而"香饵之下必有死鱼"，很多时候，世人往往只是看到了禄饵的香美，奋不顾身飞蛾投火，却不知身后的

"侯门一入深似海，从此萧郎是路人"。

所以，在想获得任何所谓"好"的东西之前，要掂量清楚它的价钱，然后，愿赌服输。

第二七〇则

圣境之下　调心养神

　　徜徉①于山林泉石之间，而尘心渐息；夷犹②于诗书图画之内，而俗气潜消。故君子虽不玩物丧志③，亦常借境调心。

【注释】

①徜徉：徘徊闲适的样子。

②夷犹：留连忘返。

③玩物丧志：玩赏珍奇之物而丧失了本来的志向。

【译文】

　　悠闲地游玩在山间树林清泉怪石之间，尘世的俗心就会渐渐止息；浸淫在读书吟诗作画的情趣当中，庸俗的气息就会慢慢消失。所以有德行的君子虽然不会因为沉溺于玩物而消磨意志，但也常常借助优雅的环境来陶冶身心。

【点评】

　　有几则这样的轶事和佳话：

　　南朝吴均的《与朱元思书》中写道："鸢飞戾天者，望峰息心；经纶世务者，窥谷忘反。"如鸷鹰飞天一般极力追求高位的人，看到壁立千仞的高峰，追逐功名利禄的心也就平静下来。整天忙于政务的人，看到这些幽美的山谷，就会流连忘返。

北宋著名隐逸诗人林逋隐居西湖孤山，终生不仕不娶，惟喜植梅养鹤，自谓"以梅为妻，以鹤为子"。苏轼曾写道："可使食无肉，不可居无竹。无肉令人瘦，无竹令人俗。"而黄庭坚则说："一日不读书，尘生其中；两日不读书，言语乏味；三日不读书，面目可憎。"

高峰峡谷、梅妻鹤子、梅兰竹菊、琴棋书画，仿佛一条路、一艘船，将人们由尘俗的此岸摆渡至脱俗的彼岸；它们既是介质，也是载体。

春之繁华　不若秋之清爽

　　春日气象繁华，令人心神骀①荡，不若秋日云白风清，兰芳桂馥②，水天一色，上下空明，使人神骨③俱清也。

【注释】

　　①骀〔dài〕：舒缓荡漾。马融《长笛赋》："安翔骀骀，从容阐缓。"

　　②馥〔fù〕：香，香气。谢朓《思归赋》："晨露晞而草馥。"

　　③神骨：精神和形体。

【译文】

　　春天的景致繁华热闹，使人心旷神怡，但却不如秋季的天高气爽，白云飘飞，幽兰馥郁，桂花飘香，秋水与长天共一色，天地澄澈清明，使人的身体和精神都感到清爽舒畅。

【点评】

　　刘禹锡的《秋词》二首写道：

　　自古逢秋悲寂寥，我言秋日胜春朝；晴空一鹤排云上，便引诗情到碧霄。

　　山明水净夜来霜，数树深红出浅黄；试上高楼清入骨，岂如春色嗾人狂。

自古以来，骚人墨客都悲叹秋天萧条、凄凉、空旷，我却说秋天远远胜过春天。秋日天高气爽，晴空万里。一只仙鹤直冲云霄推开层云，也激发我的诗情飞向万里苍穹。

秋天了，山明水净，夜晚已经有霜；树叶由绿转为浅黄色，其中却有几棵树叶呈红色，在浅黄色中格外显眼；登上高楼，四望清秋入骨，哪里像春色那样使人发狂？

公元 805 年，唐顺宗任用王叔文改革朝政，称为永贞革新，刘禹锡也是中坚力量。但革新遭到宦官、藩镇、官僚势力的强烈反对，以失败告终。顺宗被迫退位，王叔文赐死，刘禹锡被贬。贬到朗州（湖南常德）时他才三十四岁，正值春风得意，却被赶出朝廷，虽然遭受沉重打击，但并未消沉，仍然心志清朗、乐观豁达。这两首诗就写于此时。

一个真正明白四季更替和人生轮回的人，才会懂得秋天的高旷、清爽、洒脱，也会更懂得秋天的沉降、收敛和丰富。

第二七二则

得诗家真趣　悟禅教玄机

一字不识，而有诗意者，得诗家真趣；一偈^①不参，而有禅味者，悟禅教玄机^②。

【注释】

①偈［jì］：佛经、禅语中的唱词和诗句。

②玄机：深不可测的道理。

【译文】

目不识丁，而说话充满诗意，这才体会到了诗的真正趣味；一句偈语都不研究，却富有禅机，可以说已领悟到禅理的奥妙。

【点评】

禅宗六祖惠能青年时家境贫寒，不识字，只是一个砍柴樵夫。有一天忽然听到有人念诵《金刚经》"应无所住，而生其心"，豁然大悟，于是去寻找蕲州黄梅县东禅寺五祖弘忍大师。很巧五祖正在法堂里升座说法，惠能上前参礼。五祖厉声问这个岭南樵夫："南蛮獦獠也来闻佛法。"惠能说："人有南北，难道佛性还有南北么？"五祖吃了一惊，知道他根器非凡，先安排他去米房里舂米。

有一天惠能听到小沙弥口念一首偈子"身如菩提树，心如明镜台，时时勤拂拭，勿使惹尘埃"。原来弘忍和尚要传付法印，退居让位，令全寺每人都作一首偈子，谁作得好、作得对，这个正法眼藏和衣钵就付给谁。这首偈子是首座和尚神秀所作，大家都在背诵。惠能听后也说了一首偈子，请人代笔书写："菩提本无树，明镜亦非台，本来无一物，何处惹尘埃。"这个偈子传遍全寺，引起震动，一字不识的惠能，因其真正体悟了禅机而最终得到衣钵，成为禅宗第六代祖师。

这正是"一字不识"，"悟禅教玄机"。而所谓"教外别传，不立文字。直指人心，见性成佛"，正是禅宗的主要特色。

第二七三则

像由心生　像随心灭

机动①的，弓影疑为蛇蝎，寝石视为伏虎，此中浑②是杀气；念息③的，石虎可作海鸥，蛙声可当鼓吹④，触处俱见真机。

【注释】

①机动：机：心机、智谋。这里指心机很深、多思多虑。

②浑：全部，都。

③念息：息：停止。指心中没有非分的欲望。

④鼓吹：古代的一种器乐合奏曲，亦即《乐府诗集》中的鼓吹曲。用鼓、钲、箫、笳等乐器合奏。

【译文】

总用心机的人，在杯中看到弓影便会怀疑是毒蛇，在草中看到石头就会看作是老虎，内心中充满了杀气。没有心机的人，可以把凶恶的石虎化作温顺的海鸥，把聒噪的蛙声当作悦耳的音乐，所接触到的都是真正的机趣。

【点评】

《列子》中有这样一个故事：曾经有个很喜欢海鸥的人，他每天清晨都要来到海边和海鸥一起游玩。海鸥经常成群结队地飞来，有时候竟有一百多只。后来，他的父亲对他说："我听说海鸥都喜欢和你一起玩，你乘机捉几只来，让我也玩玩。"第二天，他又照旧来到海边，一心想捉海鸥，然而海鸥都只在高空飞舞盘旋，却再不肯落下来了。

李商隐说："海翁无机，鸥故不飞"；古琴曲"鸥鹭忘机"即来源于此。《治心斋琴学练要》评价道："人能忘机，鸟即不疑；人机一动，鸟即远离……是以圣人与万物同尘，常无心以相随。"

"忘机"作为道家语，指全然忘却了计较、巧诈之心，因而恬淡快乐、与世无争、亲近自然、物我两忘的美好境界。

第二七四则

来去自如　融通自在

身如不系之舟^①，一任流行坎止；心似既灰之木，何妨刀割香涂。

【注释】

①不系之舟：不用绳索缚住的船，比喻自由自在。

【译文】

身体就像没有系缆绳的小船，任随水波漂流或者静止，自由自在无拘无束；内心如同已经焚成灰的树木，不论刀砍涂香不觉痛痒，人间毁誉与我无关。

【点评】

《庄子·列御寇》说："巧者劳而智者忧，无能者无所求，饱食而遨游，泛若不系之舟。"工于机巧者通常都会因此劳碌，智慧过人者通常会因为思考深远而更忧虑，可是没有什么特殊资质的人反而对自己没有那么高的"要求"，吃饱喝足后就能没有框架约束地活着，精神安逸得就像不被缆绳系住的小船随意漂流。

世间万物都是相对的，有才能的人反而往往容易被自己的所长牵绊羁锁，深受其扰。才智过人的苏轼，一生坎坷不顺、备受折磨，到了晚年回首来时路写道：

"心似已灰之木，身如不系之舟。问汝平生功业，黄州惠州儋州。"

至此时，苏轼已经对很多事情看得很通透，宠辱不惊去留无意，到达了一个真正的逍遥境界。

忧喜取舍之情　皆是形气用事

人情听莺啼则喜，闻蛙鸣则厌，见花则思培之，遇草则欲去之，俱是以形气①用事。若以性天视之，何者非自鸣其天机，非自畅其生意②也？

【注释】

①形气：躯体和情绪。

②生意：生机。

【译文】

人之常情就是这样：听到黄莺啼鸣就高兴，听到青蛙叫声就厌恶，看到美丽的花木就愿意栽培，看见杂乱的野草就想拔掉，这都是根据自己的喜怒爱憎来决定好恶；但如果以自然的本性来看待，哪一个动物不是随其天性而鸣叫，哪一种草木不是顺其自然而生长呢？

【点评】

王国维《人间词话》中说：

有有我之境，有无我之境。"泪眼问花花不语，乱红飞过秋千去。""可堪孤馆闭春寒，杜鹃声里斜阳暮。"有我之境也。"采菊东篱下，悠然见南山。""寒波澹澹起，白鸟悠悠下。"无我之境也。

他深刻地指出：有我之境，以我观物，故物皆著我之色彩。无我之境，以物观物，故不知何者为我，何者为物。

　　当带着自己的主观色彩去看待事物时，万事万物也就都附着了一己的喜怒哀乐；而忘记了自我，用自然客观的视角去看待事物时，心中既没有自我，也没有外物，一派生机天然。

第二七六则

梦幻空华　真如之月

发落齿疏，任幻形^①之凋谢；鸟吟花开，识自性之真如^②。

【注释】

①幻形：指幻想的形体。古人认为人的身体由地、水、火、风假和而成，无实如幻。

②真如：佛教用语。《成唯识论》："真谓真实，显非虚妄；如谓如常，表无变易。谓其真实于一切法，常如其性，故曰真如。"

【译文】

头发总会脱落，牙齿也会疏松，任由那虚幻的躯壳自然凋谢；鸟儿在林间歌唱，花儿每年盛开，在这之中体悟本性恒常不灭的真理。

【点评】

《后汉书·襄楷传》里记载："天神遗以好女，浮屠曰：此但革囊盛血，遂不盼之。"

佛教用"革囊盛血"比喻美女，形容美丽动人的外皮下都是"骨肉脓血，屎尿毛发，淋漓狼藉"，以使人警醒。但从另一个角度看，不管如何青春、如何美貌、如何健壮，都会转眼即逝，犹如过眼云烟、虚幻不实。

没有任何一个人可以阻挡生老病死的到来，可以逆转自然规律返老还童。明白了这一点，就会以平常心接纳人生的轮回，就不会倚仗那些短暂虚无的"幻形"，而从自然界的生生灭灭中去认识"不生不灭，不垢不净，不增不减"的永恒本性。

第二七七则

欲心生邪念　虚心生正念

欲其中者，波沸寒潭①，山林不见其寂；虚其中者，凉生酷暑，朝市不知其喧。

【注释】

①波沸寒潭：寒冷平静的潭水扬起巨大波浪。

【译文】

一旦心中被欲望充满，就再也无法平静，犹如寒冷的深潭扬起沸腾的波涛，即便处在深山野林中也无法安静；而心中无欲无求、虚空澄明的人，即使在酷热的暑天也会感到浑身凉爽，就算在清晨热闹的集市也不会感到喧嚣。

【点评】

与"欲"有关的成语往往是：蠢蠢欲动、欲壑难填、利欲熏心、穷奢极欲、物欲横流、欲令智昏、欲火焚身……而"少欲"、"无欲"的成语往往是：清心去欲、少私寡欲、无欲无求、无欲则刚……

古人很早就认识到了"欲望"的危害，所以《道德经》说："不尚贤，使民不争；不贵难得之货，使民不为盗；不见可欲，使民心不乱。是以圣人之治，虚其心，实其腹，弱其志，强其骨，常使民无知无欲。"

　　不以"才德"作推崇的标榜，不让老百姓起争名夺利之心；不抬高珍稀之物的价值，不让老百姓去偷窃财宝；不显耀足以引起贪心的事物，不让老百姓的心被迷乱。因此圣人的治理原则是：排空百姓的心机，填饱百姓的肚腹，减弱百姓的争夺意识，增强百姓的筋骨体魄，经常使老百姓没有智巧、没有欲望。

　　只有这样才可以使天下太平，才可以使天下大治。

第二七八则

富者多忧　贵者多险

多藏者厚亡，故知富不如贫之无虑；高步者①疾颠，故知贵不如贱之常安。

【注释】

①高步者：指走路时昂首阔步目空一切的人。

【译文】

财富聚集得太多的人，失去时损失也大，由此可见富有的人还不如贫穷的人过得无忧无虑；地位爬得越高的人，摔得也会越惨，由此可见地位高的人还不如地位低下的人过得安逸。

【点评】

茨威格在一本传记中记载：玛丽·安托瓦内特原是奥地利公主，14岁的时候成为法国王太子妃，18岁成为法国王后，丈夫很爱她，由着她的性子兴建宫殿、举办宴会、夜夜笙歌。哥哥规劝她要读书，玛丽说：我不喜欢读书，我喜欢享受生活。

20年后，玛丽·安托瓦内特上了断头台。茨威格提到她早年的奢侈生活，无比感慨，说：她那时候还太年轻，不知道所有命运赠送的礼物，早已在暗中标好了价格。

这句话，也许适用于所有富有、高贵的幸运儿。

第二七九则

读易松间　谈经竹下

读易①晓窗，丹砂研松间之露；谈经午案，宝磬②宣竹下之风。

【注释】

①易：指《易经》。

②磬［qìng］：一种用石头或玉制成的乐器。

【译文】

清晨坐在窗边研读《易经》，用松树上的露珠来研磨朱砂批阅评点；中午时分在书桌前诵读佛经，竹林间的清风把清脆的木鱼声传向远方。

【点评】

唐人李涉在《题鹤林寺壁》中写道：终日昏昏醉梦间，忽闻春尽强登山。因过竹院逢僧话，偷得浮生半日闲。

他说自己长时间来一直处于混沌醉梦之中，无端地耗费着人生这点有限的时光。有一天忽然发现春天即将过去了，于是便强打精神登上南山去欣赏春色。在游览寺院的时候，无意中与一位高僧闲聊了很久，难得在这纷扰的世事中暂且得到片刻的清闲。

　　《庄子》说"其生若浮"，人生漂浮无定，如无根之浮萍，不受自身之力所控；在随波逐流、劳碌烦扰的浮生中，能有片刻光阴按下暂停键，身心俱静、研经读史、竹风松露，这是何等难得，又是何等奢侈！

第二八○则

人为乏生趣　天机在自然

花居盆内终乏生机，鸟入笼中便减天趣。不若山间花鸟错集成文，翱翔^①自若，自是悠然会心。

【注释】

①翱翔：展开翅膀回旋地飞。《庄子·逍遥游》："翱翔蓬蒿，此亦飞之至也。"

【译文】

花木被栽植在盆中终归要失去生机，飞鸟被关进木笼就减少了天然的生趣。不像山间的花鸟交错点染成美丽的图案，自由地飞翔，这样才能使人领会其中的妙趣。

【点评】

龚自珍写过一篇《病梅馆记》，说当时人认为"梅以曲为美，直则无姿；以欹为美，正则无景；以疏为美，密则无态"。所以很多人"以夭梅病梅为业以求钱"，"斫其正，养其旁条，删其密，夭其稚枝，锄其直，遏其生气，以求重价，而江浙之梅皆病"。

　　人为，就是"伪"。凡是人所刻意追求的东西，就一定是伪的，不合乎天道的；而所谓"清水出芙蓉，天然去雕饰"，不合乎天道的东西，必定不美，也很难长久。

第二八一则

烦恼由我起　嗜好自心生

世人只缘认得我字太真，故多种种嗜好，种种烦恼。前人云："不觉知有我，安知物为贵？"^①又云："知身不是我，烦恼更何侵？"真破的^②之言也。

【注释】

①不觉知有我，安知物为贵：语出陶渊明《饮酒诗》。

②破的：箭射中箭靶，比喻言论极为恰当。

【译文】

只因为世上人把自我看得太重，所以才会产生诸多嗜好诸多烦恼。古人说："假如人们不再把'我'字当成中心，那么自然就不会过多被外物左右。"又说："假如能明白每个人不过是一个过客，一切都不是我所能掌握所能拥有，那么世间还有什么烦恼能扰乱我呢？"这真是一语切中要害。

【点评】

著名表演艺术家英若诚讲过一个自己小时候的故事：他出生成长在一个大家庭，每次开饭时，都是几十口人坐在大餐厅中一起吃。有一次他突发奇想，决定跟大家开个玩笑，看看如果他们找不到自己该多着急。于是吃饭前，他偷偷躲进饭厅的一个不被人注意的柜子中，心中暗暗窃喜，想象着大家发现只少他一个人的疑惑，到处找也找不到他的焦急；他想自己要等到大家实在太担心，甚至快要报官的时候再跳出来，吓他们一跳，给他们一个惊喜。但万万没想到，他在柜子里听到人声鼎沸，熙熙攘攘地来吃饭的声音，听到大家互相的问好和嬉闹；没有一个人注意到他的缺席，更没有人焦急、担心和寻找。一直等到过去了很久，大家都酒足饭饱，陆陆续续离开了，英若诚只好万分失望和尴尬地爬出柜子，吃点残羹剩菜。

所以《菜根谭》说，千万不要把"我"字看得太重，把自己太当回事，不要把自己当成世界的中心。人生天地之间，若白驹之过隙，忽然而已。时间像一只魔手，足以把世间万物摧枯拉朽。荣华富贵、青春美貌，转眼化成云烟。一切事物都只不过是无限绵延的时间线上的一粒微尘，人的生命也不过转瞬即逝。不论是红颜至爱、富贵荣华，还是王侯将相、声名显赫，一切都会过去，一切终将成空。又有什么东西是真正属于"我"的呢？又有什么外物是值得苦苦贪求迷恋不能放手的呢？

第二八二则

以失意之思　制得意之念

自老视少，可以消奔驰角逐之心；自瘁^①视荣，可以绝纷华靡^②丽之念。

【注释】

①瘁［cuì］：毁败，困病。《三国志·吴书·吴主传》："今天下未定，民物劳瘁。"

②靡［mí］：华丽。

【译文】

假如能从老年的角度回望少年，就可以消除很多追名逐利的争斗心理；如果能从衰败没落的境地回望荣华富贵，就可以断绝很多追求奢侈豪华的念头。

【点评】

晚唐刘禹锡写了很多咏史怀古诗。其中《乌衣巷》写道：朱雀桥边野草花，乌衣巷口夕阳斜；旧时王谢堂前燕，飞入寻常百姓家。

《西塞山怀古》写道：人世几回伤往事，山形依旧枕寒流；今逢四海为家日，故垒萧萧芦荻秋。

《金陵五题·石头城》写道：山围故国周遭在，潮打空城寂寞回；淮水东边旧时月，夜深还过女墙来。

这样的诗写尽了沧海桑田、落寞情怀。国家命运如此，小我人生又何尝不如此？真正是："繁华落尽，一生憔悴在风里，回头是无晴也无雨；明月小楼，孤独无人诉情衷，人间有我残梦未醒。"当一切都成往事，回望烟云，所有的奔驰角逐和纷华靡丽也都毫无意义。

第二八三则

世态变化无极　万事必须达观

　　人情世态，倏忽^①万端，不宜认得太真。尧夫^②云："昔日所云我，而今却是伊。不知今日我，又属后来谁。"人常作是观，便可解却胸中挂矣。

【注释】

①倏忽：极短的时间。倏：迅速，极快。

②尧夫：北宋著名理学家邵雍的字。

【译文】

　　人情冷暖，世态炎凉，瞬息万变，都不必看得那么认真。宋儒邵雍说："以前所说的我，现在却变成了他；还不知道今天的我，到头来又变成什么人？"人们如果常常作这样的思考，就可以放下心中许多牵挂。

【点评】

　　巧合的是，由这句话又想到了刘禹锡。他因为参与永贞政治革新被株连，贬为郎州司马，过了十年才有机会回到长安。此时他发现"满朝之人皆吾去后而升迁者"，于是写了一首《玄都观桃花》：

　　紫陌红尘拂面来，无人不道看花回；

　　玄都观里桃千树，尽是刘郎去后栽。

　　当年自己和几个政治人物叱咤风云，可是现在过气了，换了别人长袖善舞。这首诗一写，刘禹锡又得罪了人，因"语涉讥刺"而再度遭贬。又过了十二年，刘禹锡再次以主客郎中之职被朝廷召回长安，发现上一拨当红的人物又树倒猢狲散了。他非常感慨，写下了《再游玄都观》：

百亩庭中半是苔，桃花净尽菜花开。

种桃道士归何处？前度刘郎今又来。

那些排挤自己、打击自己的家伙们哪去了呢？这世界真是风水轮流转，我刘禹锡不是又回来了吗？

两首桃花诗，写尽人情冷暖、世态炎凉，最终却是开怀一笑、过眼云烟。

第二八四则

闹中取静　冷处热心

热闹中着一冷眼，便省许多苦心思；冷落①处存一热心，便得许多真趣味。

【注释】

①冷落：寂静、冷寞。

【译文】

在热闹喧嚣的时候，如果能保持冷静的眼光，便可在日后减少许多烦恼；在失意落寞的时候，如果能保持奋发进取的心态，便可以得到许多人生真正的乐趣。

【点评】

大部分的人，都是在得意的时候更得意，失意的时候更失意；或者，在得意的时候有优雅从容的好状态，而在失意的时候则完全失控，一副气急败坏、歇斯底里的嘴脸。

其实，上述反应，只不过是"人之常情"。而能做到得意的时候很冷静、失意的时候很平静；或者，得意的时候是一副平常心态、失意的时候还是一副平常心态，则需要"反人性"的训练。只有磨炼自己的心性和品质，才能具有"超人性"的能力。

第二八五则

世间原无绝对　安乐只是寻常

有一乐境界，就有一不乐的相对待；有一好光景，就有一不好的相乘除①。只是寻常家饭，素位②风光，才是个安乐的窝巢。

【注释】

①乘除：消长。

②素位：安守本分。

【译文】

有一个安乐的境界，就一定有一个不安乐的境界和它相对；有一处美好的景色，就一定有一处不美的景色相参照。只有那些普通的家常便饭、寻常的自然景色，才是真正安乐的归宿。

【点评】

物理学有一个能量守恒定律：能量既不会凭空产生，也不会凭空消失，只能从一个物体传递给另一个物体，能量的形式也可以互相转换。而能量守恒定律公式则显示：增加的能量和减少的能量相当，整体保持守恒。

如果将这个公式应用于世间万事万物，就很容易明白这句话的道理。就像能量守恒定律公式所表达的含义：增加和减少的幅度越小，变化的值也就越小。这也就是《菜根谭》所说的：保持一个平常心态，过一份平常日子的安乐。

第二八六则

接近自然风光　物我归于一如

帘栊高敞，看青山绿水吞吐云烟，识乾坤之自在；竹树扶疏①，任乳燕鸣鸠②送迎时序，知物我之两忘。

【注释】

①扶疏：枝叶茂盛。

②鸠：鸟名，也称鹁鸠、斑鸠。《诗经·召南·鹊巢》："维鹊有巢，维鸠盈之。"

【译文】

高高卷起窗帘，远眺青山绿水、烟雾迷濛，才明白大自然是多么的美妙自在。竹林茂盛树木疏朗，穿梭的燕子和鸣叫的鸠鸟在报道着春去秋来，才领悟万物合一浑然忘我的境界。

【点评】

《菜根谭》中有很多这样的句子，都是在自然山水中领悟人生大道。

中国文化讲究天人合一、道法自然。人本来就是自然的一部分，也是天地间的一粒微尘，没有任何值得自高自大的资本；反而应该像一个在河边捡拾鹅卵石的孩童，谦卑地俯下身去，向自然学习，向天地致敬。

第二八七则

生死成败 一任自然

知成之必败，则求成之心不必太坚；知生之必死，则保生之道不必过劳①。

【注释】

①过劳：过分费心。

【译文】

如果明白世间万事有成功就一定有失败，那么也许就不一定汲汲于求取成功；如果知道世间万物有生就会有死，那么对养生之道也就不必过于费尽苦心。

【点评】

人生在世，一切顺其自然。对待事物最好的状态是尽人事听天命，也就是做的时候尽心尽力，但不必太执着地苛求一个结果。

如果为了刻意追求长寿、健康，就去尝试各种养生、食补，甚至非常不喜欢吃某种东西而偏偏要努力去吃，这已经是违背了生命的本质，又怎么可能健康？

大道无道，大养无养。顺其自然，无为而为，才是真正的养生之道。

第二八八则

处世流水落花　身心皆得自在

古德云："竹影扫阶尘不动，月轮穿沼水无痕。"①吾儒云："水流任急境常静，花落虽频意自闲。"②人常持此意，以应事接物，身心何等自在。

【注释】

①这是唐代雪峰和尚之语，竹影与月轮均指幻觉。

②这是宋儒邵雍诗中的句子。

【译文】

古代一位高僧说："竹子的影子在台阶上掠过而尘土不会飞扬起来，月影倒映池塘而水面不会生起丝毫波纹。"宋代一位儒者也说："不论水流如何湍急，四周的环境仍然宁静，虽然花朵纷纷谢落，心中的意兴依然闲适。"一个人如果能常以这样的心态来为人处世接人待物，那么身心是多么逍遥自在啊。

【点评】

这段话虽然只写了竹影、月轮、水流、花落，但却给人一种极为强大而震慑的力量。

不动、无痕、常静、自闲，可以完全不受外在环境的干扰。《金刚经》说："不取于相，如如不动。"能够了了分明，而又如如不动，对一切事实真相真理了然于心，清清楚楚，但心境不受外界影响，始终平稳、淡然，顺不欢喜，逆不悲伤。

　　古人真的是比我们更能窥破人生的真相，也更知道如何对待生命。

第二八九则

勘破乾坤妙趣　识见天地文章

林间松韵，石上泉声，静里听来，识天地自然鸣佩^①；草际烟光^②，水心云影，闲中观去，见乾坤最上文章。

【注释】

①佩：系在衣带上作装饰用的玉。李白《感兴八首·其二》："解佩欲西去。"

②烟光：迷蒙的景色。

【译文】

山林中松涛阵阵，泉石间水流淙淙，静静聆听，可以体会到天地之间大自然的美妙乐章；原野尽头上升起的迷蒙烟雾，水中央倒映的白云美景，悠闲看去，可以欣赏到宇宙之间乾坤里最精妙的文章。

【点评】

今天的人们已经很难得安静，难得亲近自然，也难得听到大自然中美妙的声响了。

《庄子·齐物论》中，南郭子綦问："汝闻人籁而未闻地籁，汝闻地籁而未闻天籁夫！"子游曰："地籁则众窍是已，人籁则比竹是已，敢问天籁？"子綦曰："夫吹万不同，而使其自已也。咸其自取，怒者其谁邪？"

你听到人籁而听不到地籁，你听到地籁而听不到天籁吧？子游问："地籁是万物之窍所唱和之声，人籁是丝竹之声。能不能问天籁是什么呢？"子綦说："风吹万物，发出不同的声响，是因为完全由其自行息止。所谓天籁，除了这样自然而然之声，还能有别什么东西吗？"

静中天地广，闲时岁月长。

所谓天籁，是最美妙的宇宙万物真实自然的声音。而这样的声音，只有安静的时候、闲适的时候，才听得到、体会得到。

第二九〇则

猛兽易伏 人心难制

眼看西晋之荆榛①，犹矜②白刃；身属北邙③之狐兔，尚惜黄金。语云："猛兽易伏，人心难降；溪壑④易填，人心难满。"信哉！

【注释】

①榛：丛生的荆棘。左思《招隐诗二首》："经始东山庐，果下自成榛。"这里指纷乱的世事。

②矜：炫耀、夸耀。

③北邙 [máng]：洛阳以北的墓地叫北邙，东汉诸帝和名臣的陵墓多在于此。

④壑：沟。《礼记·郊特牲》："土反其宅，水归其壑。"

【译文】

西晋时期，眼看就要亡国灭家，变成杂草丛生的荒野，可是一些高官贵族还在那里炫耀武力；东汉皇族，死后多半葬在北邙山，尸体成为山中狐鼠的食物，在世时却还是如此吝惜财富。俗话说："野兽容易制伏，可是人心却难以降服；沟壑容易填平，人心却难以满足。"真的是这样啊！

【点评】

"北邙山头少闲土，尽是洛阳贵人墓"。今天考古学证明，北邙山不仅古墓数量庞大，更有无数帝王贵胄埋葬于此，仅帝王墓就有 24 座，时间跨度从东周、东汉、曹魏、西晋、北魏到后唐共六代，在这些帝陵中，有东周历任天子的帝陵，有大名鼎鼎的东汉光武帝刘秀的原陵，也有促进北方民族大融合的北魏孝文帝拓跋宏的长陵……

宋周弼的《韬光庵》写道："抑将慕羶逐臭，亡魂丧魄，委枯骸于北邙之狐兔。荒台兮尚存，破屋兮如故，惟有山僧不知处。世间万事谁始终，极目寒江起烟雾。"

不管怎样的金戈天马、气吞万里如虎，最终也是"日落狐狸眠冢上，夜归儿女笑灯前"。正像曹雪芹《好了歌》写的那样：

世人都晓神仙好，惟有功名忘不了！古今将相在何方？荒冢一堆草没了。世人都晓神仙好，只有金银忘不了！终朝只恨聚无多，及到多时眼闭了。

常读此，可以警醒人心。

第二九一则

心地能平稳安静　触处皆青山绿水

心地上无风涛，随在皆青山绿水；性天①中有化育②，触处见鱼跃鸢③飞。

【注释】

①性天：天性。

②化育：本指自然界生成万物，这里指先天善良的德行。《礼记·中庸》："能尽物之性可以赞天地之化育。"

③鸢［yuān］：一种鹰。《诗经·大雅·旱麓》："鸢飞戾天，鱼跃于渊。"

【译文】

如果心湖中没有波涛风平浪静，那么所处之所无不是青山绿水；如果本性中有化育万物的爱心，那么所看之物无不是鱼跃鹰飞的生动气象。

【点评】

朱熹曾挥笔写下"鸢飞鱼跃"四个字，作为他理学思想的高度概括。

"鸢飞鱼跃"语出《诗经·大雅·旱麓》："鸢飞戾天，鱼跃于渊。"唐孔颖达疏，其本意为万物各得其所。子思《中庸》认为："言其上下察也。君子之道，造端乎夫妇；及其至也，察乎天地。"朱熹解释道："子思引此诗以明化育流行，上下昭著，莫非此理之用，所谓费也。然其所以然者，则非见闻所及，所谓隐也。"

　　也就是说，天地之间万事万物无不是天理流行化育的结果，天理是本，万物是用；理之流行，以用体理。万事万物明明白白地展示在世人面前，这是"费"；然而又不是耳目见闻所能即知即晓，这是"隐"。所以学者要如"鸢飞鱼跃"一般，灵活体察、格物穷理。

第二九二则

生活自适其性 贵人不若平民

峨冠大带①之士，一旦睹轻蓑小笠，飘飘然逸也，未必不动其咨嗟②；长筵广席之豪，一旦遇疏帘净几，悠悠焉静也，未必不增其绻恋。人奈何驱以火牛，诱以风马③，而不思自适其性哉？

【注释】

①峨冠大带：指古代官服。

②咨嗟：感叹，赞叹。

③风马：风：雌雄相引诱，风马指发情的马。《左传·僖公四年》："君居北海，寡人居南海，唯是风马牛不相及也。"

【译文】

头戴高冠腰横博带的达官贵人，偶尔看到头戴斗笠身穿蓑衣的老百姓飘飘然逍遥自在，未必不会产生失落的感叹；生活奢靡筵席不断的豪门贵族，一旦看见窗明几净的平民人家悠然闲适的样子，未必没有慕恋的心态。既然如此，世上的人为什么还要像火牛阵一般争相竞斗，为什么还要像发情的马一般去追逐名利呢？为什么不能明白自己真正需要的东西，而去过顺应自己本性的生活呢？

【点评】

"人奈何驱以火牛，诱以风马？"

"奈何"两个字，真是写尽了当今人生的无奈，就算自己不驱赶不诱惑，也总有外在的世界，在驱赶你、诱惑你，整个世界的状态，用威廉·福克纳的小说名字来描述，就是《喧嚣与骚动》。

所以，在这样的一片混乱一地鸡毛之中，自然有浑水摸鱼而得鱼者，就成了峨冠大带之士、长筵广席之豪；然而得鱼一次就一直得鱼吗？得鱼之后不会失鱼吗？因为世界本身就颠簸不止，无法不让人内心去寻求安定。因而那些跟随世界一起折腾的人，虽然看似赚得盆满钵满，内心却非常羡慕并没有这么折腾，没有更多得到、也没有更多失去、气定神闲、简单自适的人。

第二九三则

处世忘世　超物乐天

鱼得水游，而相忘乎水；鸟乘风飞，而不知有风。识此可以超物累，可以乐①天机。

【注释】

①乐：享受，喜欢。

【译文】

鱼在水中才能自由游动，然而它们游动时却不必记得有水的存在；鸟儿乘着风才能高高翱翔，然而它们飞翔时却没有意识到是风托起它。明白了这个道理，就可以超脱外物的束缚，可以享受到人生的真趣。

【点评】

《庄子》说："相濡以沫，不若相忘于江湖。"又说："筌者所以在鱼，得鱼而忘筌；蹄者所以在兔，得兔而忘蹄；言者所以在意，得意而忘言。"还说："养志者忘形、养形者忘利、致道者忘心。"

"忘"字在《庄子》中出现了八十多次，他以一个"忘"字，一次又一次地褪去外物、褪去形体、褪去工具、褪去依托、褪去负累、褪去束缚……忘物、忘情、忘机、忘言、忘我、忘亲、忘天下、忘礼乐、忘仁义、忘形、忘心……直到自由自在，游于天地之间。

真的应该学一学庄子"坐忘"的大智慧，超然物外、逍遥世间。

第二九四则

人生本无常　盛衰何可恃

狐眠败砌①，兔走荒台，尽是当年歌舞之地；露冷黄花②，烟迷衰草，悉属旧时争战之场。盛衰何常？强弱安在？念此令人心灰！

【注释】

①砌：台阶。

②黄花：菊花。

【译文】

狐狸做窝在残垣断壁，野兔出没在荒废楼台，这些都是当年歌舞升平的地方。遍地黄花在寒露中抖擞，一片荒草在烟雾中摇曳，这里曾是英雄逐鹿争霸的战场。兴盛和衰败哪里会长久不变？强弱胜负如今何在？想到这些不禁令人心灰意冷！

【点评】

曹雪芹的《好了歌注》，就像这段话一样，极为深刻而冷酷地揭露了世间盛衰无常、风水轮流转的真相：

"陋室空堂，当年笏满床；衰草枯杨，曾为歌舞场。

蛛丝儿结满雕梁，绿纱今又糊在蓬窗上。说什么脂正浓，粉正香，如何两鬓又成霜？

昨日黄土陇头送白骨，今宵红灯帐底卧鸳鸯。

金满箱，银满箱，转眼乞丐人皆谤。

正叹他人命不长，那知自己归来丧！

训有方，保不定日后作强梁。择膏粱，谁承望流落在烟花巷！

因嫌纱帽小，致使锁枷扛，昨怜破袄寒，今嫌紫蟒长。

乱烘烘你方唱罢我登场，反认他乡是故乡。甚荒唐，到头来都是为他人作嫁衣裳!"

——人类不是缺乏进取和竞争，而是已经太过于被野心和欲望驱使了。这样的句子犹如一碗盛夏凉茶，可以让人清心明目、降火除烦。

第二九五则

宠辱不惊　去留无意

宠辱不惊，闲看庭前花开花落；去留①无意，漫随天外云卷云舒。

【注释】

①去留：指归隐和为官。

【译文】

无论是光荣或者屈辱都不会在意，永远用闲适的心情欣赏庭院中的花朵盛开衰落；无论是晋升还是贬职都无动于衷，永远用平和的眼光观看天上的浮云随风聚散。

【点评】

老子《道德经》中说："得之若惊，失之若惊，是谓宠辱若惊。"与此相反，"得之不惊，失之不惊"，就叫做"宠辱不惊"。

唐太宗时期，有个负责运粮的官员一时疏忽，导致运粮的船只沉没了。到年终考核时，考功员外郎卢承庆奉命给下级官员评定等级。评定等级事关每位官员的仕途升迁，所以大家都非常紧张。因为运粮船沉没一事，卢承庆给那位运粮官评了个"中下级"，那位运粮官没有流露出半点不高兴的神情。后来，卢承庆综合考虑各种因素，又将运粮官的级别改成了"中中级"，运粮官也没有流露出半点高兴的神情。卢承庆赞扬他"宠辱不惊，实在难得"，又将他的级别改成了"中上级"。

就像《菜根谭》说的：不论人在高点还是低点，不论得宠和失宠，都毫不惊慌，就像看待庭院里春天花开秋天花落一样，有盛就有衰，有输就有赢；不论能站住脚还是站不住脚，不论升职还是走人，都没什么感觉，就像随着天空中阴云密布祥云舒展一样，该来的总会来，该走的总会走。

第二九六则

苦海茫茫　回头是岸

晴空朗月，何天不可翱翔，而飞蛾独投夜烛；清泉绿草，何物不可饮啄，而鸱鸮①偏嗜腐鼠。噫！世之不为飞蛾鸱鸮者，几何人哉！

【注释】

①鸱鸮 [chī xiāo]：猫头鹰一类的鸟。李商隐《隋师东》："岂假鸱鸮在泮林。"

【译文】

晴朗的夜空，明月高照，天空可任意翱翔，而飞蛾却偏偏要在夜间扑向烛火；清泉流水，绿草野果，哪一种东西不能饮食果腹，而鸱鸮却偏偏爱吃死老鼠。唉，世界上能不像飞蛾、鸱鸮那样犯傻的人又有几个呢？

【点评】

《庄子·秋水》中说：惠子在梁国做宰相，庄子前往看望他。有人对惠子说:"庄子来梁国，是想取代你做宰相。"于是惠子恐慌起来，在都城内搜寻庄子整整三天三夜。庄子到来后对他说："南方有鸟，其名为鹓鶵，子知之乎？夫鹓鶵发于南海而飞于北海，非梧桐不止，非栋实不食，非醴泉不饮。于是鸱得腐鼠，鹓鶵过之，仰而视之曰：吓！今子欲以子之梁国而吓我邪？"

对于人生和世界的了悟程度不同，所作出的选择是不同的。非常可笑的是，往往我们自以为高大上的凤翔九州、龙腾四海的目标和追求，没准却只是飞蛾投烛、鸱食腐鼠一般短视和窃喜而已！

第二九七则

求心内之佛　却心外之法

才就筏便思舍筏，方是无事道人；若骑驴又复觅驴，终为不了禅师①。

【注释】

①不了禅师：指还没有开悟的和尚。

【译文】

登上了竹筏就想到上岸后要舍弃这竹筏，这才是懂得不受外物羁绊的真人；如果已经骑在驴上却还想着找另外一头驴，便始终是一个无法彻底了悟的和尚。

【点评】

"得鱼忘筌，得兔忘蹄。"外物终究只是为我所用，应该为我役使、做我工具。所以通达的人从不执着于物，用则用了、舍则舍了，来则来了、去则去了，毫无挂碍。奈何你我众生，有太多窥不破看不开放不下舍不得，所以甘心为奴，拘囚于物，缠缚于物，拖泥带水、画地为牢。

而《景德传灯录》有两句偈子："不解即心即佛，真似骑驴觅驴。"又："诵经不见有无义，真似骑驴更觅驴。"想要求的东西、想要悟的道理，就在我们自身；想要除去的烦恼、想要超越的障碍，解决的关键也在自身。

奈何你我众生，糊里糊涂不明真相，不在自身努力修行、不在自身下功夫上探求，反而只想外求、怨天尤人，结果却是抓住的越多、得到的越多，烦恼就越多、痛苦就越多，缘木求鱼、南辕北辙！

第二九八则

以冷情当事 如汤之消雪

权贵龙骧①，英雄虎战，以冷眼视之，如蚁聚膻②，如蝇竞血；是非蜂起，得失猬③兴，以冷情当之，如冶④化金，如汤消雪。

【注释】

①骧 [xiāng]：本指马抬着头快跑，引申为飞腾。

②膻：羊膻气。

③猬：刺猬。

④冶：熔炉。

【译文】

权贵高官气势威武，英雄豪杰热血征战，可是如果冷眼旁观，就如同蚂蚁聚集在腥膻味旁，苍蝇争食血腥之物；是是非非像乱蜂拥集，得失成败像刺猬毛稠密，可是如果冷静思索，就如同金属熔液注入模型自然凉却，又如同雪花碰到热水自然融化。

【点评】

自以为龙虎的人，会逞其所能，做出一些龙吟虎啸、虎踞龙盘，或许惊天动地、傲视古今之事。可是在伟大的造物主眼中，却只不过是苍蝇蚊子一般嘤嘤乱扰。

人类很多时候狂妄自大、寻衅滋事、挑起争端、发动战争，就像孙猴子觉得自己世间无敌、齐天大圣，然后就开始搅动天庭地域、四海苍生，实际上永远也翻不出如来佛祖的手掌心；而为证明自己很厉害在五指山下撒了一泡尿，则完全像一个小丑的恶作剧。

第二九九则

彻见真性　自达圣境

羁锁①于物欲，觉吾生之可哀；夷犹②于性真，觉吾生之可乐。知其可哀，则尘情立破；知其可乐，则圣境自臻③。

【注释】

①羁锁：束缚。

②夷犹：留连。

③臻：到达。

【译文】

被物质欲望所束缚，会觉得生命很可悲；悠游在纯真的本性中，才觉得生命很可爱。知道什么很可悲，那么尘世的欲望可以立刻消除；知道什么很可爱，那么神圣的境界自然会达到完美。

【点评】

我们之所以会羁锁于物欲，而认识不到性真，最重要的原因是我们从未真正宝爱自己、珍惜自己这样一个在冥冥中被赋予非凡意义而来到世界的生命。

如果真的宝爱自己，一定不会允许自己一直做卑躬屈膝、违心折腰的奴隶。孟子说："役物而不役于物。"

陶渊明说："既自以心为形役，奚惆怅而独悲？"

常人只看到陶渊明辞官后的清苦生活，而没有看到那些蟒袍玉带者也许更像一个个戴着金手铐的囚徒。

而其中滋味，则如鱼饮水、冷暖自知。

第三〇〇则

心月开朗　水月无碍

胸中即无半点物欲，已如雪消炉焰冰消日；眼前自有一段空明^①，时见月在青天影在波。

【注释】

①空明：形容光明透彻。

【译文】

如果我们心中没有丝毫对物质的欲望，那么心中的烦恼就会像炉火把雪消融和太阳将冰融化一样迅速消散；如果我们能将眼光放得高远一些，自然会呈现一片空旷开朗的景象，宛如皓月当空、影在水中一般宁静。

【点评】

《菜根谭》中用了大量篇幅，不断厘清、判分“物我之间”的关系和认知。

人必得依赖物质才能生存，但是在物质生活已经极大丰富，甚至远远超出人类所需所求，并造成相当大的负担和浪费的今天，我们的确应该停下来，好好想想应该如何对待外物；应该如何在这场人与物的博弈中控制与反控制、驾驭与反驾驭。

就算在物质没有高度发达的时候，古人早已经看到端倪。道教经典《清静经》说："人神好清，而心扰之；人心好静，而欲牵之。常能遣其欲，而心自静；澄其心，而神自清。"

在这方面，古人要比我们清醒得多、理智得多。

第三〇一则

野趣丰处　诗兴自涌

诗思在灞陵桥①上，微吟就，林岫便已浩然②；野兴在镜湖③曲边，独往时，山川自相映发。

【注释】

①灞[bà]陵桥：在陕西省西安市长安区，古人多在此折柳送别。李白《忆秦娥》："箫声咽，秦娥梦断秦楼月。秦楼月，年年柳色，灞陵伤别。"

②岫[xiù]：峰峦。浩：大。刘义庆《世说新语·言语》："郊邑正自飘瞥，林岫便已皓然。"

③镜湖：也称鉴湖，在浙江省绍兴城西南，为浙江名湖之一，被称为"山阴道上行，如在镜中游"，古往今来很多文人墨客流连于此。

【译文】

登上灞陵桥，不知不觉中诗兴勃发，刚刚低声吟出词句，山峦丛林便已经变得诗意盎然。流连在镜湖畔曲江边，总喜欢独自漫步，静默无声间山水交映令人陶醉。

【点评】

"诗思灞陵"，是关于晚唐宰相郑綮的一个典故。他素有诗名，但奈何在晚唐时局中纵有才智也无能为力，既无法施展抱负，更遭到同僚讥讽。某日有人问他："相国最近有新诗吗?"他回答说:"诗思在灞桥风雪中驴子上,此处何以得之?"

"野兴镜湖"则是关于贺知章的一个典故。贺知章在唐玄宗朝升为礼部侍郎,调任为太子宾客,最后授予秘书监,德高望重。他曾经写过"离别家乡岁月多,近来人事半消磨。惟有门前镜湖水,春风不改旧时波"的诗句;天宝年间请求告老还乡,唐玄宗御制诗以赠,同时把镜湖的其中一段赐予他。

海德格尔说,人应该"诗意地栖居在大地上",其哲学意蕴在于通过人生艺术化和诗意化来抵制科学技术所带来的个性泯灭以及生活的刻板化和碎片化。而令人感触的是,在桥上折柳伤怀、吟诗送别,在湖边徜徉流连、寄情山水,这种生活在后工业化、后现代化的今天,已经被无情挤压、肢解。

第三〇二则

见微知著　守正待时

伏久者飞必高，开先者谢独早。知此，可以免蹭蹬①之忧，可以消躁急之念。

【注释】

①蹭蹬［cèng dèng］：困窘不得志之状。木华《文选·海赋》："或乃蹭蹬穷波，陆死盐田。"

【译文】

一只隐伏很久的鸟，一旦飞起来必定飞得很高；一棵开花很早的树木，也必然凋谢得很快。知道了这个道理，既可以免除怀才不遇的忧虑，也可以消解急功近利的念头。

【点评】

《韩非子》中记载：楚庄王统治朝政三年，不发布政令，不治理朝政。有一位官员问："有一只鸟停驻在南方的阜山上，三年不展翅，不飞翔，也不鸣叫，沉默无声，这是什么鸟呢？"楚庄王说："三年不展翅，是为了生长羽翼；不飞翔、不鸣叫，是为了观察民众的态度。虽然还没飞，一飞必将冲天；虽然还没鸣，一鸣必会惊人。你放心，我知道了。"经过半年，楚庄王就奋发图强治理朝政，诛杀奸臣，提拔贤人，楚国大治。他又大败敌国、会合诸侯，称霸天下。这个故事后人评价："庄王不为小害善，故有大名；不蚤见示，故有大功。故曰：大器晚成，大音希声。"

所以对今天的我们来说，要明白两件事：第一，每个人、事、物各有其生成发展的不同特点、规律和节奏，这是必须遵守的自然原则；任何拔苗助长者都只能看到眼前的一点点小利，终究逃不脱天地之道。第二，如果我们因为没有得到名利而焦虑不安，那么更应该反躬自省：自己的修养、德行、造化是否配得上想要的名利？谨记德不配位、必有余殃。

或许想到以上这两点，会让我们更加平和地对待得失成败。

第三〇三则

森罗万象　梦幻泡影

树木至归根，而后知华萼①枝叶之徒荣；人事至盖棺②，而后知子女玉帛之无益。

【注释】

①华萼 [è]：花萼。萼：花瓣的最外部。

②盖棺：指死后入殓棺木。

【译文】

树木到了冬天凋谢枯萎、落叶入土的时候，才明白茂盛的枝叶和鲜艳的花朵只是一时的繁荣；人到了死后一切皆休、盖棺入殓的时候，才知道原来子孙满堂、财宝满室全都毫无用处。

【点评】

佛教说，人生实苦。为自己这一副皮囊辛苦奔波，还要为子女安排操劳；在不知不觉中，子女和玉帛一样，已经成为我们的种种记挂、种种牵扯，影响我们的喜怒哀乐，脱不开放不下。

虽然是出于人之常情、骨肉至亲，但是在感情之上，我们必须明白一个道理，那就是子女因有某种机缘来到世间，与我们有父子母子之分，那就好好珍惜这个缘分，尽父亲母亲慈爱、养护、教导、抚育之责；但是切记子女并不是属于我们的私人物品，他是独立的个体，而且很快会独立，他的地盘他做主。

我们只是一个将他扶上马、送一程的人，只是一个将他从这个埠口送到下一个埠口的摆渡人，只是一个拉满弓、用尽力要把他发射出去的弓箭手。而他的身体、心情、事业、爱情，从某一时刻起，就注定不在我们的操心范围。

明白了这些，也有助于我们认知所有人世感情的态度，那就是身在某种角色和关系之中时，尽力扮演好；需要退场和谢幕的时候，面带微笑，得体退出；同时还能继续心情平和地欣赏舞台上他的表演，鼓掌欢呼。

第三〇四则

在世出世　真空不空

真空①不空，执②相非真，破相亦非真，问世尊③如何发付④？在世出世，徇⑤欲是苦，绝欲亦是苦，听吾侪⑥善自修持！

【注释】

①空：佛教用语，与"有"相对。一切存在之物中，皆无自体、实体、我等，这一思想即称空；也指事物虚幻不实，或理体空寂明净。

②执：执着。

③世尊：即佛陀。

④发付：发表意见。

⑤徇：追求。

⑥侪［chái］：同辈。

【译文】

超出一切色相意识的"空"的境界，并不就是空掉一切，执著于事物外在形相并不能看清事物的本质，同样的，破除事物外在形相也不能看清事物的本质，请问佛陀怎样解释这个道理？置于俗世又想要超脱尘世，追求欲望是一种痛苦，断绝欲望也是一种痛苦，这就要靠我们自己好好领悟修持了。

【点评】

这一问一答充满机锋，颇似禅宗的醍醐灌顶、当头棒喝。

到底什么才是真？到底应该怎样做？到底应该执着什么？到底应该放弃什么？到底应该如何摆脱痛苦？这几乎是困扰所有尘世中人的问题，而且几乎没有标准答案。

问世尊如何发付？回答是：听吾侪善自修持。也就是，一切的因缘都出于自身，一切的答案也都在自身；只需要回到自己的身心之中，只需要回到具体的修为当中，只需要回到一点一滴的当下时刻，你做的，就是你正在做的。也许如云破月影，觉知就会显现。

第三〇五则

欲望虽有尊卑　贪争并无二致

烈士让千乘，贪夫争一文，人品星渊①也，而好名不殊好利；天子营家国，乞人号饔飧②，分位霄壤③也，而焦④思何异焦声。

【注释】

①星渊：比喻差别极大。

②饔飧〔yōng sūn〕：饔指早饭，飧指晚饭，这里泛指食物。柳宗元《种树郭橐驼传》："吾小人辍饔飧以劳吏者。"

③霄壤：霄指天空，壤指土地，形容相差极远。

④焦：苦。

【译文】

一个重视道义的人，能把千辆兵车的大国拱手让人；一个贪得无厌的人，连一分钱也要争来夺去，就人的品德来说真是天壤之别。但是一个重视道义的人喜欢沽名钓誉，和一个贪得无厌的人喜欢贪财好利，两者在本质上并没有什么不同。天子为国家大事操劳，乞丐为一日三餐讨食，就地位而言确有天壤之别，但天子忧愁国家的殚精竭虑和乞丐沿门乞讨的苦苦哀求，其痛苦情形又有什么不同呢？

【点评】

名士与鄙夫、天子和乞丐，身份悬殊、地位迥异，所重视的事情、所焦虑的目标也是天差地别；可是论其对所重视的事情、所焦虑的目标的在意程度、忧思状态却并无二致。

读完这段话，有两个感觉：一是，既然同样是耗费精力操心忧虑，与其在一文一食上蝇营狗苟，还不如在家国天下中投掷身心。二是，永远不要觉得自己有多么崇高伟大，并不见得追求看似更高的目标就会获得更高的境界。人活于世总逃不开名利权情并为其所累，结果反而遭受折磨，和鄙夫乞丐没有区别。

借用《菜根谭》的另一句话："才就筏便思舍筏，方是无事道人；若骑驴又复觅驴，终为不了禅师。"不论何时，拿得起又放得下，再高大上的声名和责任，都不使其成为负担，才算得上是一个真正悟道的人。

第三〇六则

毁誉褒贬　一任世情

　　饱谙①世味，一任覆雨翻云，总慵②开眼；会尽人情，随教呼牛唤马③，只是点头。

【注释】

①谙：熟悉、熟识。

②慵［yōng］：懒。杜甫《送李校书》："晚节慵转剧。"

③呼牛唤马：《庄子·天道》："昔者子呼我牛也而谓之牛，呼我马也而谓之马；苟有其实，人与之名而弗受，再受其殃，吾服也恒服，吾非以服有服。"形容毁誉随人，顺应外物总是自然而然，并不是为了顺应而有所顺应。

【译文】

　　饱经风霜、尝遍世态炎凉，所以任由世间变化万千，都懒得睁开眼睛去过问其中是是非非；阅尽世事、看透人情冷暖，所以一切毁誉无动于衷，管他别人叫我牛还是唤我马，只是点头而已。

【点评】

　　日本有一位德高望重、修行高深的白隐禅师，他所在的寺院附近一户人家有个非常漂亮的女儿。忽然有一天，夫妻俩发现女儿的肚子大了起来，他们怒不可遏，逼迫女儿说出那个男人到底是谁。女儿在双亲一再逼问之下，不得已说出了"白隐"两个字。夫妻俩气势汹汹来到寺院，狠狠将白隐禅师痛骂一顿。可是白隐禅师脸色不变，只是说："噢，是这样的吗？"孩子生下来后，父母把孩子带去给禅师，让他抚养。丑闻传遍四方，使白隐名声扫地，没有人再来拜见他。但禅师并没有因此弃养孩子，而是非常细心地照顾养育，四处化缘乞求婴儿所需要的奶水和其他用品，到处遭受辱骂和耻笑。他不论受到何种羞辱，总是泰然处之，说："噢，是这样的吗？"在白隐精心呵护下，婴儿一天天长大了。孩子妈妈再也受不了良心的谴责，向父母说出了实情：孩子真正的父亲是乡里的另一名青年；因为担心父母不会答应这门亲事，又出于羞耻和恐惧，才嫁祸给白隐禅师。随后，父母羞愧万分地带着女儿来到寺院，向白隐禅师陪礼悔罪、请求原谅，并要求带走孩子，为他挽回声誉。白隐禅师听了以后，就将孩子还给女孩，还是像什么都没有发生过一样，轻声地说道："噢，是这样的吗？"

达到如此高的修行境界，世间还有何事能扰动其心呢？

第三〇七则

不为念想囚系　凡事皆要随缘

今人专求无念，而终不可无。只是前念不滞①，后念不迎，但将现在的随缘打发得去，自然渐渐入无。

【注释】

①滞：停滞，停留。

【译文】

现在的人一心想心无杂念，但终究没有办法达到完美的地步。其实只要使先前时过境迁的旧念头荡然无存，使对于将来无端担忧的新念头也不生起，只是把握现在，将当下的事情随着机缘处理好，自然就会渐渐达到没有杂念的境界。

【点评】

这句话与"正念"的观点非常切近。

人们大部分的不快乐，都源于无法接受过去、不断担忧未来。我们的大脑一刻也不肯休息，思考着过去的错误和悔恨，展望着未来的美好愿景，而这些想法总是和我们正在做的事情没有关系。我们人生的太多问题，都是因为我们想要逃离。逃离让我们忽视当下，无法与刹那同在，这样的结果正如"正念减压"创始人卡巴金博士所说："我们将错失生命中最宝贵的事物，而且会意识不到自身成长和蜕变中的丰富性和深邃性。"

　　而在"正念"中，"正"是当下，"念"是把心安住在此刻。过去和未来都是不存在的，时间只是人类构造出来的一个概念，我们的"存在"实际上只在此刻，我所能感知到的只有"此刻"，其余的记忆、计划，本质都是虚幻的，只是自己头脑中的概念。

　　所以，最好的修行是安住当下，不念过往、不忧未来，注意力只在此刻；有意识地、不予评判地关注、觉察当下的一切，对当下的现实更自觉、更清明、更接纳。当我们理解了"当下即是"的含义后，就能放下过去和未来，若无闲事挂心头，便是人生好时节。

第三〇八则

自然得真机　　造作减趣味

　　意所偶会便成佳境，物出天然才见真机，若加一分调停布置，趣意便减矣。白氏①云："意随无事适，风逐自然清。"有味哉其言之也。

【注释】

①白氏：指白居易。

【译文】

　　很多事情，机缘巧合、无心插柳，当即就是最佳境界；越是出于天然的东西，越能显现出真正的机趣；如果人为地加一点点安排布置，情趣意境都会大大消减。所以白居易诗云："意念听任无为才使身心舒畅，风起于自然才倍感清爽。"这两句诗真是值得玩味的至理名言。

【点评】

《庄子》中有这样一个寓言：

南海的帝王叫做"倏"，北海的帝王叫做"忽"，中央的帝王叫做"浑沌"。倏和忽常常一起在浑沌的居地相遇，浑沌对待他们非常友好，倏与忽商量着报答浑沌的恩情，说："人都有七窍，用来看外界，听声音，吃食物，呼吸空气，唯独浑沌没有七窍，咱们试着给他凿出七窍。"于是倏和忽每天替浑沌开一窍，到了第七天，浑沌就死了。

　　只有造物主才是最神奇的园艺师、建筑师、绘画师、美容师。天地自然、万事万物自有其规律，愚蠢且自高自大的人们凭主观臆造而施加影响，只会越搞越糟。这个世界中很多的美，就像宋玉《登徒子好色赋》中的美女："增之一分则太长，减之一分则太短；著粉则太白，施朱则太赤。"正是因为出于天然、恰到好处，根本不必要再作徒劳无益的装饰和变化。

第三○九则

彻见自性　不必谈禅

性天澄澈，即饥餐渴饮，无非康济①身心；心地沉迷，纵谈禅演偈，总是播弄精魂。

【注释】

①康济：指增进健康。

【译文】

天性纯真、心地清澈的人，未必有意参禅修炼，只是饿了就吃，渴了就喝，结果所做的没有不是促进身心健康的；心地沉沦、执迷物欲的人，即使讨论佛经禅理，也不过是在空耗精力毫无益处。

【点评】

人生最最重要的事情，不是不停地往自己的脑子里装东西，学习讨论多少高深的道理；而是要经常打扫自己的身心，不断清除自己内在的灰尘和垃圾，让已经被蒙蔽的心性慢慢清澈和透明起来。

一个洁净的杯子，就算用它喝白开水也能品出丝丝甘甜；一个落满尘垢的茶壶，不管冲泡怎样的佳茗也难得其味。从这个意义上说，神秀的"身是菩提树，心为明镜台；时时勤拂拭，勿使惹尘埃"，对于俗世中的芸芸众生极其有用。

第三一〇则

心境恬淡　绝虑忘忧

　　人心有个真境，非丝非竹而自恬愉，不烟不茗①而自清芬。须念净境空，虑忘形释②，才得以游衍③其中。

【注释】

　　①茗：茶。

　　②形释：指躯体的解脱。

　　③游衍：衍：蔓延，扩展。《后汉书·桓帝纪》："流衍四方。"指逍遥游乐。

【译文】

　　人心中本来就有一个真实美妙的境界，不需要丝竹管弦也觉闲适愉快，不需要焚香烹茶也感觉清新芳香。只要使意念澄静，心境虚空，忘记忧思愁虑，解脱形体束缚，就能自如自在悠哉游哉于其中。

【点评】

　　《菜根谭》也有这样一句话："抛却自家无尽藏，治门持钵效贫儿。"——不知道自己家里藏着多少宝贝，却自昧所有，可怜地拿着盆钵到处乞讨。

　　这就像我们很多人，总想借助于某种东西、某种手段来达到期待的境界和状态，殊不知，这些想要达到的境界和状态就在自己的身心当中。或者说，我们的眼耳鼻舌身意已经被蒙蔽，敏锐的感觉已经丧失；我们已经愚蠢到、迟钝到必须要借助于外物和外力的刺激，才可以让自己有一些快乐开心的感觉，这真是现代人的悲哀。

打开这道布满蛛网、灰尘的铁门的正确方式是："念净境空，虑忘形释。"从今后，就让我们得上"健忘症"、做个"扫地僧"、变回"老顽童"，慢慢找回心中自有的平和喜乐。

第三一一则

真不离幻　雅不离俗

金自矿出，玉从石生，非幻无以求真；道得酒中，仙遇花里，虽雅不能离俗。

【译文】

黄金从矿石中冶炼出来，美玉由石头雕琢而成，可见不经过虚无幻变就不能得到真悟；道理可以在饮酒中悟得，神仙能在声色场中邂逅，可见高雅并不等于完全脱离凡俗。

【点评】

《庄子》中有这样一段对话：

东郭子问于庄子曰："所谓道，恶乎在？"庄子曰："无所不在。"东郭子曰："期而后可。"庄子曰："在蝼蚁。"曰："何其下邪？"曰："在稊稗。"曰："何其愈下邪？"曰："在瓦甓。"曰："何其愈甚邪？"曰："在屎溺。"东郭子不应。

道无所不在，关键在于如何体会。就算是俗之又俗的酒席宴乐场所，用心之人也能触处见机。

大隐隐于市，每一个充满俗世烟火气息的生活现场，就是修行的当下。

第三一二则

凡俗差别观　道心一体观

天地中万物，人伦①中万情，世界中万事，以俗眼观，纷纷各异；以道眼②观，种种是常。何须分别，何须取舍？

【注释】

①人伦：儒家学说的基本概念之一，指人与人之间的道德伦理关系。人有五伦：父子、君臣、夫妇、兄弟、朋友。

②道眼：超乎凡俗的眼光。

【译文】

天地间的万物，人世间的情感，世界上的各种事情，用凡俗的眼光看待，纷纷扰扰、千头万绪各不相同；若用悟道者的眼光来看，统统是一样的，全都没有差别。有什么必要去区分，有什么必要去取舍呢？

【点评】

如果不能超越现象看到本质的话，就会被种种现象所迷惑困扰。所以在滚滚红尘中摸爬滚打的人，总是应付完一件事又冒出来一件，没完没了、苦不堪言。

只有透过现象看到实质，并能从现象中抽离出一般，才能具有一双慧眼，仿佛"昨夜西风凋碧树，独上高楼，望尽天涯路"，撇去表面的种种芜杂，直接洞悉真相和本体。也只有这样，才可以用不变应万变，在光怪陆离万花筒的世界里，你有千条妙计、我有一定之规，任他八面来风、我自岿然不动。

第三一三则

布茅蔬淡　颐养天和

神酣①布被窝中，得天地冲和②之气；味足藜羹饭后，识人生淡泊之真。

【注释】

①酣：指浓睡。

②冲和：谦虚、和顺。《晋书·阮瞻传》："神气冲和。"

【译文】

能够安然舒畅地酣睡于粗布被窝，才可以得到大自然的和顺之气；能够心满意足地品尝粗茶淡饭，才可以体会淡泊人生的真实乐趣。

【点评】

《论语》中说："饭疏食、饮水，曲肱而枕之，乐在其中矣。""一箪食，一瓢饮，在陋巷，人不堪其忧，回也不改其乐。"衣、食、住、行，如此简单粗糙，但每一处都有"乐"；这种"乐"，是儒家思想的大境界。

我觉得《菜根谭》也未必一定主张人们睡布被窝、

吃藜羹饭，而是认为，如果在布被窝和藜羹饭中仍然能睡得沉吃得香，这样的人才真正吃得了苦、享得了福；既能安贫乐道，也不会被富贵扭曲；明了人生真谛，所行所至，处处逍遥。

第三一四则

了心悟性　俗即是僧

　　缠脱只在自心，心了则屠肆①糟廛②，居然净土。不然，纵一琴一鹤，一花一卉，嗜好虽清魔障终在。语云："能休尘境为真境，未了僧家是俗家。"信夫！

【注释】

①肆：店铺。《后汉书·王充传》："家贫无书，常游洛阳市肆，阅所卖书。"

②廛〔chán〕：卖东西的店铺。左思《魏都赋》："廓三市而开廛。"（廓：扩大）

【译文】

　　想解脱世俗的纠缠，关键是看自己的内心；如果内心能够了悟，那么屠户酒肆也会变成极乐净土。否则，纵使与琴鹤为伍，花草为伴，爱好虽然清雅，但羁绊的魔障终在。有一句话说："能摆脱尘世的困扰才能达到修真之境，不能了却尘缘的僧人仍然还是一个俗人。"果真如此啊！

【点评】

　　古代医者有句话："上医医心，中医医人，下医医身。"

说来说去，我们其实忘了，真正的病根只在一个"心"字。所谓"心房"、"心田"，看看我们的屋子里、田地里都有些什么？我们的心中每天万念穿梭、百味杂陈，动辄被喜怒哀乐爱恶怨七情六欲折磨，被焦虑、忧愁、痛苦、兴奋各种乱七八糟的思绪碾压，或者被嫉妒、怨恨、报复、投机等等暗黑戾气填塞……毫不夸张地说，太多时候我们的心里犹如堆满臭腐脓血的屠宰场，更像破烂如山的垃圾堆。

　　身体里揣着这样的一颗心，就算外表再优雅、光鲜，举止再平静、和悦，衣食住行再如云水一般，都没有用。装得了一时装不了一世，"嗜好虽清、魔障终在"，那种腐臭和戾气会透过眼神和皮肤渗透出来。而解决的办法，也只能从自己下手，从内心下手，仍用《菜根谭》的话说，就是"降魔者先降其心，心伏则群魔退听"。

第三一五则

断绝思虑　光风霁月

斗室中，万虑都捐①，说甚画栋飞云，珠帘卷雨；三杯后，一真自得，唯知素琴横月，短笛吟风。

【注释】

①捐：抛弃，放弃。屈原《九歌·湘君》："捐余玦兮江中。"

【译文】

虽然居于狭窄简陋的小屋，但如果能扔掉所有烦恼忧愁，内心澄澈，此刻还羡慕什么雕梁画栋、飞檐入云、卷帘如珠？虽然面前只有三杯浊酒，但如果能由此领悟大道，悠然自得，此刻只知道对月弹琴、迎风吹笛、洒脱天然。

【点评】

这一句中，一个"捐"字，一个"得"字，用得极好。

不要的、舍掉的、抛弃的东西，我们会"捐"。今天的人们也会经常捐款、捐物、捐资，做一些好事善事。有没有想过，除了这些，我们真正应该"捐"什么？

《菜根谭》说，应该捐"万虑"。

——多如雨丝、细如牛毛、无孔不入、骚扰不断，要这些东西有什么用呢？还不果断捐弃！

　　此外，喜欢的、值钱的、有用的东西，我们想要"得"。今天的人们也总会想得利益、得好处、得关爱，让自己过得更舒服。有没有想过，除了这些，我们真正应该"得"什么？

　　《菜根谭》说，应该得"一真"。

　　——素月分辉，明河共影，表里俱澄澈；悠然心会，孤光自照，肝肺皆冰雪。细斟北斗，万象为宾客；扣舷独啸，不知今夕何夕。这样的状态，难道不正是我们想要的人生佳境吗？

第三一六则

机神触事　应物而发

万籁寂寥①中，忽闻一鸟弄声，便唤起许多幽趣；万卉②摧剥后，忽见一枝擢秀，便触动无限生机。可见性天未常枯槁，机神最宜触发。

【注释】

①寂寥：空虚，寂静。刘禹锡《秋词》："自古逢秋悲寂寥。"

②卉：草的总称。《诗经·小雅·四月》："秋日凄凄，百卉具腓。"

【译文】

万籁俱寂的时候，忽然听见一阵悦耳的鸟鸣，便会唤起许多幽情雅趣。百花草木凋谢枯败后，忽然看见其中一枝依然挺立，便会引发产生无限生机。可见万物的本性并不会完全枯萎，生命的机趣最应该不断激发。

【点评】

被称为"诗佛"的王维，笔下有很多禅境。《鸟鸣涧》写道："人闲桂花落，夜静春山空。月出惊山鸟，时鸣春涧中。"

一切都娴雅静谧、安稳美好，甚至可以听见桂花扑簌簌飘落的声音，夜晚更加沉静，山林更加空旷。就在此时，一轮明月缓缓升起，光影惊醒了山林鸟儿，扑棱棱飞起，鸣叫声渐行渐远，在春涧中引起无数回声。

王维的佛理和禅意中，并不是冷漠、寡淡，远离人世，而恰恰是对自然山水、鸟兽花草有美好、温暖的观照，生生不息、天人合一。就像极简、极美的《辛夷坞》："木末芙蓉花，山中发红萼。涧户寂无人，纷纷开且落。"

远离尘世喧嚣，只有幽独空白。山中芙蓉花就这样花开花落、顺其自然，寂静无人而又有一种生生不息的律动，这，就是生命的机趣。

第三一七则

操持身心　收放自如

白氏云："不如放身心，冥然任天造。"晁①氏云："不如收身心，凝然归寂定。"放者流为猖狂，收者入于枯寂。唯善操身心者，把柄在手，收放自如。

【注释】

①晁：晁补之，宋朝人。

【译文】

白居易说："不如放任自己的身心，默默地听从天地的造化。"晁补之说："不如收敛自己的身心，静静地使一切归于安寂。"过于放任使人狂妄自大，过度收敛又会使人流于死寂。只有善于把持身心的人，才可以像把控制的开关掌握在自己手中一样，达到收放自如的境界。

【点评】

中国传统文化中，讨论最多、意蕴最深的就是这个字："心"。如果我们扪心自问，这颗心虽然长在胸腔里，可是它听我们的调遣安排吗？

很显然不是。想要让它聚精会神，却往往心神涣散；想要让它意志坚定，却往往心慈面软；想要让它清净专一，却往往心念杂乱；想要让它冷静理智，却往往心乱如麻。

俗语说"心猿意马"，人之心性真正像一只野猴子，抓不住管不了，不知该任它上天入地，还是该收它压在山下。就像《菜根谭》的另一句话："人生原是一傀儡，只要根蒂在手，一线不乱，卷舒自由，行止在我，一毫不受他人提掇，便超出此场中矣！"不能将"把柄"握在自己手里的人，不会操控身心的人，一生都只是一具行尸走肉。

想一想，我们很可能就是这一堆吊线木偶中的一个，真的倒吸一口凉气，应该警醒啊！

第三一八则

自然人心　融和一体

当雪夜月天，心境便尔澄澈；遇春风和气，意界①亦自冲融。造化人心，混合无间。

【注释】

①意界：心中的境界。

【译文】

当雪花飘飞之夜、皓月当空之际，心境就会非常清澈明净；当春风吹拂之时、和风暖阳之日，意境也会非常从容通达。可见天地造化和人心之间交汇贯通、浑融无碍。

【点评】

《庄子·大宗师》中说："今一以天地为大炉，以造化为大冶，恶乎往而不可哉？"古人的智慧中，特别懂得生于天地、合于自然的大道，也懂得借助天地自然的力量，调整、修养自身的气机。

《黄帝内经素问·四气调神大论篇》说："春三月，此谓发陈，天地俱生，万物以荣，夜卧早起，广步于庭，被发缓形，以使志生……此春气之应，养生之道也。"

春生夏长、秋收冬藏，天地造化都有自己的"运"和"气"，有自己的运行规律；顺应这个节奏，并且与之相谐、呼应，就会"走运"，否则就容易出现各种问题，就会"背运"。

　　只可惜，骄傲无知的现代人，不知道珍惜那一片被文明糟蹋过的海洋和天地。很多时候，我们太过于盲目自信和狂妄自大了。

第三一九则

不弄技巧　以拙为进

文以拙进，道以拙成，一拙字有无限意味。如桃源犬吠，桑间鸡鸣，何等淳庞^①。至于寒潭之月，古木之鸦，工巧中便觉有衰飒^②气象矣。

【注释】

①淳庞：淳朴而充实。

②飒：衰落，衰老。张九龄《登古阳云台》："庭树日衰飒。"

【译文】

文章写得质朴平实才能进步，修道需要真诚自然才能成功，一个拙字蕴含着无穷意蕴。像桃花源中的"阡陌相通，鸡犬相闻"，是何等淳朴充实。至于寒潭中映照的月影，枯树上的乌鸦等等意向，虽然工巧，却有一种衰颓之气。

【点评】

《老子》第四十五章："大直若屈，大巧若拙，大辨若讷。"王弼注："大巧因自然以成器，不造为异端，故若拙也。"

"拙"字真正的意思，并不是蠢笨，而是质朴、自然，没有人为雕饰。淳厚天然的东西，就像出于泥土，具有丰满而盎然的生命力，绵延不息。陶渊明笔下"狗吠深巷中、鸡鸣桑树颠"就是这样的例子。

而不论为文还是为人，修道还是养生，"寒塘渡鹤影，冷月葬花魂"、"枯藤老树昏鸦，小桥流水人家"这样的意境，太过于刻意、太过于工巧，也就容易矫情和造作，反而显得瘦弱无力、颓丧不振。

第三二〇则

以我转物　逍遥自在

以我转①物者，得固不喜，失亦不忧，大地尽属逍遥；以物役②我者，逆固生憎，顺亦生爱，一毫便生缠缚。

【注释】

①转：推动、运行、支配。

②役：役使，奴役。陶渊明《归去来兮辞》："既自以心为形役，奚惆怅而独悲。"

【译文】

如果能以"我"为中心来把握和主宰外物，那么成功时不会狂喜，失败时不会忧戚，没有羁绊挂牵，天地之间逍遥自在；如果让"物"来控制奴役我，那么不顺利时就会恼恨，顺利时又会牵扯留恋，一点微小的事就能困扰身心，把自己束缚住。

【点评】

《庄子·外篇》里有一句话，"物物而不物于物，则胡可得而累邪"。大意是：利用外物，而不被外物所役使，这样怎会受到牵累呢！管子有言："君子使物，不为物使。"荀子也讲："君子役物，小人役于物。"都是教导人们不要为外物所役，要做物的主人，而不是奴隶。

一个能够完全窥破外物的真相，完全不为其所累、不受其束缚的人，不是一般的高人，而是超人。也就是超越和征服了一般的世俗规律和人之常情的人。这样的人，自然会有更逍遥更洒脱的人生境界。

　　如果我们作为一介俗人，暂时还达不到这个层次的话，能够借其精髓，把自己从红尘世俗的泥淖中提掇出来，获得另一种视角和觉悟，也不失为一个法门。

第三二一则

形影皆去　心境皆空

理寂则事寂①，遣事执理者，似去影留形；心空则境空，去境存心者，如聚膻却蚋②。

【注释】

①"理"、"事"：中国佛教哲学范畴。"理"指事物和现象的本性、本体；"事"指各别的事物和现象。

②蚋［ruì］：蚊子一类的昆虫。

【译文】

"理"与"事"互相关联，如果"理"归于空寂，那么"事"也会归于空寂；舍弃具体事物而执著于道理之辩，好像排除影子而留下形体那样荒谬。"心"与"境"互相关联，如果"心"能够虚无，那么"境"也会虚无；排除外在环境的干扰而只想保留内心宁静，就像腥膻的东西仍在，却想驱赶蚊蝇一样可笑。

【点评】

佛教《华严经》提出理与事相对的观念，作为"佛智"之一，以证明佛性是一个整体。

后来华严宗三祖法藏吸取了法相唯识宗的思想，用金狮子作比喻，以"理"、"事"来阐明世间的一切现象和成佛的最高境界。首先，"理"是本体，"事"是现象，没有本体就没有现象；没有金，就没有金狮子。其次，"理"完整、普遍地存在于每一个"事"中，不可分割。同时"事"虽有分限，但全同于"理"，任何一微细的事物中都存在着无边真理，如金狮子的每一根毛都包含了金。第三，"理"是唯一真实，"事"是幻象。第四，"理"、"事"统一。"理"为"事"的根据，"事"为"理"的显现。如金与金狮子，一真一妄，金不妨碍狮子相为妄，狮子相不妨碍金为真，彼此融通无碍。

华严宗对于"理""事"关系的论证，说明物质世界的虚幻，本体世界的真实，而两种世界又互相统一，没有矛盾；如同红尘世俗和宗教修行并不截然脱节，芸芸众生和真如佛性也无障无碍。

第三二二则

任其自然　万事安乐

幽人清事，总在自适。故酒以不劝为饮，棋以不争为胜，笛以无腔为适，琴以无弦为高，会①以不期约为真率，客以不迎送为坦夷②。若一牵文泥迹，便落尘世苦海矣！

【注释】

①会：约会。

②坦夷：坦白快乐。

【译文】

清静之人、高雅之事，一切都只为了顺应自己的本性。所以饮酒时谁也不劝谁多喝，各尽酒量为欢；下棋时只是消遣，并不争胜败；吹笛时自得其乐，也不讲求什么腔调；弹琴时信手拈来，即使无弦也有清音；与友人相会，并不刻意指定日期，不期而遇更加率真；与宾客往来，并不拘泥于迎来送往的客套，自自然然更加坦荡。假如一受到世俗人情繁文缛节的束缚，那么就要掉进尘世苦海而毫无乐趣了。

【点评】

"幽人清事，总在自适"的故事，以魏晋风流为最。

萧统《陶靖节传》记载：陶渊明不解音律，却放了一张无弦的不加装饰的琴，每逢饮酒聚会，便抚弄一番，寄托胸臆。陶渊明自己也写道："但识琴中趣，何劳弦上音？"

《世说新语》记载：王徽之居住在山阴，一天夜里大雪纷飞，他一觉醒来，打开窗户四处望去，一片洁白银亮；于是命仆人上酒，起身漫步徘徊，吟诵着左思的《招隐诗》，忽然间想到了戴逵。当时戴逵远在曹娥江上游的剡县，王徽之即刻连夜乘小船前往，经过一夜才到。结果到了戴逵家门前，随即转身返回。有人问他为何这样，王徽之说："吾本乘兴而行，兴尽而返，何必见戴？"

这样的人和事，总让人感觉潇洒爽利、扑面清新。而最重要的原因，是他们懂得尊重自己、敬爱自己，不使心为形役、知今是而昨非。也因此，活得更有人的样子和尊严，也更加可亲可爱。

第三二三则

思及生死　万念灰冷

　　试思未生之前有何像貌，又思既死之后作何景色，则万念灰冷，一性寂然，自可超物外而游象先①。

【注释】

　　①象先：象：形象；先：超越。指超越各种形象。《老子》："吾不知谁之子，帝之象先。"

【译文】

　　试想：没有出生之前有什么形体像貌？再想一想：死了以后又是一番什么景象？如此则原先所有的妄念都会灰飞烟灭，内心也会寂静显出本性，自然可以超然悠游于物象之外。

【点评】

　　如果能把现世生活这根线，加以前后无限延长，或者增加更多视角和维度，就会在当下生出更为清醒和卓然的认识，对很多事情的看法和做法便会因此不同；甚至可以超越很多外在框架的束缚，达到一种自由和飞越。

　　明白了我们生于尘土，且终将归于尘土，对很多东西的执着便会放开，对很多抉择取舍也会更加决断。

　　而窥破生死，正是这其中的节点。

第三二四则

卓智之人　洞烛机先

遇病而后思强之为宝，处乱而后思平之为福，非夙①智也；幸福而先知其为祸之本，贪生而先知其为死之因，其卓见乎。

【注释】

①夙：同“早”。

【译文】

患病时才想到身体强壮最为宝贵，身处动乱才想到太平安稳的幸福，这不算是什么先见之明。虽然侥幸获得福分，而知道这很可能是祸患的根源；虽然执着贪恋生命，但明白有生必有死的道理，这才算是超越凡人的远见卓识。

【点评】

福兮祸所伏，祸兮福所倚。一般的人总是祈祷生活永远平安顺利，但仔细想来，犹如鸵鸟把自己的头埋进沙子，明知道危险和死亡必然会来，但是闭上眼就当做看不到。

洞悉生活的本相，不过是“不生不灭，不垢不净，不增不减",不过是无数兴盛加衰败、得意加失意、获得加失去、幸福加祸患的总和，不过是如天地般日中则昃，月满则亏；就不会在身处侥幸时洋洋得意，也不会在拥有时不依不饶，舍不得放不下。

第三二五则

雌雄妍丑　一时假相

优人^①傅粉调朱，效妍^②丑于毫端，俄而歌残场罢，妍丑何存？弈者争先竞后，较雌雄于着子，俄而局尽子收，雌雄^③安在？

【注释】

①优人：戏子。

②妍：美丽、美好。

③雌雄：胜败。

【译文】

演戏的伶人涂抹胭脂口红，将美丽和丑陋再现得惟妙惟肖，可是转眼歌舞结束曲终人散之后，那些美丽和丑陋又在哪里呢？下棋的人在棋盘上竞争激烈，一切胜负都决定在棋子上，可是一会儿工夫棋局结束收起棋子，刚才的胜负又在哪里呢？

【点评】

任昉《述异记》中有这样一个故事：晋时有一叫王质的樵夫到石室山砍柴，见二童子下围棋，便坐于一旁观看。一局未终，童子对他说，你的斧柄烂了。王质回到村里才知已过了很多年，当年的故人全都不在了。

所以曾经的风云人物刘禹锡在被贬之后，领悟了太多东西，他在给白居易的诗中写道：

巴山楚水凄凉地，二十三年弃置身。

怀旧空吟闻笛赋，到乡翻似烂柯人。

沉舟侧畔千帆过，病树前头万木春。

今日听君歌一曲，暂凭杯酒长精神。

正像一句话所说："世事如棋局，不着得才是高手；人生似瓦盆，打破了方见真空。"又何必脂正浓、粉正香，乱烘烘你方唱罢我登场，反认他乡是故乡？

第三二六则

良药苦口　　忠言逆耳

　　风花之潇洒，雪月之空清，唯静者为之主；水木之荣枯，竹石之消长，独闲者操其权[①]。

【注释】

　　①权：秤砣，用来称量物品轻重，引申为衡量得失。

【译文】

　　清风中的花朵婀娜摇曳，雪夜里的明月皎洁清朗，只有内心宁静的人才能成为这美妙景致的主人；水草树木的繁茂或枯败，竹林顽石的消失与增长，只有意态悠闲的人才能领略其中的雅趣。

【点评】

　　《菜根谭》里还有一句话，可以和这句话相表里：

　　岁月本长，而忙者自促；天地本宽，而鄙者自隘；风花雪月本闲，而劳攘者自冗。

　　宋代无门和尚的《颂》诗写道：

　　春有百花秋有月，夏有凉风冬有雪。若无闲事挂心头，便是人间好时节。

　　仔细想来，我们都是把自己逼得，又忙又累又急又躁，放着大好日子安静时光不去享受，硬生生让自己活成了奴才相。

第三二七则

天全欲淡　虽凡亦仙

田父野叟①，语以黄鸡白酒则欣然喜，问以鼎食②则不知；语以缊袍③短褐则油然乐，问以衮服④则不识。其天全⑤，故其欲淡，此是人生第一个境界。

【注释】

①叟：古代对老年人的称呼。

②鼎食：鼎：古代盛食物的锅。形容美味珍馐。

③缊〔yùn〕袍：缊：新棉加上旧絮所做成的棉絮叫缊。缊袍形容朴素的衣着。

④衮〔gǔn〕服：官服。

⑤天全：天然的本性。

【译文】

在田间劳作的老农或者山间打柴的樵夫，谈到白斩鸡和老米酒的家常便饭就兴致很高，问到山珍海味则全然不知；谈到温暖的粗布袍和麻布短衣就自然愉快，问到华美的朝服却一点不懂。因为他们保持了纯真自然的本性，所以欲望淡泊，这是人生的第一等境界。

【点评】

有太多文人雅士羡慕田父野叟黄鸡白酒、踏实快乐的生活。

陶渊明写道："漉我新熟酒，只鸡招近局。"王维写道："偶然值林叟，谈笑还无期。"孟浩然写道："故人具鸡黍，邀我至田家。"陆游写道："莫笑农家腊酒浑，丰年留客足鸡豚。"

最淳朴的简单中，有最自然的生机和最丰富的美好。正因为他们"阡陌交通、鸡犬相闻"、"不知有汉，无论魏晋"，脑子当中没有充斥着乱七八糟的东西，所以反而"全真保我"，不招祸患，乐享天年。

上天的安排，总是很有意味。

第三二八则

本真即佛　何待观心

心无其心①，何有于观，释氏曰"观心"者，重增其障；物本一物，何待于齐，庄生②曰"齐物"者，自剖其同。

【注释】

①心无其心：第一个"心"指心的本体；第二个"心"指思考与忧虑。

②庄生：庄子。

【译文】

如果心中没有任何杂念和思虑，如何需要反观内省？释迦牟尼所说的"观心"，反而是增加修持的障碍。天地间的万物原本是一体的，何必等待人去整齐划一？庄子所说的"齐物"，恰恰分割了本来属于一体的物性。

【点评】

道教的《太上老君说常清静经》说："内观其心，心无其心；外观其形，形无其形；远观其物，物无其物；三者既悟，唯见於空。"

这种从根本上去除所有执障的做法，与禅宗如出一辙。

当年神光慧可拜谒达摩，请求开示，并请为入室弟子。达摩不许，慧可就在门外等候。时值风雪漫天，过了很久，雪至腰深。达摩见其真诚求法，允许入内。并问他："汝究竟来此所求何事？"神光答："弟子心未宁，乞求安心。"达摩说："将心拿来，吾为汝安！"神光愕然道："觅心了不可得。"达摩说："我为汝安心竟！"神光慧可乃恍然大悟。

烦恼本空，罪业无体，心即是空，何来不安？认识到了这一点，一切纠缠诱惑瞬间如冰山崩塌，逃遁无形。

第三二九则

勿待兴尽　适可而止

笙歌正浓处，便自拂衣长往，羡达人撒手悬崖；更漏①已残时，犹然夜行不休，笑俗士沉身苦海。

【注释】

①更漏：古代计时的仪器。

【译文】

当歌舞宴乐正在高潮时，就毫不留恋，自行拂衣离身而去，这种放达的人能够在最紧要关头彻底放手，真是令人羡慕；当夜深人静、烛火已残的时候，还有人在繁忙应酬、劳作奔波，这种沉沦世俗苦海仍然不愿割舍的人，真是令人可笑。

【点评】

范蠡是一个经典的例子。按理来说，他陪着越王勾践躬身为奴、吃尽苦楚，终于卧薪尝胆，三千越甲可吞吴，到了可以享受胜利果实的时候了。可是当他在庆功宴上注意到勾践似乎沉闷不乐时，就明白"狡兔死走狗烹、飞鸟尽良弓藏"；于是在人生建功立业的最高峰断然离席，携着美丽的西施泛舟五湖，尽享人生；又再次聚敛财富，成为陶朱公；又再次被聘为齐相，又再次挂印辞职……而文种却舍不得放不下，最终惨死刀下。

范蠡简直演绎了玩弄世俗名利于股掌之中的极端案例，成功地做了大政客、大情人、大富豪。

拿得起放得下，随时可以出离；该走的时候毫不留恋、拂衣而去，不黏滞、不粘连、不拖泥带水、不藕断丝连，有多少人羡慕这样的人生！

第三三〇则

修行宜绝迹于尘嚣　悟道当涉足于世俗

把握未定①，宜绝迹尘嚣，使此心不见可欲而不乱，以澄吾静体；操持既坚，又当混迹风尘，使此心见可欲而亦不乱，以养吾圆机。

【注释】

①把握未定：指意志不坚定。

【译文】

当内心的修持还没有把握能够坚定时，就应该远离尘世的喧嚣，使这颗心不受欲望的诱惑，这样就不会迷乱，然后能够清醒地体悟纯净的本性；如果内心的修持已经足够坚定时，就应该混居于滚滚红尘中，使这颗心接受欲望的诱惑也不会迷乱，这样便能修养自己圆通的智慧。

【点评】

这句话有如葵花宝典，给了我们太好的修养指针和人生不同阶段的修持原则。

《道德经》早就说过："不见可欲，使民心不乱。"《菜根谭》也说："教弟子如养闺女，最要严出入、谨交游。若一接近匪人，是清净田中下一不净的种子，便终身难植嘉禾矣！"

少年时修持未定，就必须有父母长辈为之把关严守，绝不接近污浊杂乱的东西，保持内心纯净；成长后，只有对自身有了清醒的认识，能够完全把控自己意志的时候，混迹风尘才是一种助力的历练，否则只会惑乱心神、扰乱心性，再也无法更上层楼。

第三三一则

人我一视　动静两忘

　　喜寂厌喧者，往往避人以求静，不知意在无人便成我相^①，心著于静便是动根，如何到得人我一视^②、动静两忘的境界？

【注释】

　　①我相：佛教四相之一。《金刚经》："若菩萨有我相、人相、众生相、寿者相，既非菩萨。"

　　②人我一视：我和别人属于一体，没有分别心。

【译文】

　　喜欢寂静而厌恶喧嚣的人，常常逃避人群以求得安宁，却不知道有意离开人群便是执著于自我，刻意去求宁静实际是骚动的根源，这怎么能够达到将自我与他人视为一体、将宁静与喧嚣同时忘记的境界呢？

【点评】

　　"心著于静便是动根"，这是一个问题啊！

　　必须承认，修行的确是有阶段、有层次的。"人我一视、动静两忘"，如同禅宗六祖惠能的"本来无一物，何处惹尘埃"。已经去除所有执着，空掉所有一切，当然是更高级的境界，但普通俗人何尝能一步登天呢？

　　我觉得修持的初级阶段，倒不如"避人以求静"，就像神秀的"时时勤拂拭，勿使惹尘埃"。即算着了相，然而不管怎样先使自己静下来，然后再说其他。

第三三二则

山居清丽　入都俗气

山居胸次①清洒，触物皆有佳思：见孤云野鹤，而起超绝之想；遇石涧流泉，而动澡雪②之思；抚老桧寒梅，而劲节挺立；侣沙鸥麋鹿，而机心顿忘。若一走入尘寰③，无论物不相关，即此身亦属赘旒④矣！

【注释】

①次：中。

②澡雪：沐浴洗涤，指除去一切杂念。《庄子》："澡雪而精神。"

③寰：广大的地域。魏征《十渐不克终疏》："道洽寰中，威加海外。"

④赘旒：旒［liú］：指旗帜上的飘带或古代帝王礼帽前后的玉串。意思是多余之物。

【译文】

居住在山野，则心胸清新开阔洒脱，接触到任何事物都会产生美好遐思：看见无拘无束的孤云野鹤，就会升起超尘绝俗的念头；遇到山谷溪涧的流泉，就会萌动涤荡一切世俗杂念的想法；抚摸挺立风霜的苍松寒梅，就涌起坚贞不屈的气节；陪伴悠闲的海鸥麋鹿，就会忘却一切城府心机。如果再度回到烦嚣的都市，不仅各种事物都和自己产生不了真正的关联，就连自己这个身体，都会觉得处处多余、格格不入。

【点评】

今天我们常称某人很"仙"，"仙"是什么意思呢？闲散自在，不求名利，不为世俗所扰，不为凡情所动。

清段玉裁《说文解字注》引《释名》曰："老而不死曰仙。仙，迁也，迁入山也。"自古以来即有入山修行、别有洞天之说。而山居生活则更是充满了禅意、仙境，频频出现在文人高士的笔下。

道教宗师陶弘景《答谢中书书》写道："山川之美，古来共谈。高峰入云，清流见底。两岸石壁，五色交辉。青林翠竹，四时俱备。晓雾将歇，猿鸟乱鸣；夕日欲颓，沉鳞竞跃，实是欲界之仙都，自康乐以来，未复有能与其奇者。"王维《山居秋暝》写道："空山新雨后，天气晚来秋。明月松间照，清泉石上流。"刘长卿《送方外上人》写道："孤云将野鹤，岂向人间住。"贯休《山居诗》写道："休话喧哗事事难，山翁只合住深山。数声清磬是非外，一个闲人天地间。"

居于山中，合于天地，融于自然，自然胸次玲珑、触处生春。所以孔子也说"仁者乐山"。可怜的现代人，越来越被隔离在真正美好的生活之外，困兽犹斗，"在钢筋水泥的丛林里，在呼来唤去的生涯里，计算着梦想和现实之间的差距";而日复一日,"每一个早晨,在浴室镜子前,却发现自己活在剃刀边缘"。

呜呼哀哉!

第三三三则

人我合一之时　则云留而鸟伴

　　兴逐时来，芳草中撒履①闲行，野鸟忘机时作伴；景与心会，落花下披襟兀坐②，白云无语漫相留。

【注释】

　　①履：鞋。《史记·留侯世家》："孺子下取履。"

　　②兀坐：静坐。兀：不动的意思。

【译文】

　　偶尔兴致来的时刻，在草地上脱鞋漫步，野鸟也会忘了被捕捉的危险飞到身旁来作伴；当景致与心灵互相融合时，在飘落的花朵下披着衣裳独自静坐，白云也似乎无言地停留在头上不忍离去。

【点评】

　　孔子有一次和弟子闲谈各自志向，子路、冉有、公西华都侃侃而谈治国理政的理想，轮到曾皙时，他缓缓说道："暮春者，春服既成，冠者五六人，童子六七人，浴乎沂，风乎舞雩，咏而归。"孔子喟然叹曰："吾与点也！"

　　儒家虽然注重积极入世，然而在孔子心中，暮春三月，草长莺飞，在最美丽的季节披着轻薄的春衫，约上一群大人小孩，在沂水边沐浴，在舞雩台上吹风，一路哼着歌儿回家，却是最美好的人生情趣。

越是心怀社稷、寄情苍生的人，越能够将一腔真淳兼爱天地万物。所以杜甫在长期漂泊的短暂安定中，欣喜地看到"留连戏蝶时时舞，自在娇莺恰恰啼"，"两个黄鹂鸣翠柳，一行白鹭上青天"。辛弃疾在戎马生涯的偶尔闲暇，发自内心地领略"明月别枝惊鹊，清风半夜鸣蝉，稻花香里说丰年，听取蛙声一片"。

这就是家国天下的大情怀和伤春悲秋的小情调的根本不同。

祸福苦乐 一念之差

人生福境祸区，皆念想造成。故释氏云："利欲炽然即是火坑，贪爱沉溺便为苦海。一念清净，烈焰成池；一念警觉，航登彼岸①。"念头稍异，境界顿殊，可不慎哉！

【注释】

①彼岸：佛家语，指成正果。

【译文】

人生的幸福与祸患全由心念的好坏而产生，所以释迦牟尼说："对名利的欲望太过炽热就会踏入火坑，过度沉沦在贪嗔爱恋里面就会掉入苦海。而一个清净的念头可使火坑变成水池，一个警觉的念头可以脱离苦海到达彼岸。"念头稍有不同，人生境界就有天渊之别，不可不谨慎啊！

【点评】

唐朝宰相裴度年轻时一贫如洗，在乡下的私塾教书糊口。学问虽然渊博，无奈时运不济，屡试不中。有一天，他经过一座寺院，看见一行禅师正在替人相面。他等大家都走了以后，才去请教。一行禅师熟视良久，说："你天生贱相，今生不但没有希望考取功名，而且是一种乞食街头、饥饿而死的相！我看你甭考了！"裴度听了，心里非常伤心，整天垂头丧气，连教书都无精打采。有一天裴度到香山寺去漫步，看见一位妇人跪在佛前，喃喃祈祷，然后匆匆离去。案桌上遗落了一个包袱，解开一看，是非常贵重的翠玉带和犀带。裴度面对着价值连城的宝贝，什么都没想，抱着包裹坐在地上等待失主。下午那位妇女满头大汗地赶回来，看到包裹没有了，失声大哭。裴度上前询问，那个女子说："家父病重，家产当尽，昨日请到名医，略有起色，所以今晨去亲戚家借到了玉带准备典押借款，作医药费，不料心急匆忙遗失了。我没有钱，家父一定无法活命，尚有家母和弟妹需要抚养，这可怎么办呐！"说完又大哭起来。裴度赶紧奉还原物，安慰她一番，妇人拜谢而去。从香山寺回家的途中，裴度又遇到了一行禅师。禅师仔细瞅瞅裴度，对他说："你这两天做什么了？怎么现在看你的容貌面相，不但不会饿死，而且将来有无量的福报，可能会出将入相！你肯定是积了很大的阴德啊！"裴度说："大师前两天不是说我的面相是吃苦受穷的命吗？"一行禅师回答："相人不如相面，相面不如相心。心中有善念，做了善事，眼光就炯炯有神，脸上的面相也随之改变，你将来必定大富大贵！"那一年，裴度便考取进士，此后官运亨通，一直升为国相。

虽然这只是一个传说，但心念虽小，星星之火可以燎原，《金刚经》说"善护念"，可不慎哉。

若要功夫深　铁杵磨成针

绳锯木断，水滴石穿，学道者须加力索；水到渠成①，瓜熟蒂落，得道者一任天机②。

【注释】

①水到渠成：比喻做事听其自然。

②一任天机：完全靠天赋的悟性。

【译文】

绳索摩擦木头时间久了可锯断木头，水滴落在石头上时间久了可以穿透石头，同理，修行学道的人应该努力用功才能有所成就；水流动到一定程度自然形成沟渠，瓜果熟到一定程度便自行落下，同理，要想悟得真理也需任运自然。

【点评】

孔子说："士不可以不弘毅，任重而道远。仁以为己任，不亦重乎？死而后已，不亦远乎？"又说："朝闻道，夕死可矣。"两句话虽然都提到了死，但我却感受到孔子巨大的喜悦。

求道之路是漫长、枯燥、艰辛、沉重的，"只问耕耘不问收获"，然而"道"会在某个不期而遇的瞬间突然到来，我们的生命便从此不同。原来的小我得失、恩怨情仇，仿佛如纤尘草芥，化为无痕。在某种意义上，生命可以神游于天际，翱翔于太虚，穿梭于古今。谈笑有鸿儒，往来无白丁。我们在更大的空间、时间的维度上，瞬间失掉了生命，又获得了生命。而在此时，尘俗关注的肉身的生与死，反而已经不再是一个重要的命题。

"任重道远"之后的"闻道"，有如光明照彻全身的涅槃与复苏的欣喜，然而这一切，都需要任运自然、水到渠成。

第三三六则

机息心清　月到风来

机息时，便有月到风来，不必苦海人世；心达处，自无车尘马迹，何须痼疾①丘山。

【注释】

①痼［gù］疾：经久难愈的疾病。刘桢《赠五官中郎将》：“余婴沉痼疾。”引申为长期养成的不容易克服的习惯。

【译文】

当心中停止一切思虑妄念，便能感受到皎月清风缓缓而来，不会再将人间看成是苦海；当心境远远超脱世俗，自然不会有车马喧嚣的嘈杂，何必非要沉溺于找一个僻静的山林？

【点评】

《庄子·天地》中说：“有机械者必有机事，有机事者必有机心。机心存于胸中则纯白不备，纯白不备则神生不定，神生不定者，道之所不载也。”

西方也有一句谚语：“人类一思考，上帝就发笑。”

　　人们并没有意识到，自己越努力、越考虑、越思索，可能感觉越苦、越累、越烦，犹如在泥里打滚，越折腾，陷得越深。去掉那些殚精竭虑，自然风清月朗。天下本无事，庸人自扰之！

第三三七则

落叶蕴育萌芽　生机藏于肃杀

草木才零落，便露萌颖①于根底；时序虽凝寒②，终回阳气于飞灰③。肃杀之中，生生之意常为之主，即是可以见天地之心。

【注释】

①萌颖：草木的苞芽。

②凝寒：极度寒冷。

③飞灰：古时把葭木灰放置于筒中，到冬至时一阳来复，其灰自然飞去，用来定时序。

【译文】

花草树木的叶子开始飘零枯萎时，在根底已露出新芽；季节虽然到了寒冬，也终究会回到温暖和煦的阳春时节。在萧条肃杀的氛围中，大地却蕴含着无限生机，由此可以看出天地哺育万物的本性。

【点评】

晏殊的词中有一句："无可奈何花落去，似曾相识燕归来。"

对待人生的苦难，古人总是有一种总体的、通观的、圆融的认识，总是有自己的解决之道。他们知道人生的无奈，然而更知道这世界还会有圆融的关怀。

花草凋零、树木枯萎，我们没有办法阻止光阴的消失，但毕竟在枯树的根部已经露出了新芽，毕竟年年还有燕子飞去飞又回。时光有如指尖流沙，我们虽然抓不住、握不牢，但是生命中总有一份美好，值得期待。

第三三八则

雨后山色鲜　静夜钟声清

雨余观山色，景象便觉新妍；夜静听钟声，音响尤为清越①。

【注释】

①清越：清脆悠扬。

【译文】

雨后观赏山川景色，会觉得格外清新秀美；夜深人静时听寺院钟声，更觉得特别清晰悠扬。

【点评】

张继写道："姑苏城外寒山寺，夜半钟声到客船。"苏轼写道："水光潋滟晴方好，山色空蒙雨亦奇。"

当人处于非常娴雅静谧的状态之下，一切如此安静美好；夜晚沉静，山林幽寂。就在此时，一轮明月缓缓升起，传来寺院悠长的钟声，渐行渐远，在山林中引起无数回声，愈发显得长久和空旷。

正如钱钟书所说："寂静之幽深者，每以得声音衬托而愈觉其深。"这恰恰是中国式意境的高妙之处。

第三三九则

雪夜读书神清　登山眺望心旷

登高使人心旷，临流使人意远。读书于雨雪之夜，使人神清；舒啸于丘阜①之巅，使人兴迈②。

【注释】

①阜：土山。《荀子·赋篇》："生于山阜。"

②迈：奋发，豪爽。

【译文】

登上高山，使人心旷神怡；面对流水，使人意境悠远。在雨雪之夜读书，使人神清气爽；在山巅上仰天长啸，会让人意气豪迈。

【点评】

孔子说："仁者乐山，智者乐水。"他曾对着流水感叹："子在川上曰：逝者如斯夫！"孟子说："孔子登东山而小鲁，登泰山而小天下，故观于海者难为水，游于圣人之门者难为言。"

海纳百川、有容乃大，壁立千仞、无欲则刚。古琴曲中也有《高山》《流水》的经典。从古至今，山和水总是能给人启发神思、开拓心智。

第三四〇则

万钟一发 存乎一心

心旷，则万钟如瓦缶①；心隘②，则一发似车轮。

【注释】

①瓦缶：装酒的瓦器，此指没价值的东西。

②隘：狭窄，狭小。

【译文】

一个心胸阔达的人，即使是像一万钟的优厚俸禄，也可看成像瓦罐那样不值钱；一个心胸狭隘的人，即使是如一根头发的细微小事，也会看成像车轮那么沉重。

【点评】

《列子·汤问》记载一个关于纪昌学射的故事。纪昌拜一个名师学习射箭的本领。师傅让他练眼力，纪昌回家用一根牛尾拴上一只虱子挂在窗户上，整天望着它。一年后，虱子就被看成像车轮那么大了。这时，他用箭射它，箭穿过虱子中心，而牛尾仍完好无损，他终于掌握了射箭的诀窍。

《菜根谭》以此作比喻，用相对论的观点说明：心大了，世界就小了；很多事情，自然也就不成为问题了。

第三四一则

要以我转物 勿以物役我

无风月花柳，不成造化；无情欲嗜好，不成心体。只以我转物，不以物役①我，则嗜欲莫非天机②，尘情即是理境矣。

【注释】

①役：役使，奴役。

②天机：天然的妙机。

【译文】

没有清风朗月花红柳绿，就不成其为天地自然；没有喜怒哀乐好恶爱憎，就不成其为心性本体。只要由我来主宰操纵万物，而不让万物来驱使奴役我，那么这些嗜好情欲无一不是天赐的机趣，尘世俗情也会成为蕴含天理的境界。

【点评】

有一个词："贱人"，排除其别的含义，在某些层面特别能够形容生活在物质社会的我们，一副拿自己不值钱的样子。

"贱"的反义词是"贵"，两个字都有"贝"，代表着物质和金钱。"贱"的状态是：不明白自己是谁、究竟要什么，所以稀里糊涂追求名利，却反而被物质金钱控制，看不到自身的光彩和价值。经常有努力生活，却总觉得自己不像人样的内心映像；经常是一副讨好倒贴的软骨头奴才相，其累无比。

"贵"的状态则是：深刻地认识到自我的定位、属性和价值，所以绝不轻易被物质金钱收买，绝不使心为形役，为了某些外在评价和他人眼光，做自己不擅长做、不愿意做、违逆心性做的事。这样的人即使是一袭布衣，却仍然有骨子里挡不住的高贵气质，让人知道世间法圈不住他们，让人望而生敬、望而生畏。

所以，风花雪月和情欲嗜好本没有错，关键看能否操控驾驭。做一个"贵人"还是"贱人"，只是我们自己的选择。

第三四二则

就身了身　以物付物

就一身了①一身者，方能以万物付②万物；还天下于天下者，方能出世间于世间。

【注释】

①了：明白，了解。

②付：托付。

【译文】

能够通过一己之身来了悟自己的人，才能使万物顺其自然各尽其用；能够将天下交还给天下的人，才能身处尘世而心灵超越于尘世之外。

【点评】

非常可笑的是，我们常常舍本逐末，学习了太多关于世界、宇宙的知识，试图去驾驭外在世界，却并不懂得和了解自己，更不懂得调整、控制和超越自己。

一个对自己都无能为力的人，谈何去创造世界？一个无法与自己和解的人，谈何去改造世界？

所以《大学》才说"修身齐家治国平天下"，所以《孟子》才说"行有不得皆反求诸己；其身正而天下归之"。修身是一切的基础。

一个懂得宝爱自身、不强迫奴役自心、懂得安放身

心的人，会由此及彼，珍爱他人、珍爱万物；不催逼役
使他人，不竭力攫取万物；让所有人各安其位各司其职，
让万物各得其所自在生发。只有这样的人，才懂得自己
不过是一个过客，而天下终归于万民；也只有这样的人，
才能垂拱而治，无为而无不为。

第三四三则

不可徒劳身心　当乐风月之趣

人生太闲则别念①窃生，太忙则真性不现。故士君子不可不抱身心之忧，亦不可不耽②风月之趣。

【注释】

①别念：杂念。

②耽：迷恋，爱好而沉浸其中。

【译文】

人生如果太过闲散，妄念杂念就会悄然滋生；人生如果太过忙碌，纯真的本性又不会显露。所以有德行的君子既不可不注意自己的身心修为，也不可不懂得吟风弄月的情趣。

【点评】

有这样一个故事：一位原本整天忙碌的名人，病中闲暇，到一个朋友家做客。一进门，就感叹对方家里的桂花很香。主人说，以前庭院的桂花也是这样。"你家不是刚装修吗？"他问道。主人一脸疑惑："没有啊，你来过我家好多次，怎么会这样说？"他这才意识到，自己以前每次来去匆匆，脑子里都是工作，只是因为现在闲了下来，才能在朋友家中第一次闻到桂花香。

很多事物，之所以给人以舒服的感觉，重点都在于"节奏"。老子说："治大国如烹小鲜"；一个会掌握生命节奏的人，忙闲得宜、张弛有度，才可弹奏出美妙的生命乐章。

第三四四则

何处无妙境　何处无净土

人心多从动处失真，若一念不生，澄然静坐，云兴而悠然共逝，雨滴而泠然①俱清，鸟啼而欣然有会，花落而潇然②自得。何地非真境，何物无真机？

【注释】

①泠［líng］然：清凉。

②潇然：豁达开朗，无拘无束。

【译文】

心性往往是因为容易浮动才失去纯真本性。如果能一点妄念也不产生，心灵明澈地静坐，随着飘动的云朵一起消逝在天边，就着清凉的雨滴洗净心中的尘埃，从雀跃的鸟鸣声中领会自然的奥妙，随落花缤纷潇洒自得。那么何处不是人间的仙境？何处不体现人生的真谛呢？

【点评】

我们常常习惯于用眼去"看"，而不懂得用心去"观"；更多着眼于外在，所以心浮气躁、元神耗散。如果能够将向外的企望收束回来，更多关注内在，学会"内观"，就会收敛元神，清气上升、浊气下降，就会更加清醒和觉知。这个途径，就是静坐。

静坐，就是帮我们放下对外在世界的攀缘，回到对内在生命的觉察上。我们不再依赖外在的得失来确定"自我"的意义，让心灵升起觉知和超脱的力量，不被外境所干扰，保持在清澈、宁静、安详的生命体验中，体验"澄然"——澄净清澈、"泠然"——了了分明、"欣然"——平和喜乐、"潇然"——洒脱自在的境界和真趣。

第三四五则

顺逆一视 欣戚两忘

子生而母危，镪①积而盗窥，何喜非忧也？贫可以节用，病可以保身，何忧非喜也？故达人当顺逆一视，而欣戚②两忘。

【注释】

①镪〔qiǎng〕钱贯，即古代穿钱用的绳子。这里指金银。

②戚：忧愁，悲伤。《庄子·大宗师》："哭泣无涕，心中不戚。"

【译文】

孩子出生的同时，母亲却面临着生命危险；财富积累多了的时候，就容易引起盗匪的觊觎；谁知道一件喜事反过来不是一件令人担忧的事呢？贫穷可以使人养成节俭的性格，患病可以使人注意养生，谁知道一件令人担忧的事反过来不是一件喜事呢？所以一个通达的人，认为顺境和逆境是一样的，自然也就没有所谓的高兴和悲伤了。

【点评】

《易经》乾卦的六爻均为阳爻，是至刚至阳之卦，象征最好的运气和走势；当状态达到第五爻时——"飞龙在天，利见大人"，孔颖达疏曰："言九五阳气盛至于天，故飞龙在天……犹若圣人有龙德，飞腾而居天位。"处于这个位置，已经接近圆满，但绝不要奢求太多、强求太多；如果一直气贯长虹、冲上云霄到顶峰，那么所有的阳爻会全部变为阴爻，而成为坤卦。

诸种卦象无穷变化的智慧中，揭示了天地万物此消彼长、阴阳化生、循环往复的真谛；"塞翁失马，焉知非福。"明白了这些，就会自然地迎送生命中的兴衰成败。

第三四六则

风迹月影　过而不留

耳根似飙谷①投响，过而不留，则是非俱谢；心境如月池浸色②，空而不著，则物我两忘。

【注释】

①飙［biāo］谷：飙：暴风。指大风吹过山谷。

②月池浸色：月亮在水中映出倒影。

【译文】

耳根如果能像狂风吹过山谷，一阵呼啸之后什么也不留，那么人间的是是非非都会消失无踪；心境如果能像月光照映在水中，空空如也不着痕迹，那么就能做到把自我和外物全都忘却。

【点评】

刘德华有首歌唱道："给我一杯忘情水，换我一夜不流泪。"何时能够忘却一切纠葛缠绕？何时能够无牵无挂自在逍遥？

《金刚经》说："应无所住，而生其心。""住"，指的就是对世俗、对物质的各种妄想分别，对外缘、对境界的各种杂念执着。"无所住"，就是对所有一切，都只是经历、体验、观察、看到，但是不评判、不停留、不挂怀、不分别；如风过疏竹、雁渡寒潭，了了分明、如如不动，这样才能够深刻觉悟，找到自己的真心。

第三四七则

世间皆乐　苦自心生

世人为荣利缠缚，动曰："尘世苦海。"不知云白山青，川行石立，花迎鸟笑，谷答樵讴①，世亦不尘，海亦不苦，彼自尘苦其心尔。

【注释】

①谷答樵讴［ōu］：指樵夫一边砍柴一边唱歌。谷答：山谷中的回音。

【译文】

世人往往都被富贵荣华和功名利禄困扰，所以动不动就说："红尘世间就像苦海一片。"却不知道白云逍遥山色青翠，河水奔流山石林立，鲜花盛开鸟儿呢喃，樵夫歌唱山鸣谷应；人间既非尘嚣万丈，世界也非苦海无边，人们不过是自己落入凡尘、堕入苦海罢了。

【点评】

读完这段话，忽然想起最近看到的一个网红段子：整天操心费力、忙上忙下、愁眉苦脸的中年妇女，看着沙发上满脸无所谓自顾自看书的丈夫，叹口气："我找的，我找的。"看着地板上只知道傻淘傻乐不求上进的儿子，叹口气："我生的，我生的。"

是啊，如果能够跳出来看一看，这世间有多少事都是在作茧自缚、画地为牢，自己折腾自己、自己痛苦自己，甚至自己愚弄自己、自己嘲讽自己。而这一切，难道不都是"自找的"么？

第三四八则

月盈则亏　履满者戒

花看半开，酒饮微醉，此中大有佳趣。若至烂漫酕醄①，便成恶境矣。履盈满者宜思之。

【注释】

①酕醄［máo táo］：形容大醉的样子。

【译文】

赏花要看它半开的时候，喝酒要饮到微醉的程度，这里面有很美妙的趣味。如果到了鲜花烂漫、酒醉如泥的程度，那么就会进入糟糕的恶境了。那些境遇顺利、志得意满的人，要仔细考虑这些哲理。

【点评】

苏东坡性情豪爽，很喜欢饮酒，还善于品酒，留下很多写酒的诗词，他到底能喝多少酒呢？《书〈东皋子传〉后》有一段自叙："予饮酒终日，不过五合，天下之不能饮，无在予下者，然喜人饮酒，见客举杯徐引，则余胸中之浩浩焉，落落焉，酣酒之味，乃过于客……天下之好饮，亦无在予上者。"他说：我喝酒喝了一天也不过六七两，天下最不能喝的就数我了。可是我特喜欢和人饮酒，与客人徐徐举杯之际，胸中的浩然之气、磊落之感都被激发出来，虽然喝得不多，可是体会到酣畅淋漓的趣味远远超过了那些豪饮之客。如此说来天下最善于饮酒的，也就数我了。

人生在世，不会总是一路高歌向前，苏东坡觉得没必要非得漂漂亮亮地干掉一杯酒、实在不行喝半杯也不错。凡事不见得追求完美才是最好，找到一个适合自己的"度"，才是安适身心的最佳状态。

第三四九则

体任自然　不染世法

　　山肴不受世间灌溉，野禽不受世间豢①养，其味皆香而且洌。吾人能不为世法所点染，其臭②味不迥③然别乎！

【注释】

①豢［huàn］：饲养。

②臭［xiù］：气味。

③迥：差别很大。

【译文】

　　山间的野菜不受人工灌溉施肥，野外的鸟兽不受人工饲养照顾，可是它们的味道都自然清香甘美可口。我们如果不受尘世间功名利禄的沾染，那么品格气质自然就和别人有很大的不同。

【点评】

　　哲学中有一个词叫做"异化"，指主体发展到了一定阶段，失去对自己的主宰，或者分裂出自己的对立面，或者强迫自己变成另一番模样。生活在后现代、后工业化时代的我们，已经被"异化"太久了。

　　今天我们吃穿用的一切东西，几乎没有一样是从地里、从树上、从水中直接得到的。我们早已经距离"自然"太远，不管是"天地自然"的"自然"，还是"顺其自然"的"自然"。

物以稀为贵，什么越是稀少，什么越是珍贵。同理，如果人的身上，少一些工业社会的铜臭气，少一些人情社会的市侩气，也会是稀有物种，惹人注目。

第三五〇则

观物须有自得　勿徒留连光景

　　栽花种竹，玩鹤观鱼，亦要有段自得处。若徒留连光景，玩弄物华^①，亦吾儒之口耳，释氏之顽空而已，有何佳趣？

【注释】

　　①物华：美丽的景色。

【译文】

　　种植花草竹木，饲养鹤鸟鱼类，也要懂得悠游其间怡然自得的道理。如果只是沉迷眼前的快乐，玩赏表面的景色，也只是儒家所说的口耳学问，佛家所说的冥顽不灵，有什么乐趣可言呢？

【点评】

　　《中庸》说："君子无入而不自得焉。"君子无论处在何种环境，都能安然处之、自得其乐。

　　"自得"是儒家的大学问，单就这个词本身，也含有自己切实有所体悟、有所获得，自己与所处环境、所求目标和谐统一，自己有秉持执守的理念和原则，自己与自己能够圆融和解、不纠结不烦乱的自在状态。

不论做何事，能有自得之趣，这种境界与虚浮矫饰的表面文章是完全不可同日而语的。

第三五一则

陷于不义 生不若死

山林之士，清苦而逸趣自饶^①；农野之人，鄙略而天真浑具。若一失身市井驵侩^②，不若转死沟壑^③神骨犹清。

【注释】

①饶：富有、丰足。

②驵侩 [zǎng kuài]：马匹交易经纪人，居中介绍买卖之人。

③壑：山沟。

【译文】

隐居山林的高人，生活虽然清苦却享有很多雅逸自得的情趣；乡间田野的农夫，为人虽然浅陋简单，却具备纯朴天然的本性。如果不小心变成一个市侩气十足的奸商而蒙受污名，倒不如死在荒郊野外，还能保全清白的名声。

【点评】

古人把安身立命看作是非常重要的事情，绝不仅仅因为金钱和利益而轻率心有所动。所以很多人，宁可耕田种地、隐居山林，也不出来做官，或者做投机商人。

而今看来，"价值观"仍然是非常重要的人生尺度，但是不得不说，我们太缺乏真正的"价值观"教育和评判标准了。

　　究竟选择山林、农野还是朝堂？究竟想要逸趣、天真还是市侩？究竟选择权钱名利还是神骨犹清？不得不说，这是个值得思考的重要问题。

第三五二则

非分之收获　陷溺之根源

非分之福，无故之获，非造物之钓饵，即人世之机阱①。此处着眼不高，鲜不堕彼术中矣。

【注释】

①阱：为防御或捕捉野兽或敌人而挖的坑。《汉书·谷永传》："又以掖庭狱大为乱阱。"李白《君马黄》："猛虎落陷阱。"

【译文】

不是自己分内该享受的福气，以及无缘无故的意外收获，这两者即使不是上天有意安排诱惑人的钓饵，也是世间奸诈之人故意设下的陷阱。在这种时候如果没有高远眼光，很少有不落入这些圈套之中的。

【点评】

这几年流行一个网络用语"小确幸"，来源于村上春树《兰格汉斯岛的午后》，意思是心中隐约期待的小事刚刚好发生在自己身上的那种微小而确实的幸福与满足。"小确幸"可以成为小日子的偶尔开心，但是如果总是存有贪婪的侥幸，则必然陷自身于不幸。

佛经里记载着这样一个故事：某日，佛陀率弟子阿难外出乞食，看见路边有一坛黄金，佛陀说："看，毒蛇。"阿难亦应声答道："果然是毒蛇。"师徒俩的对话恰巧被附近一对农民父子听到，便怀着好奇心前来观看。一看之下，不由欣喜若狂，赶紧将黄金带回家中，以为这从天而降的幸运将改变他们的贫困生活。改变的确是发生了，但完全不是他们希冀的那样。当父子俩带着金子去市场兑换时，却被人告到了官府。原来，他们捡到的金子是窃贼从宫中盗出，在逃跑时弃于路旁的。他俩人赃俱获，有口难辩。这对乐极生悲的父子在临刑时，才领悟到"毒蛇"的真正含义。

孔子说："君子先难而后获。"只有通过艰辛努力才能有所收获。懂得付出和索取的先后顺序，真是极为重要的人生功课。

第三五三则

把握要点　卷舒自在

人生原是一傀儡①，只要根蒂在手，一线不乱，卷舒自由，行止在我，一毫不受他人提掇②，便超出此场中矣！

【注释】

①傀儡［kuǐ lěi］：木偶戏中的木偶人。《酉阳杂俎》："宗元素右臂上刺葫芦，上出人首，如傀儡戏郭公者。"

②提掇［duō］：上下牵引。

【译文】

人生本来就像一场木偶戏，但只要自己能够掌握牵动控制木偶的线索，毫不紊乱，收放自如，行动或停止全由自己掌控，一点都不受他人的牵制和左右，那么便可以超然物外，置身于这场游戏之外了！

【点评】

乔布斯有一句名言：

"你的时间有限，所以不要为别人而活。不要被教条所限，不要活在别人的观念里。不要让别人的意见左右自己内心的声音。最重要的是，勇敢地去追随自己的心灵和直觉，只有自己的心灵和直觉才知道你自己的真实想法，其他一切都是次要。"

人生也许只是一场戏，可是出演悲剧还是喜剧的关键，就在于是否操控好自己手里的线轴。选择适合自己的方式行止坐卧，不受他人牵制和外物影响，就可以体会不一样的人生境界。

第三五四则

利害乃世之常　不若无事为福

一事起则一害生，故天下常以无事为福。读前人①诗云："劝君莫话封侯事，一将功成万骨枯。"又云："天下常令万事平，匣中不惜千年死。"虽有雄心猛气，不觉化为冰霰②矣。

【注释】

①前人：此指唐代诗人曹松。

②霰［xiàn］：小雪珠，多在下雪前降下。

【译文】

天下之事，有一利就有一弊，有一福就有一祸，所以真正洞悉世事的人都以无事为福。曹松有首诗说："奉劝大家不要再谈封侯拜相的事，君不见一个名将的战功都是千万人的骸骨堆积而成。"又说："如果能让天下永保太平，就是把宝剑藏在匣中一千年也在所不惜。"看了这样的诗句，即使怀抱万丈雄心，也不知不觉变得冰雪一般冷寂。

【点评】

如果觉得《菜根谭》经常讲有事不如无事、多心不如无心，照这么说，那就干脆消极退让、啥也不干呗！那社会还怎么发展？人类还怎么进步？

这种思维就流于非此即彼、固执偏激了。

古人云："有书真富贵，无事小神仙。"不管是个人、家庭还是国家，轰轰烈烈地折腾、激进快速地运动，甚至热火朝天地奋斗，都不是温和长久、细水长流、可持续发展的常态。就如同天地自然，偶尔会有骤冷骤热、霹雷暴雨，但更多的时候，必须是日月运转、寒暑有节，才会发育万物。

因此道家虽然强调"无为"、"清静"，却被认为是"君人南面之术"。例如有汉之初，就采取黄老思想，统治者不做大的动作，天下没有大事，万物休养生息，才使国力慢慢富强起来。明白了这一点，才会知道"无事"才是家国社会最应该有的常态，也是社稷天下最难得的福气。

第三五五则

茫茫世间　矛盾之窟

　　淫奔之妇矫①而为尼，热中之人②激而入道，清净之门，常为淫邪之渊薮③也如此。

【注释】

①矫：伪装、假托。

②热中之人：沉迷于功名利禄之人。

③渊薮〔sǒu〕：薮：大水汇集的地方。指人或物聚集之处。

【译文】

　　一个不守节操跟人私奔的荡妇，可能假装到庙里去做尼姑；一个热衷追求功名利禄的人，可能因为一时意气而入寺出家。本应清净的佛门圣地，谁知却往往成为聚积淫荡邪恶之徒的藏污纳垢之地。

【点评】

　　正如标题所揭示："茫茫世间，矛盾之窟"。很多事物可能不像其表面应该具有的特征那样，而是在招牌之下掩饰和掩盖了一些东西。

所以明眼人往往不被表象所迷惑，而是相对清醒理智地透过现象看本质。也就是说，不预先对某类人和事打上标签，而是直接契入这些人和事本身看问题，这样才可以比较客观而全面地得出判断。

第三五六则

身居局中　心在局外

波浪兼天①，舟中不知惧，而舟外者寒心；猖狂骂坐，席上不知警，而席外者咋舌②。故君子身虽在事中，心要超事外也。

【注释】

①兼天：滔天。

②咋舌：惊吓得说不出话的样子。

【译文】

舟行海上、波浪涛天时，坐在船里的人并不觉得害怕，而在船外的人却感到十分恐惧；聚会宴饮，席间有人猖狂谩骂时，同席的人并不觉得战栗，而在席外的人却感到胆战心惊。所以有德行的君子即使身陷杂事中，也要将心灵超然于事外，这样才能保持清醒理智。

【点评】

《世说新语》中记载：谢安隐居东山时，有一次和王羲之、孙绰等人乘船出海游玩。突然遇到风暴，大浪滔天，其他人都大惊失色、仓皇无措，而谢安则独自吟啸船头、镇定自若。船夫觉得既然谢安散淡高兴，就继续向前划去。不久，风越发大了，浪也猛起来，众人都大声叫嚷，坐立不安。谢安徐徐说道："这样，我们还是回去吧。"大家立即响应，掉头返回。于此可以知道谢安的器量，足以慑服朝廷内外。

　　淝水之战前夕，前秦号称百万大军压境，东晋举国上下一片哗然，以为灭顶之灾必至；而谢安则在处置停当后，悠然游于山水，气定神闲、举重若轻，最终以少胜多、大败前秦军。当前线战报送到时，他和客人正在下棋，谢安看罢书信仍然下棋如故；客人忍不住发问，他才缓缓说道："小儿辈已破贼。"

　　越是变动纷乱、大事临头之时，越能看出一个人的器量胸襟，正所谓沧海横流，方显英雄本色。

第三五七则

减繁增静　安乐之基

人生减省一分，便超脱一分。如交游减，便免纷扰；言语减，便寡愆尤①；思虑减，则精神不耗；聪明减，则混沌②可完。彼不求日减而求日增者，真桎梏③此生哉！

【注释】

①愆［qiān］尤：愆：错误、过失。尤：埋怨、怨恨。

②混沌［hùn dùn］：天地未开之前的原始状态。这里指人的天然本性。

③桎梏［zhì gù］：古代刑具，这里引申为束缚。

【译文】

人生在世如果学会凡事减少一分，就能够在尘俗中超脱一分。减少一些交际应酬，就能免除不必要的纷争困扰；减少一些言语交谈，就能减少很多过失和懊悔；减少一些操心忧虑，就能避免精神的消耗；减少一些耍小聪明，就能保持纯朴自然的本性。那些不求每天减少却反而千方百计去增加的人，那就等于是用枷锁来束缚自己的一生啊！

【点评】

近年有几个流行语，典型地反映出人们开始对生存状态重新思索的过程：

——"无效社交"，指那种无法给我们的精神、感情、工作、生活带来任何愉悦感和进步的社交活动。白白浪费时间、耗费精力，能不能交下真正的朋友不说，反而容易招致人际关系困扰，得不偿失。所以有人大呼：远离无效社交；在你还没有足够强大、足够优秀时，先别花太多宝贵的时间去社交，而是多花点时间读书、提高专业技能。放弃那些无用的社交，提升自己，世界才能更大！

——"止语"，本来是佛教用语，并非只是语言的止息，而是内心的无念无住，回归更深的醒觉与自由，只有在沉默与独处中，才能真正懂得修持。"群处守口、独处守心"，多说一句不如少说一句，少说一句不如不说。不存妄想，不说闲话，不生杂念；自己清净了，也为他人留出一个自由的空间。

——"无形损耗"，本来指机器设备等固定资产在使用过程中由于技术进步、自身磨损等而发生的贬值。对于人的身体和生命而言，我们很容易注意到劳累、生病、外伤等有形的、可见的损耗，却不容易注意情绪的杂乱无章和焦虑忧愁，是对"心"与"神"最大的伤害和消耗，会使我们的元气在不知不觉中损失、漏掉。所以很多人即便没有从事什么体力劳动，却整日病病怏怏、提不起精神，就是因为"心太乱"。

　　《黄帝内经》说："恬淡虚无、真气从之；精神内守、病安从来？"老祖宗的智慧，值得我们一再致敬，并且谦卑地学习。

满腔和气　随地春风

　　天运之寒暑易避，人生之炎凉难除；人世之炎凉易除，吾心之冰炭①难去。去得此中之冰炭，则满腔皆和气，自随地有春风矣。

【注释】

　　①冰炭：冰和炭本来是水火不相容的两个东西，这里指斗争。

【译文】

　　天地运行的严寒和酷暑容易躲避，而人世间的冷暖炎凉却难以消除；人世间的冷暖炎凉即使容易消除，而我们心中水火交织的恩怨情仇却难以去除。如果能够去除这些恩怨情仇，那么心中自然充满祥和之气，到处都会春风扑面。

【点评】

　　张先有首词写道："天不老，情难绝。心似双丝网，中有千千结。"因为喜、怒、忧、思、悲、恐、惊，眼、耳、鼻、舌、身、意，种种七情六欲，所以我们心中堆积交织了很多情结纠葛；往往就是这些东西，如鲠在喉、横亘心头，剪不断理还乱，让原本可以自在自然的生活负累沉重。

如何解脱？

禅宗语录《指月录》记录了这样一段公案：南唐时的泰钦法灯禅师性格豪放、不拘小节，很多和尚瞧不起他，唯独法眼禅师对他很器重。有一次，法眼在讲经说法时询问众和尚："谁能够把系在老虎脖子上的金铃解下来？"人家面面相觑答不出来。这时法灯正好经过，不假思索地答道："解铃还需系铃人。"

法灯禅师的这句话恰好解答了现代社会很多人的困扰。王阳明说："破山中贼易，破心中贼难。"一旦心中贼破，则晴空万里、鲲鹏展翅、任我遨游了。

第三五九则

超越口耳之嗜欲　得见人生之真趣

茶不求精而壶也不燥，酒不求冽而樽亦不空。素琴无弦而常调，短笛无腔而自适。纵难超越羲皇[①]，亦可匹俦[②]嵇阮[③]。

【注释】

①羲皇：上古皇帝伏羲氏。

②匹俦 [chóu]：匹敌。

③嵇阮：指嵇康、阮籍。

【译文】

喝茶不需要精致的茶叶，只要茶壶不干就可以了；饮酒不需要甘冽的佳酿，只要酒杯不空就可以了。无弦之琴虽然弹不出旋律，却可以调剂身心；一只横笛虽然吹不出音调，却可使人精神舒畅。这样的生活，纵然比不上伏羲氏的逍遥清静，也可以和竹林七贤中嵇康、阮籍的飘逸洒脱相媲美。

【点评】

很多时候，我们已经被"外在"圈住了，所以不知不觉中失去了天马行空独往独来的能力，变成了精神残疾。

比如，换了一个地方出差就水土不服了；没有了熟悉的床和枕头就失眠了；离开了相伴多年的人就萎靡不振了……

很可能我们一直以来只是像寄居蟹一样，寄居在一个虚无的壳子里生存，而完全没有触及真正的生活实质。一旦这个赖以寄托的壳子不完整，我们也就支离破碎。

真正明了生活底色的人，纵使没有香茗醇酒、管弦丝竹，照样可以悠哉游哉、自得其乐；这样的人精神极为强大，因为他们自己心中自有香茗醇酒、管弦丝竹，所以已经超越了形式和框架的束缚，达到一种自由状态，从而像嵇康所写的那样："俯仰自得，游心太玄。"

第三六○则

万事皆缘　随遇而安

释氏随缘，吾儒素位，四字是渡海的浮囊。盖世路茫茫^①，一念求全，则万绪纷起；随遇而安，则无入不得矣。

【注释】

①茫茫：指遥远。

【译文】

佛家讲求随顺因缘，而儒家主张谨守本分，"随缘素位"这四个字是渡过人生苦海的救命船。因为人生之路茫茫无边，只要有一个求全求美的念头，那么各种纷乱的头绪就会不断袭来。能够安然于顺其自然，无论在哪里都可以怡然自得。

【点评】

佛教把随着外界事物的来临，身心受到触动、有所感怀叫做"缘"，如水因风吹起波浪，各种人和事应缘而起、应缘而落；而把顺其自然不加勉强，叫做"随缘"。

儒家经典《中庸》说："君子素其位而行，不愿乎其外。"朱熹注："素，犹见在也；言君子但因见在所居之位，而为其所当为，无慕乎其外之心也。"本身应做即做、不艳羡身外之事的状态，叫做"素位"。

试想，如果一个人能够做到随顺诸缘、毫不牵强，当做则做、绝不贪求，无论在哪里都能身心安定，无论到何处都能恰然自得，该是一种多么美好的状态！

无障碍读本

（明）洪应明 著 霍明琨 编著

（上册）原文·注释·译文·点评

菜根谭

团结出版社

图书在版编目（CIP）数据

《菜根谭》无障碍读本 / (明) 洪应明著；霍明琨
编著. -- 北京：团结出版社, 2021.2
ISBN 978-7-5126-8379-2

Ⅰ.①菜… Ⅱ.①洪… ②霍… Ⅲ.①个人—修养—
中国—明代 Ⅳ.①B825

中国版本图书馆CIP数据核字(2020)第213510号

《菜根谭》无障碍读本

(明) 洪应明　著

霍明琨　编著

出　　　版：团结出版社
　　　　　　（北京市东城区东皇城根南街84号　邮编：100006）
责任编辑：郑　纪
电　　话：（010）65228880
发　　行：（010）51393396
网　　址：http://www.tjpress.com
E-mail：65244790@163.com
经　　销：全国新华书店
印　　刷：三河市双升印务有限公司

开　　本：145×210　1/32
印　　张：22
字　　数：260千字
版　　次：2021年2月第1版
印　　次：2021年2月第1次印刷

书　　号：ISBN 978-7-5126-8379-2
定　　价：58.00元(上、下册)

目　录

第一则

弄权一时　凄凉万古

　　栖守①道德②者，寂寞一时；依阿③权势者，凄凉万古。达人④观物外之物⑤，思身后之身⑥，宁受一时之寂寞，毋⑦取万古之凄凉。

【注释】

　　①栖：安居；守：坚守。

　　②道德：指自然和人伦所应遵守的原则与准绳。《礼记·曲礼》云："道德仁义，非礼不成。"

　　③依阿：缺乏独立人格，随意顺从他人意见；以及依附阿谀、曲意逢迎，毫无原则地攀附。

　　④达人：指通达睿智、眼光高远、全然了悟宇宙和人生运行规则的人。《左传·昭公七年》："圣人有明德者，若不当世，其后必有通达之人。"

　　⑤物外之物：物质以外的东西，即区别于现实物质生活之外的精神修养和道德境界。

　　⑥身后之身：肉身消亡之后的因素，指人去世后的声名和影响。

　　⑦毋：同"勿"，不要。

【译文】

　　一个坚守道德准绳和底线的人，也许会有短时间的孤独寂寥；但那些毫无原则、趋炎附势的人，却会永远落寞凄凉。所以一个通达睿智的人，能够清楚地看到现实物质世界之外的永恒精神价值，也能够清晰地判断人生在世的眼前苟且和身后百年的源远流芳。这样的人，宁可因为恪守内心的德行而忍受暂时的寂寞，也决不会丧失自我、依附阿谀，而遭受万古的唾弃和凄凉。

【点评】

在《菜根谭》中有很多对句，一方面是为了布局工整，读之朗朗上口，又有文辞典雅清新之感；另一方面，这些两两相对的元素往往把我们引向完全不同的人生与世界的两极，让我们能够跳出眼前短暂、精致的小我藩篱，去掂量不同的价值判断。

比如这一句中的"一时"与"万古"，瞬间就将有限的人生放置在了无限浩渺的宇宙时间轴上进行考量——究竟是取短暂的寂寞，还是永远的悲哀？经典的智慧总是能让人变得明智而深邃，就像王国维"三重境界"中所说："昨夜西风凋碧树，独上高楼，望尽天涯路。"只有洞彻了物我之间真正实相的"达人"，才会跳出眼前的诱惑和迷局，穿越时空，留下永恒。

第二则

抱朴守拙　涉世之道

涉世①浅，点染②亦浅；历事深，机械③亦深。故君子④与其练达⑤，不若朴鲁⑥；与其曲谨⑦，不若疏狂⑧。

【注释】

①涉世：涉：原意是渡河，这里是经历之意。指经过世事的锻炼。《晋书·孔衍传》："博学不及衍，涉世声誉过之。"

②点染：指画家作画时点缀景物、渲染色彩；这里有玷污和沾染之意，指人们在社会生活中沾染上不良的习气。杜甫《杜工部草堂诗笺》："反复归圣朝，点染无涤荡。"

③机械：原指运行复杂的精密器物；这里比喻人的权谋和机诈。《庄子》天地篇："有机械者，必有机事；有机事者，必有机心。"《淮南子》："故机械之心藏于胸中。"

④君子：《菜根谭》中多次出现"君子"，指具有很高的修养和智慧，也有相当的道德与原则的人。

⑤练达：指阅历丰富，通晓人情世故，圆融通达。《后汉书·胡广传》："广为太傅，年八十而心力克壮，练

达事礼。"

⑥朴鲁：朴实、愚鲁；这里指诚挚、憨厚、老实。

⑦曲谨：委曲求全、谨慎小心，过于注重枝节而放不开手脚。《宋史·李纲传》："平居无事，小廉曲谨，似可无过。"

⑧疏狂：疏：疏放；狂：豪放不拘。这里指不在意细节，不随俗流，落拓不羁。白居易《代书诗一百韵寄微之》："疏狂属年少，闲散为官卑。"

【译文】

经历世事不深的人，阅历浅，自然沾染的不良习气也少；而踏入社会时间久、阅历丰富的人，自然城府很深，权谋机变也多。所以，一个真正的君子，与其故作精明老练、洞悉人情世故，还不如保持质朴笃厚的本色；与其谨小慎微、曲意迎合，还不如坦荡豪放、不拘小节。

【点评】

这一则似乎可以作为初入社会、初涉世事者的行为指南。古语云："世事洞明皆学问，人情练达即文章。"如果一个初生牛犊，一个新人或者菜鸟，还不知道这个学问文章怎么做的时候，该如何表现？在世事中最可宝贵的究竟为何？最终的制胜法宝又是什么呢？

与世俗中人人看好的机敏练达恰恰相反，《菜根谭》给我们的建议是：胸无城府、少于谋略，都没有关系；最重要的是保持自己素朴纯厚的本色。正所谓抱朴守拙、涉事之道；唯如此，才可以以不变应万变，从容行走人世之间。

第三则

心事宜明　才华须韫

君子之心事①，天青日白，不可使人②不知；君子之才华，玉韫珠藏③，不可使人易知。

【注释】

①心事：考虑和思量的事情。

②使人：让人。

③玉韫珠藏：韫：珍藏。《论语·子罕》："有美玉于斯，韫匮而藏诸，求善而沽诸？"玉韫珠藏是将名贵的珠宝玉石深藏起来；这里指韬光养晦，不轻易卖弄才华。

【译文】

一个具有很高道德修养的君子，他的思想和行为应该像青天白日一样，没有什么不能让人知道的，没有什么可隐瞒的；而他的才华和能力，却应该像名贵的珠玉一样深藏不露，从不轻易向世人炫耀。

【点评】

"君子"是儒家思想的核心命题之一，也是几千年来理想的道德人格境界，在《论语》中已经有很多相关的论述，其中"君子坦荡荡，小人长戚戚"更是耳熟能详。

一个堪称"君子"的人，胸怀天地、包揽万象，没有不可公之于众的事情，没有拿不上台面的事情。就像张孝祥的那句词："孤光自照，肝胆皆冰雪。"但是在这肺腑澄澈、冰心玉壶之外，切切需要记得：锦衣夜行、芳华半掩。

真正高贵且低调的人，就算穿着华丽的锦衣，也用薄纱罩住，淡化耀目的光华。亦舒在她的小说《圆舞》中说："真正有气质的淑女，从不炫耀她所拥有的一切，她不告诉人她读过什么书，去过什么地方，有多少件衣服，买过什么珠宝，因为她没有自卑感。"

也许，这才是一个"君子"，或者说一个贵族该有的气质。

第四则

出污泥而不染　明机巧而不用

势利①纷华②，不近③者为洁，近之而不染④者为尤洁；智械机巧⑤，不知者为高，知之而不用者为尤高。

【注释】

①势利：指权势和利欲。《史记·武安侯传》："天下吏士趋势利者皆去。"《汉书·张耳陈余传》："势利之交，古人羞之。"

②纷华：指令人眼花缭乱的繁华景象。《史记·礼书》："出见纷华盛丽而说，入闻夫子之道而乐，二者心战，未能解决。"（唐）张说《巴丘春作》有"江溆相映发，卉木共纷华"的诗句。

③不近：不去接近。

④不染：不受沾染和感染。

⑤智械机巧：智械：智慧性的活动。机巧：机灵乖巧。这里指权谋机变、心计智略。

【译文】

面对红尘中的富贵权势、追名逐利，俗世中的目眩神迷、纷纷扰扰，不去沾染、接近，这样的人品行是纯洁的；然而那些就算接近了它们却仍然不为所动、不受沾染的人，则更为高洁出尘；对于不知道城府谋略、心机权策等等诡诈手段的人，本性是高尚的；而那些即便明白了种种曲折算计之道，却仍然不采用这种伎俩的人，则无疑更加难能可贵。

【点评】

这段话很容易让人想起周敦颐的《爱莲说》："出淤泥而不染，濯清涟而不妖。"莲之品所以为高，正因其贴近浊秽而又洁身自好。

保持这样的品性是很难的，就连孔子都说："与善人居，如入芝兰之室，久而不闻其香，即与之化矣；与不善人居，如入鲍鱼之肆，久而不闻其臭，亦与之化矣。"我们需要内心有何种定力和自知，才可不与世事同漂移，安住当下？

相应的，这世界也总有另一种智者——就是直逼真相，看破那些所谓的智谋技巧不过是闾里小儿街头斗勇之技，而不屑使用的人。曾被誉为"千古第一完人"的曾国藩在写给其弟弟的信中说："弟书自谓是笃实一路人，我自信亦笃实人，只为阅历世途，饱更事变，略参些机权作用，把自家学坏了。实则作用万不如人，徒惹人笑，教人怀憾，何益之有？近日忧居猛省，一味向平实处用心，将自家笃实的本质还我真面、复我固有。贤弟此刻在外，亦急须将笃实复还，万不可走入机巧一路，日趋日下也。纵人以巧诈来，我仍以浑含应之，以诚愚应之；久之，则人之意也消。若钩心斗角，相迎相距，则报复无已时耳。"

这，才是真正的高人。

第五则

良药苦口　忠言逆耳

耳中常闻逆耳①之言，心中常有拂心②之事，才是进德修行的砥石③。若言言悦耳，事事快心，便把此生埋在鸩毒④中矣。

【注释】

①逆耳：刺耳，使人不快的话。《孔子家语·六本》："良药苦口而利于病，忠言逆耳而利于行。"

②拂心：拂：和逆相近。指违逆人心，使之不畅快、不顺利。

③砥石：指磨刀石。粗石叫砺，细石叫砥。《淮南子·说山》："厉利剑者必以柔砥。"

④鸩毒：鸩：古代传说中一种有毒的鸟，其羽毛有剧毒，泡入酒中可制成毒药，叫作鸩酒。《本草集解》："陶弘景曰：'鸩鸟出广之深山中，啖蛇。人误食其肉立死。'"《山海经·中山经》："女几之山，其上多鸩。"王逸《离骚注》："鸩羽有毒，可杀人。"《汉书·景十三王传赞》："古人以宴安为鸩毒。"

【译文】

耳中如果经常听到一些不中听的话，心中常想到一些不顺心的事，这样才是修身养性提高德行的磨砺之道；

如果听到的句句话都顺耳，遇到的件件事都顺心，那就等于把自己的一生葬送在毒酒中了。

【点评】

中国人的习惯，但凡节日祝福的时候，"顺"是个吉祥的字眼。顺利、顺风、顺心，仿佛所有一切都要长驱直入；春风得意马蹄疾，一日看尽长安花，才算如意的人生。

可是《菜根谭》说：如果真是这样，那你的一生就完蛋了。犹如饮鸩止渴，痛快地干了这杯毒药，临死时嘴角还带着微笑。

行走红尘江湖，若想利剑出鞘、刀锋凛冽，最好的磨石恰恰是逆耳之言、拂心之事。仿佛总不能如我所愿，总不能心想事成，可就是在这琐琐碎碎、磕磕绊绊、跟跟跄跄，甚至有些憋憋屈屈的人生中，不知不觉有所成就。

第六则

和气致祥　喜神多瑞

疾风怒雨①，禽鸟戚戚②；霁日风光③，草木欣欣④。可见天地不可一日无和气，人心不可一日无喜神⑤。

【注释】

①疾风怒雨：疾：快速强劲；怒：狂躁暴怒。这里指狂风暴雨。

②戚戚：因担心忧虑而恐惧、惶惶不安。《论语》："君子坦荡荡，小人长戚戚。"

③霁日风光：霁：雨后初晴；《汉书·安帝纪》："连雨未霁。注：'霁，雨止也。'"霁日风光的意思是天气晴朗、阳光和煦、风和日丽。

④草木欣欣：欣欣：草木茂盛、充满生机。这里指花草树木生机勃勃、一片盎然。陶渊明《归去来兮辞》："木欣欣以向荣。"

⑤喜神：神：指精神。这里指愉快喜悦的心绪和情态。另外传说中的"福禄寿喜"是四位能给人间带来幸福、富贵、长寿、欢乐的神仙，喜神是其中之一。

【译文】

在狂风暴雨中，即便飞禽走兽都会感到悲悲戚戚、惶惧不安；在风和日丽中，就连花草树木都表现得欣欣向荣、充满生机。人应该取法自然，我们可以看到，天地间不可以一天没有祥和安宁之气，人的心中不能够一天没有平和喜乐的心情。

【点评】

　　大部分人都喜欢风和日丽的天气，阳光和煦、吹面不寒杨柳风，连心情都随之飞扬。天地如此，人亦如此。总有那么一些人，与之交往如沐春风、如浴朝阳，温暖、美好、正面、向上。

　　这样的人仿佛自带流量，总让人不知不觉想靠拢、想亲近。这样的人平和、喜乐，本身就具有一种无穷的能量，足以把人带入沉静、智慧、慈悲、愉悦的境界。如果一个世界是平和、喜乐的，足以发育万物；如果一个人是平和、喜乐的，足以驾驭此生。

　　又有谁喜欢阴霾不散、郁结不除、晦暗不去呢？

第七则

淡中知真味　常里识英奇

醲肥①辛甘非真味②，真味只是淡；神奇卓异③非至人④，至人只是常。

【注释】

①醲肥：醲：经过长时间佳酿而成的醇厚美酒；肥：肥鲜美食、肉质肥美。《淮南子·主术篇》："肥醲甘脆，非不美也；然民有糟糠菽粟，不接于口者，则明主弗甘也。"枚乘《七发》："饮食则温淳甘膬腥醲肥厚。注：'醲：厚酒也。'"

②真味：味是味觉对食物的感受。真味是真实自然的味道，这里指人的自然本性或生活的真谛。

③卓异：卓然超群、特立独行、举止怪异、不同常人。《汉书·宣帝纪》："恩惠卓异，厥功茂焉。"

④至人：精神境界和道德修养都达到完美无缺的人。《庄子·逍遥游》："至人无己，神人无功，圣人无名。"

【译文】

醇厚的美酒、肥鲜的肉类、辛辣甘甜的美味，这些并不是本真自然的味道，真正的美味和生活的真谛就是清淡平和；举止神奇怪异、言谈超乎寻常的人，并不是品德和修为最完美的人；真正在精神和道德领域都达到很高境界的人反而韬光养晦、和光同尘，言行举止就和普通人一样。

【点评】

要到什么时候才能明白人生的底色和真相呢？我想这是《菜根谭》的重要主旨之一。

佛教中说：因为人有了眼耳鼻舌身意，能看、能听、能闻、能吃、能感受、能体会，所以才会对色声香味触法有感觉，知道颜色、声音、气味、味道，知道各种判断和分别。而一旦知道了判断和分别，人本性中的贪嗔痴慢疑就爬出来作祟，想要更美、更好、更香、更浓。在追求极致的过程中，我们渐渐弄丢了自己。"五色令人目盲，五音令人耳聋，五味令人口爽，驰骋畋猎令人心发狂，难得之货令人行妨。"（《道德经》）

所以常见的修身养性方法中有断食一说，仿佛在戒掉了所有的口腹之欲后，每喝一口水，每吃一粒粮都觉分外甘甜，由此知人生真味。

识人亦如此。往往越是另类超群的人，博人眼球、博人口水、博人一笑，却反而越是耐不住品味和咂嚓。追根寻底，朴素才是最恒常、最持久、最动人的颜色。曾经在幽幽暗暗反反复复中追问，才知道从从容容平平淡淡是最真。

去掉繁花乱眼，便能明了人生底色。

第八则

闲时吃紧　忙里悠闲

天地寂然①不动，而气机②无息③稍停；日月尽夜④奔驰，而贞明⑤万古不易。故君子闲时要有吃紧⑥的心思，忙处要有悠闲⑦的趣味。

【注释】

①寂然：安宁寂静的样子。白居易《偶作诗》："寂然无他念，但对一炉香。"

②气机：机：运转活动。气指天地阴阳之气，机指宇宙万物之动；气机指天地自然的运转。

③息：些息，一瞬，一时间。

④尽夜：尽：终。指日夜轮转、夜以继日。

⑤贞明：贞：坚贞不渝；明：光明磊落。指伟大的光明、永恒不变的光辉。

⑥吃紧：宋朝时口头语，指事情紧急，感到压力和紧迫。《朱子全书·治道》："系人性命处，须吃紧思量。"

⑦悠闲：悠然闲适。

【译文】

天地看起来好像寂静不动，其实阴阳之气无时无刻不在运行，没有片刻停歇；太阳和月亮虽然昼夜运转，但它们永恒的光辉万古不变。所以君子应该效法天地，在清闲无事时要保持警醒和紧张，而在繁忙劳碌时则要有悠然平和的心态。

【点评】

如何把握生命的节奏，这是一个永远的话题；在越来越忙、越来越烦的今天显得尤为重要。

《道德经》说："人法地，地法天，天法道，道法自然。"而天地自然就是这样：静中有动，动中有静；运行有度又从不自傲夸饰。

人不过就是自然之子，天地中一个微小的粒子，却常常弄不清自己的定位。有时候觉得自己是个救世主，操心无比、管这管那；有时候又觉得自己像个可怜虫，身心疲惫、万念俱灰。真是"忙忙碌碌苦追求，寒寒暖暖度春秋；朝朝日日营生计，糊糊涂涂白了头"。

也许，骄傲无知的现代人早该臣服、早该敬畏、早该学习天地自然，学习真正的大道所在。

第九则

静中观心　真妄毕现

夜深人静独坐观心①，始觉妄②穷而真③独露，每于此中得大机趣④；既觉真现而妄难逃，又于此中得大⑤惭忸⑥。

【注释】

①观心：佛教用语，指深入省察自己内心中的一切映像。

②妄：非分、越轨。这里指妄念，是由于心之执着而产生的虚妄颠倒的念头。

③真：真境，道教中指仙境。唐王昌龄《武陵开元观黄炼师院》诗之三："暂因问俗到真境，便欲投诚依道源。"这里指因拂去了妄念而达到的心无挂碍的涅槃境界。

④机趣：极为深入精妙的境界。

⑤大：非常、很。

⑥惭忸［niǔ］：惭愧、自责。

【译文】

夜深人静之时，正是一个人独自静坐、省察内心的最佳时机。每到这时，便开始觉得那些虚妄颠倒的杂念都消失了，而只有真纯的本性和平静的内心显露出来，总是在这个时候能感觉到无尽精妙的境界和乐趣；然而继续静坐，接着又会发现，虽然真性能够暂时显露，但杂念仍然无法彻底消除，此时更因了悟人性的脆弱而惭愧万分。

【点评】

我们有多久没有观照自己的内心了呢？

白天的喧嚣过后，接着又是向晚的应酬和疲惫；能在夜深人静时独坐，与自己凝然相对、寂然欢喜，真可谓是难得的奢侈。

心如一杯水，不断晃动则浊，安静放置则清。清而后定，定能生慧。如果有机会体验那样的时刻，杂念全无，妄念不生，没有颠倒梦想，清朗明净，该是多大的福分。

然而我们又必得面对一个现实，那就是：心的本体总如波涛汹涌、起伏不定，人性也极容易脆弱和动摇，就算杂念妄想暂时除去，却终未走远，时时又会返身骚扰。

认识到这一点，会感到惭愧，也才会明了作为一个"人"的真实。

第十则

得意须早回头　拂心莫便放手

恩①里由来生害，故快意②时须早回首；败后或反成功，故拂心③处莫便放手。

【注释】

①恩：恩惠，好处。

②快意：舒服、开心。《史记·李斯传》："今弃击瓮叩瓦而就郑卫，退弹筝而就昭虞，若是者何也？快意当前，适观而已矣。"

③拂心：拂逆心意，不称心，不能随心所欲。

【译文】

恩宠和优待往往是产生祸患的源头，所以在春风得意时恰恰要早点悬崖勒马；失败和挫折则反而有助于成功，所以在不顺心的时候千万不要轻易放弃追求。

【点评】

观察一个人的品性，往往只在两端：得意时和失意时。如果得意时不忘形，失意时不颓丧，那么这个人基本就可以扛过人生大大小小的波澜。

只不过道理虽然都懂，实际做起来时却总是人不由心。得意的时候总想更得意，虽然也知道好运早晚会过去，但总是侥幸厄运不会落在自己头上。失意的时候又很难保持住一贯从容优雅的姿态，不是破罐子破摔就是万念俱灰、心如死水。

"快意时须早回首"，绝佳的例子就是古人范蠡。他陪着越王勾践在吴国为奴数年，终于一举灭吴，功成名就之时却决定和心爱的西施泛舟江湖，此后又成为著名的民间财神陶朱公。而"拂心处莫便放手"，绝佳的例子则是今人褚时健。他在人生巅峰时跌落，身被牢狱之灾十余年，却最终触底反弹，70多岁高龄再次开山辟地，创建了褚橙品牌，打下一片江山。

其实《易经》早已揭示了一个真理：赢满必亏，否极泰来，只有变才是唯一不变的真理。而人最难做到的是：清醒认识自己，清醒认识局势，或及早抽身，或坚持到底。

第十一则

澹泊明志　肥甘丧节

藜口苋肠①者，多冰清玉洁②；衮衣玉食③者，甘婢膝奴颜④。盖志以澹泊⑤明，而节⑥从肥甘⑦丧也。

【注释】

①藜口苋肠：藜 [lí]：植物名，藜科，一年生草本植物，也叫灰菜。茎直立，叶子略呈三角形，花小，黄绿色。高五六尺，嫩叶可以蒸煮吃。全草入药。苋 [xiàn]：植物名，苋科，一年生草本植物，茎叶粗壮，高二三尺，可供食用。藜口苋肠指吃粗粝的食物。

②冰清玉洁：形容人的品德像冰一样透明清澈，像玉一样纯洁无瑕。《新论·妄瑕》："伯夷叔齐冰清玉洁。"

③衮衣玉食：衮 [gǔn]：衮服，指中国古代天子祭祀先王时所穿的绣有龙的礼服，这里比喻华美的服饰。玉食：形容山珍海味等美食。这里衮衣玉食指华服美食的权贵。

④婢膝奴颜：也作奴颜婢膝，指自甘堕落而没有骨气。

⑤澹泊：澹这里读 [dàn]，本意是水波摇动迂缓之态，也指恬静、安然的样子。这里指清静寡欲，不追求

功名利禄。诸葛亮《诫子书》："非澹泊无以明志,非宁静无以致远。"

⑥节:品格、气节。

⑦肥甘:肥鲜美味之物,比喻物质享受。

【译文】

能享受粗茶淡饭的人,大多具有冰清玉洁的节操;而追求锦衣玉食的人,往往甘心卑躬屈膝。所以,人的高尚志向往往在淡泊名利中有所显现,而人的品格气节也往往会在贪图奢侈享受中丧失殆尽。

【点评】

据说《菜根谭》的名字是取自于宋儒汪信民的一句话:"人能咬得菜根,则百事可做。"

老百姓常说"百菜不如白菜",乍吃起来,白菜寡淡无味,但是如果摒除喧嚣、清肠静心之后细细品尝,却有一股难得的自然素朴的清香。张大千在《蔬果图》题跋中写道:"闭门学种菜,识得菜根香。撇却荤腥物,淡中滋味长。"——壁立千仞,无欲则刚。因为能耐得住寂寞,没有那么多的欲望,也不奢求锦衣玉食,自然就伟岸于天地,不屈膝卑躬于人。

曾经问过一个朋友,知识分子最值钱的是什么?他说:"清高。"能清心寡欲者,自然高风亮节。以前不懂,现在懂了。

第十二则

眼前放得宽大　死后恩泽悠长

　　面前的田地①要放得宽，使人无不平之叹②；身后的惠泽③要流④得久，使人有不匮之恩⑤。

【注释】

　　①田地：指心田，心胸。

　　②不平之叹：对事情有不平之感时所发出的怨言。

　　③惠泽：慈爱与恩泽。《汉书·郑崇传》："朕幼而孤，皇太后躬自养育，免于襁褓，教道以礼，至于成人，惠泽茂焉。"

　　④流：流传、流布。

　　⑤不匮之恩：匮〔kui〕：缺乏、断绝。不匮之恩：比喻常使后人思念的永恒恩泽。《诗经·大雅·既醉》："孝子不匮，永锡尔类。"

【译文】

　　人生在世，处理眼前的事情要开阔豁达、与人为善、放眼长远，让周围的人都没有愤怒和怨恨；百年之后留给世人和子孙的德泽，要流传长远，才会赢得后人无尽的怀念。

【点评】

　　有一首三毛作词、齐豫演唱的歌："每个人心里一亩田，每个人心里一个梦，一颗呀一颗种子，是我心里的一亩田。用它来种什么？种桃种李种春风，开尽梨花春又来……"佛教中有"心田"一词，意思是心中藏有善恶的种子，随缘滋长，就像田地里会生长出不同的嘉禾稗草。

多希望所有的时候，眼前都是碧野无边、心旷神怡。然而我们常常抱怨自己受到不公的待遇，受到诽谤、伤害、侮辱，在怨天尤人的同时，反躬自省，是否此前我们曾在心里种过不善的种子，也动过恶念，或者用这样的态度去对待别人，以致今天自食苦果？

有德行的人，会在心田里撒播正直、善良、柔和、包容。有了这些美好的种子，今生所及总会布满祥和喜乐，此后也留给了子孙后代无穷的恩泽。我们真的需要认真思量：究竟要在这亩田地里种下什么呢？

第十三则

路要让一步　味须减三分

径路①窄处，留一步与人行；滋味②浓的，减三分让人尝。此是涉世③一极安乐法。

【注释】

①径路：小路、狭窄的路段。《论语·雍也》："有澹台灭明者，行不由径。"径：小路也。

②滋味：味道。这里指好吃的东西。

③涉世：经历世事。此处指为人处世。

【译文】

在经过道路狭窄的地方时，要留一点余地让别人能走得过去；在享受美味可口的食物时，要留一些分给别人品尝。这就是一个人在为人处世时能够平安喜乐的不二法门。

【点评】

近年有一部非常流行的书，即山下英子所写的《断舍离》，从具体生活到整个身心，都给物质生活极大丰富的我们带来一次冲击。

心灵鸡汤里常说"舍得舍得，有舍才有得"。然而就算勾兑的鸡汤，也得喝了才有能量。事到临头，抱着好不容易到手的一大块肥肉，却要故作潇洒地分出去，也真不是那么容易。西楚霸王项羽可以流泪为士兵吮吸脓疮，却在奖励给下级的官印刻好的时候百般摩挲，舍不得给出去。所以韩信评价他"匹夫之勇，妇人之仁"。

　　为何在占上风的时候却要退让，在有资源的时候还要分享？因为人终究应该意识到：在世间走了一遭，最终我们所能占有的，几乎没有；我们所能享受的，又极其有限。不让、不舍，又待何为？此世不求安乐，终了两手一撒，舍不得，也都舍了。

第十四则

脱俗成名　超凡入圣

作人无甚高远事业，摆脱得俗情①便入名流；为学无甚增益②功夫，灭除得物累③便超圣④境。

【注释】

①俗情：世俗中追名逐利的念头。

②增益：增加，积累。

③物累：心为外物所困，受到功名利禄的纠缠和诱惑。

④圣：道德文章都达到最高境界。《管子·内业》："心全于中，形全于外，不逢天灾，不遇人害，谓之圣人。"

【译文】

做人不需要成就什么伟大的事业，只要能够摆脱追逐功名利禄的杂念，就可跻身于名流；做学问没有什么特别的诀窍，只要能够排除名利的诱惑保持宁静专注，便可达到圣贤的境界。

【点评】

简单总结一下，这两句是说做人为学，想要精益求精，需得脱俗超凡。

然而一个"俗"字，想要摆脱何其容易？万丈红尘芸芸众生，我们不都如热锅上的蚂蚁，每天折折腾腾？有谁不需要考学历、找工作、赚钞票、养老小呢？

需要。所以《菜根谭》说的是"脱俗情"，而不是"脱俗"，"除物累"，而不是"除物"。做一个俗人，拥有些俗物，没什么不好，也没什么不对。但是如果心思脑计，无时无刻不是既得利益；说话做事，到处都在锱铢必较，这就活得太沉太累了。

因此，大多数人就被拽扯着，升不到上一个层次，也永远不会成为真正的君子和贵族。

第十五则

义侠交友　纯心做人

交友须带三分侠^①气，做人要存一点素心^②。

【注释】

①侠：指有武艺、有能力的人不求回报地去帮助比自己弱小的人；也指见义勇为、拔刀相助、舍己为人的侠义精神和行为。

②素心：素：本意是指未经染色的纯白细绢，引申为未经点染的纯洁之物。这里指朴素纯洁的心地，也叫作赤子之心。陶渊明《归田园居》："素心正如此，开径望三益。"

【译文】

与人交往要带有一种患难与共、拔刀相助的侠义精神，为人处世要保留一颗质朴本色的赤子之心。

【点评】

孟子说："大人者，不失其赤子之心也。"越是高端的人物、伟大的人物，反而越素朴可亲、平易近人。传统文化强调返璞归真，反对矫揉造作。老子说："专气致柔，能婴儿乎？"《道德经》中多次用婴儿和水比喻大道，认为纯洁和柔弱反而可以战胜刚强。

《论语》中，有一次子夏问："巧笑倩兮，美目盼兮，素以为绚兮，何谓也?"孔子回答:"绘事后素。"子夏感慨，佳人眼波流转、笑靥如花;这样动人的美在于"以素为绚"，越是不矫揉造作、不刻意为之，清水出芙蓉、天然去雕饰的东西，越能散发出令人炫目的美。他将自己的感受到老师那里去印证，老师的看法和他是一致的:所有美好的绚烂的颜色，都要基于一个干净纯洁的底子，都要基于一种质朴天然的本色。

在孔子眼中，所有外在的一切，不管是惊人的美貌，还是惊天的功业，或者是恢弘的礼乐、豪华的仪式，如果没有淳朴仁厚之德，没有真挚自然之情，都变得毫无意义，都只是一个摆设，都显得苍白无力。

当然，《菜根谭》指出了一个度:三分侠气，一点素心。不要过于鲁莽不分场合，也不要单纯善良傻白甜。做人，既要有最基本的淳朴善良，也要有判别、智慧和力量。

第十六则

德在人先　利居人后

宠利^①毋^②居人前，德业^③毋落人后；受享毋逾^④分^⑤外，修为^⑥毋减分中。

【注释】

①宠利：恩宠、荣誉、金钱和财富。

②毋［wú］：不，不要。

③德业：德行、功业。

④逾：超过、超出。

⑤分：这里读［fèn］，意思是范畴、限度、尺度；这里指做人的本分。

⑥修为：修是涵养学习，修为即品德修养。

【译文】

个人的恩宠名利不要抢在别人前面，积德修身的事情却不要落在别人的后面。物质享受和获得的利益不要超过自己的本分和限度，修身养性时则一丝一毫也不要减少和降低应该遵守的标准。

【点评】

有一个成语叫"争先恐后"，特别适合于形容今天各个方面都竞争激烈的情形。

什么好事都怕落下，什么都不甘人后——可是我们的老祖宗恰恰常说"不敢为天下先"。尤其是人见人爱的名利之事，更不要积极抢占高地；因为在一片鲜花掌声当中，只有我们自己才知道，我真的行吗？我真的配吗？

德不配位、必有余殃。所以，真正智慧的人是把眼光和欲望收回来，观向自己：德行几何？修为几何？拥有、得到了这么多，是不是自己能担起来、值得的？

《诗经》说"战战兢兢，如履薄冰"；《易经》说"君子终日乾乾，夕惕若厉，无咎"。越是深刻认识到自我的人，越会检讨自己：所得的是否已经太多，而修为的是否还是太少？

第十七则

退即是进　与即是得

处世①让一步为高，退步即进步的张本②；待人宽一分是福，利人实利己的根基。

【注释】

①处世：行走世间，即一个人生活在茫茫人海中的基本做人态度。

②张本：根本、基本；进一步发展的基础。

【译文】

行走世间，谦退忍让才是高明的做法，因为退让往往是更好的进步的基础；待人接物，宽容大度就是有福之人，因为便利别人实际上是方便自己的根基。

【点评】

充满传统文化智慧的《菜根谭》，并不是像有些人所想的那样，只讲隐忍退让。它也讲如何进步、如何利己。

怎样的进步才更稳健、更牢固？《菜根谭》的智慧是：以退为进。兵法讲："欲先取之，必固予之。"不懂退让，不懂分享，不懂施舍，只会把自己的前路弄得越来越窄。

怎样的利己才更明智、更妥帖？《菜根谭》的智慧是：利人为先。人生如棋局，为对手搭桥，自己也可实现超越；截断他人的去路，自己往往进退维谷。

无疑，学会这样的进步和利己，我们才更高明、更有福德，也更有大气魄。

第十八则

骄矜无功　忏悔灭罪

盖世功劳，当不得一个矜①字；弥天②罪过，当不得一个悔③字。

【注释】

①矜：自负、骄傲、自以为了不起。《尹文子》："名者所以正尊卑，亦所以生矜篡。"《南史·邓绍叔传》："性颇矜躁，以权势自居。"

②弥：充满、覆盖。弥天：意思是满天、滔天。

③悔：忏悔，佛教用语，是一种自陈己过、悔罪祈福的仪式，引申为认识到了自身的错误，感到痛心，请人饶恕并决心改正之意。

【译文】

一个人即便有盖世的丰功伟绩，如果他居功自傲、自以为是，功劳很快就会消失殆尽；一个人即使犯下了滔天大罪，只要能虔心忏悔、改邪归正，也能赎回以前的罪过。

【点评】

人生在世，谁都希望建功立业，谁也不愿意错漏百出。可是建一时之功不等于一世之功，犯一时之错也不等于一世之错。

安住这个功业的根本，就在于时时提防一个"矜"字。这个"矜"字包含了骄傲、满足、自以为是。没有人是生来傲慢的，却总是在取得了一些成就后，就不知不觉没法正确评估自己。

人非圣贤，孰能无过。除非心已经冷硬如石，丝毫不知自己究竟做了何可怕之事；只要这颗心还有一丝柔软善良的地方，就会在某个刹那瞬间产生悔意，而这种悔意就如一束光，会照亮此后的路。

第十九则

完名让人全身远害　归咎于己韬光养德

完名美节①不宜独任，分些与人，可以远害全身②；辱行污名不宜全推，引些归己，可以韬光③养德④。

【注释】

①完名美节：完美的名声和高尚的节操。

②远害全身：远离祸害，保全性命。

③韬光：韬：本意是弓箭的套子、剑鞘，引申为掩藏。这里指敛藏光彩，比喻掩饰自己的才华。孔融《离合作郡姓名字诗》："玟璇隐曜，美玉韬光。"

④养德：修养德行。诸葛亮《诫子书》："君子之行，以静养身，以俭养德。"

【译文】

完美的名誉和高尚的节操，不要一个人独自拥有，和别人一起分享，才不会惹发他人的猜疑或者忌恨，远离灾祸、全身保我；有辱操行和败坏名誉的事，也不要推卸得一干二净，应该自己主动承担几分，才能避免锋芒太露，有利于蕴养德行。

【点评】

追求完美的强迫症，在今天的现代人身上可以说是越来越普遍，所以人们活得越来越累。披挂着华丽的外衣，却如枷锁一般桎梏一生。

如果认识到人生本来残缺，没人可以完美，就会瞬间释然，也会变得聪明睿智，把身上的那些华丽的锁链分些与人。

认识到人生本来残缺，也许还不够。有人说，只有去了医院和墓地，才会明了人生的真相——只不过是一具具同时兼有丑陋、脏污、秽垢的肉身——只有到了这个时候，才知所谓的长短高下，都没有什么根本区别；才会当受到委屈和侮辱时，淡然以待。

第二十则

天道忌盈　卦终未济

事事留个有余不尽的意思，便造物①不能忌我，鬼神不能损我。若业②必求满，功必求盈③者，不生内变，必招外忧④。

【注释】

①造物：指造物主，创造天地万物的神。《庄子·大宗师》："伟哉夫造物者，将以予为此拘拘也。"造物也称造化，指伟大广袤的宇宙与自然。

②业：功业，《易·系辞》："富有之谓大业。"事业，《易·坤卦》："畅於四支，发於事业。"基业，《孟子》："创业垂统。"学业，《礼·曲礼》："所习必有业。"

③盈：饱满、充满。

④外忧：外来的攻讦、忌恨。

【译文】

如果做任何事都留有几分余地，那样即使是全能的造物主也不会忌恨我，鬼神也不能对我有所伤害。如果事业上追求完美无缺，功业上追求至高无上，那么即使不爆发内乱，也必然招致外患。

【点评】

在传统春节习俗中，我们常说"年年有余"。如此看来，这绝不是一句套话，而有着很深的大智慧，那就是盈满必亏，物极则反。

孔子曾经在鲁桓公之庙中看到一种欹器："虚则欹，中则正，满则覆。"这种奇异的容器类似沙漏，空虚时就歪斜着，注入正好的水它就端正，水放太多了又自动向另一边倾倒。它被鲁国之君放在宗庙中，作为座右铭警示自己。孔子感慨："恶有满而不覆者哉！"怎么会有太满了而不倾覆的呢？

中庸之道讲过犹不及，太极端的欲望和追求往往是祸患之源，信然。

第二十一则

人能诚心和气　胜于调息观心

家庭有个真佛①，日用有种真道②，人能诚心和气，愉色③婉言，使父母兄弟间形骸④两释⑤，意气⑥交流⑦，胜于调息⑧观心⑨万倍矣！

【注释】

①真佛：真正的佛，这里指真正的信仰。

②真道：真正的原则和真理。

③愉色：脸上显现出的和悦愉快的神色。《礼记·祭义》："有和气者必有愉色，有愉色者必有婉言。"

④形骸：有形的肉体，躯壳。《庄子·天地》："汝方将忘汝神气，堕汝形骸，而庶几乎？"

⑤两释：释：消除。这里指人与人之间互相释然，毫无心理隔阂。

⑥意气：这里指精神，神色。《史记·管晏列传》："意气扬扬，甚自得也。"

⑦交流：相互沟通、相互了解。

⑧调息：修身养性的方法之一，也称为气功要旨。调有调和、调整、调理之意。息字的古意有三：1. 指精神。2. 指呼吸。3. 指呼吸间的停顿。

⑨观心：道家养生与修炼的根基，指观察、觉察自

己的起心动念，由此向善去恶，悔过省己，逐渐做到念头空明、不生妄想，进而调护身体、益寿延年。

【译文】

家庭里应该有一个真正的信仰，日常生活中应该遵循一个真正的原则，那就是人与人之间的坦诚以待、心平气和，神色愉悦、言辞温婉。如果能做到这样，那么父母兄弟之间就会丝毫没有隔阂，心意和情感沟通融洽，这比起坐禅调息、观心内省还要强上千万倍。

【点评】

在《论语》所有关于"孝"的问答中，我印象最深的就是孔子回答子夏所说的两个字："色难。"

给父母花钱、带他们去看病、给他们买房子，也许都还算容易，但是面对他们，能始终保持一个好脸色，却非常不容易。所以《菜根谭》才说，"诚心和气、愉色婉言"是家庭中的真佛。

很多道理八岁就知道，八十岁却未必做得到。就这简简单单的八个字，值得我们终生奉行。

第二十二则

动静合宜　道之真体

好动者，云电风灯①；嗜寂者②，死灰槁木③。须定云止水④中，有鸢飞鱼跃⑤气象，才是有道的心体⑥。

【注释】

①云电风灯：云层中瞬间即逝的闪电，狂风中摇曳不定的灯盏。这里形容短暂、飘忽而不稳定的状态。

②嗜寂者：嗜：嗜好。特别喜欢寂静的人。

③死灰槁木：死灰：火熄灭后的灰烬；槁木：枯槁的树木，比喻毫无生机之物。《庄子·齐物论》："形固可使如槁木，而心固可使如死灰乎。注：'死灰槁木，取其寂静无情耳。'"

④定云止水：定云：安定地停驻一处的云彩；止水：静止而不流动的水。比喻极为宁静的心境。

⑤鸢飞鱼跃：鸢：老鹰。鹰在天空飞翔，鱼在水中腾跃。形容万物各得其所。《诗·大雅·旱麓》："鸢飞戾天，鱼跃于渊。"引申为君子修其乐易之德，上及飞鸟，下及渊鱼，无不欢欣愉悦。

⑥心体：心的本体。古时以心为思想的主体，认为不论是精神还是肉体都是受心的主宰。王阳明《传习

录》："先生尝语学者曰：心体上着不得一念留滞，就如眼着不得些子尘沙。"

【译文】

生性好动的人就像云中的闪电和风中的孤灯一样，飘忽不定；而一个嗜好寂静的人就像火种熄灭的灰烬和枯枝槁木一样，毫无生机。这两种情形都过于极端。一个人的状态，应该像在安定的云中有飞翔的鸢鸟，在静止的水中有跳跃的鱼儿，动静相宜，顺随天地，这才符合有道者的精神境界。

【点评】

"须定云止水中，有鸢飞鱼跃气象"——能形容这种境界的，恰如王维之诗。

"行到水穷处，坐看云起时"，极为空灵静美；然而"木末芙蓉花，山中发红萼。涧户寂无人，纷纷开且落"，又无时无刻不充满了自然的生机和律动。

能够刚刚好拿捏自己状态的人，也有如此这般的魅力，所谓"静如处子、动如脱兔"，就是形容一个人安静起来平和沉默，活跃起来机敏灵动。而拿捏不好这种状态的人，则有时过于躁急无常，有时过于死气沉沉。

归根结底，人生之境自己造，能把握自我状态的人，才会把控人生。

第二十三则

攻人毋太严　教人毋过高

攻①人之恶②毋③太严，要思其堪受④；教人以善毋过高，当使其可从。

【注释】

①攻：攻击、指责。

②恶：指缺点、隐私。

③毋：相当于"无"，不要。

④堪受：能否接受。

【译文】

批评别人的缺点不要太严厉，要考虑到他人是否能够承受；指导别人向好的方向发展，也不要苛责过高，使其感到太为难，应当考虑到他人能否做到和依从。

【点评】

儒家讲"人伦"，自古以来非常注重人与人之间关系的和谐。所谓"君臣、父子、夫妇、兄弟、朋友"，在传统文化的智慧中有很多与人交往的艺术。

如果是上对下、长对幼、尊对卑，该怎样施行批评和教诲？《菜根谭》的建议是："毋太严，毋过高"。这两点甚至在今天都很有借鉴意义。

人和人的出身、背景、立场、观点，没办法完全相同，所以承认差异性，并且因人、因时、因地制宜，几乎是每一个为长者、居上者、为尊者的必备常识。只有用对方能接受的方式方法，才能起到应有的效果，这也是今天做父母、当领导的一门艺术。

第二十四则

净从秽生　明从暗出

　　粪虫①至秽②，变为蝉③而饮露于秋风④；腐草无光，化为萤⑤而耀采于夏月。因知洁常自污出，明每从晦生也。

【注释】

　　①粪虫：粪：粪土或尘土，粪虫是尘芥中所生的蛆虫。

　　②秽：脏污、秽臭。

　　③蝉：又名知了，幼虫在土中吸树根汁，蜕变成蛹后而登树，再蜕皮成蝉。郭璞《尔雅土赞》："虫洁可贵为蝉，潜蜕弃秽，饮露恒鲜，万物皆化，人故不然。"

　　④饮露于秋风：蝉不吃普通的食物，只以喝露水为生，古代以此为高洁之象征。《淮南子·坠形训》："蝉饮而不食。"

　　⑤化为萤：古人传说腐草能化为萤火虫。《礼记·月令》："季夏三月……腐草为萤。"

【译文】

　　粪土中的蛆虫是最肮脏的，可是它一旦蜕变成蝉后，却在秋风中以吸饮洁净的露水为生；腐败的草堆本身是不会有光泽的，可是它孕育出的萤火虫却在夏夜里闪耀出荧荧光亮。从这些自然现象中可以悟到：洁净的东西总是出自污秽之中，而光明常在黑暗中潜藏。

【点评】

这一段忽然让人想起一部经典的电影：《肖申克的救赎》。当处于被诬陷、被侮辱、最卑微、最低下的境地的时候，该如何去做？

其中的台词说："不要忘了这个世界穿透一切高墙的东西，它就在我们的内心深处，他们无法到达，也接触不到，那就是希望。""有些鸟是注定不会被关在笼子里的，因为它们的每一片羽毛都闪耀着自由的光辉。""每个人都是自己的上帝，如果你自己都放弃自己了，还有谁会救你？"

所以，即使在最黑暗的日子里也要坚持。只要不放弃希望，总会化腐朽为神奇的那一天。

第二十五则

客气伏而正气伸　妄心杀而真心现

矜高倨傲①，无非客气②，降服得客气下，而后正气③伸；情俗意识④，尽属妄心⑤，消杀得妄心尽，而后真心⑥现。

【注释】

①矜高倨傲：矜高：自以为高、骄傲自大；倨傲：态度高傲、对人怠慢。《管子·四称》："无道之臣……倨傲不恭，不友善士。"

②客气：中医指外邪侵入体内。《素问·标本病传论》："人有客气，有同气。"这里指虚浮矫饰之气，非至真至诚之气。

③正气：中医指真气。是生命机能的总称，通常与邪气相对。这里指充塞天地之间的至大至刚之气。体现于人则为浩然的气概，刚正的气节。

④意识：是人脑对大脑内外表象的觉察。心理学上指精神觉醒状态，例如知觉、记忆、认识、想象等一切精神现象。佛教用语中指"六识"之一，即由意根所起之识，亦称法识。章炳麟《国故论衡·辨性上》："意根之动，谓之意识。"这里指由于七情六欲扰动而引起的心理活动。

⑤妄心：虚妄的心念，佛教中指凡夫贪恋六尘境界的心。认为人的"意识"是在色识、声识、香识、味识、触识的基础上，根据对色声香味触的喜好加以判断和裁定；所有一切被外在幻象所蒙蔽的妄心均产生于"意识"。

⑥真心：佛教用语。谓真实无妄之心。契嵩《〈坛经〉赞》："心有真心，有妄心，皆所以别其正心也。"

【译文】

一个人表现得心高气傲、目中无人，无非是一种不能真实面对自己的骄矜、虚浮之气，只有消除这种矫揉造作之气，至真至诚、刚直无邪的浩然正气才会出现；一个人心中的七情六欲、种种心理活动，都是由于虚幻无常的妄心所致，只有消除这种虚妄、混乱的妄心，真实平静、常住不变的真心才会显现出来。

【点评】

苏格拉底说：know your self。认识自己，也许对人类来说，是一个穿越时空、永恒存在的问题。

我们常常误以为自己是谁，常常妄自尊大、自以为是；也常常把种种欲望想法误以为就是真实的自己。而在智者看来，这些无非都是来自外界的评判、影响和干扰，无非都是随起随灭的虚幻之象。

什么是正气？什么又是真心？

文天祥《正气歌》云："天地有正气，杂然赋流形，下则为河岳，上则为日星，于人曰浩然，沛乎塞苍冥。"正气能够贯穿肝脾骨髓，人有此气，自能凛然矗立、邪气不侵；天地有此气，自然风调雨顺、万物和谐。

《楞伽经》以海水与波浪喻真妄二心：海水常住不变，是为真；波浪起伏无常，是为妄。众生之心，对境妄动，起灭无常，故皆是妄心。原来，我们的贪嗔痴慢疑、喜怒哀惧怨，不过都是"对境妄动"、"起灭无常"；但我们却总以为其真实，于是就这样被操控，一生颠沛于情欲妄想的波峰浪谷。

人之一生，能扶养得正气，能守持住真心，庶几无祸矣！

第二十六则

事悟而痴除　性定而动正

　　饱后思味，则浓淡之境都消；色后思淫，则男女之见尽绝。故人常以事后之悔悟，破临事之痴迷①，则性定②而动无不正③。

【注释】

　　①痴迷：痴：极度迷恋某人或某事物；迷：对某人或者某事物过于喜爱，情不自主。痴迷是指虽只见到某人或事物的一面，但仍然全身心投入，极度迷恋不能自拔，无法作出全面、明智的判断。

　　②性定：性：本然之性，即真心；定：安定，不动摇。性定，即中道的本体，本性安定不动；指在内没有妄想，在外没有贪求，内外身心都清净的境界。

　　③不正：不符合正轨、出格。

【译文】

　　酒足饭饱之后，即使再品尝山珍海味，也感觉不到食物的浓香美味；鱼水之欢之后，再回想淫邪之事，也无法激起男欢女爱的念头。所以人们如果经常能用事后的醒悟和后悔的心情，来破除面临另一件事情开始时的迷恋和痴妄，那么就可以身心清净，所作所为没有不符合常轨而不正确的。

【点评】

所谓痴迷，就是明知此事、此人不可能、不可得，却依然无法自拔、失去自我。

如何破？《菜根谭》说，若能"以事后之悔悟"来破，就会恢复明智的心性。

如何事未发生，却要以事后的悔悟来警醒？愚钝的人，只能亲身实验，撞了南墙再回头；然而如果事情已发生，悔悟也无用了。慧敏的人，或许可以想见事后的"不过如此"和索然无味，从而放下对当前、眼下的执着。

执着一放下，清净心就起来了。

第二十七则

轩冕客志在林泉　山林士胸怀廊庙

居轩冕①之中，不可无山林②的气味；处林泉③之下，须要怀廊庙④的经纶⑤。

【注释】

①轩冕：轩〔xuān〕：古代的一种有帷幕而前顶较高的车；冕〔miǎn〕：古代帝王、诸侯所戴的礼帽。古代礼制规定，大夫以上的官吏，每当出门时都要穿戴礼服、礼帽，乘坐马车。轩冕原指车乘和冕服，后引申借指官位爵禄、达官显贵。陶渊明《感士不遇赋》："既轩冕之非荣，岂缊袍之为耻。"

②山林：有山岭和树木的地方。语出《周礼·地官·大司徒》："辨其山林、川泽、丘陵、坟衍、原隰之名物。"泛称田园风光或山野之趣，借指隐居。苏轼《王安石赠太傅制》："方需功业之成，遽起山林之兴。"

③林泉：同"山林"之意。

④廊庙：指殿下屋和太庙，后代指朝廷。这里比喻在朝从政做官。《战国策·苏秦以连横说秦》："式于廊庙之内，不式于四境之外。"

⑤经纶：整理丝缕、理出丝绪和编丝成绳，比喻筹划治理国家大事。《易·屯》："君子以经纶。"《礼·中

庸》："惟天下至诚，为能经纶天下之经。"朱熹："经者，理者绪而分之，纶者，比其类而合之。"

【译文】

身居权贵要位、享受高官厚禄的人，不能没有退隐山林的澹泊潇散之气；而幽居山林清泉、闲雅清净的人，也应该胸中怀有经世济国的高远志向和远大理想。

【点评】

"达则兼济天下，穷则独善其身"，这是历来文人士大夫的处世金律。只是，在走投无路的时候修养自己，在志意实现的时候惠泽苍生，也还算简单。难能可贵的是，能在"达"时心中不忘"穷"，在"穷"时仍不放弃"达"。

也就是说，就算高官厚禄，然其心思并不在此，轩冕也可，山林也可。就算箪食壶饮，然其心思也不在此，陋巷也可，廊庙也可。这样的人才能不因处上位而得意忘形，不因居下位而失意失态。

能够洞彻世事的无常真相，不贪恋权势富贵，又能保持一定的理想热度和追寻，心怀家国天下；这，才应该是一个知识分子的理想状态。

第二十八则

无过便是功　无怨便是德

处世不必邀①功，无过便是功；与人②不求感德③，无怨便是德。

【注释】

①邀：求取、博取。

②与人：施恩于人、相助于人。

③感德：感激他人的恩德。据《诗经·小雅》篇："忘我大德，思我小怨。"

【译文】

为人处世不必费尽心思去博取功名，其实只要能够避免错误，就已经是在慢慢建功立业；帮助别人不要奢求对方感恩戴德，其实只要没有在他人心中留下怨恨，就已经是在不知不觉中积累功德。

【点评】

做人最难得的状态是：自然。

很多事情，一旦刻意，就已经在心里种下了不好的种子。求来的恩荣、要来的感动，终究不是符合天地人生的自然大道，当然不会长出福慧双全的果子，就算有也不会保持长久。

　　所以很多事，如果心中觉得对，就去做；既然去做，就全身心付出，不瞻前顾后、患得患失，不计算结果和回报。否则，还是别做。

第二十九则

作事勿太苦　待人勿太枯

忧勤①是美德，太苦则无以适性怡情②；澹泊③是高风④，太枯⑤则无以济人利物⑥。

【注释】

①忧勤：多指帝王或大臣为国事而忧虑勤劳，出自《诗经·小雅·鱼丽》："始于忧勤，终于逸乐。"这里指殚精竭虑、绞尽脑汁和体力去做事。

②适性怡情：适：调整、调节；怡：和悦喜乐，使人心神愉悦。这里指调整心性、陶冶性情。

③澹泊：清净寡欲，不追求功名利禄。《三国志·魏书·管宁传》："玄虚澹泊，与道逍遥。"

④高风：高尚的风骨或高风亮节。

⑤枯：已经枯萎、丧失生机的树木。此处有毫无情趣、不近人情的意思。

⑥济人利物：济：帮助、救济；利：利益、益处。这里指助人利他、有益社会和国家。

【译文】

勤劳多思是一种良好的美德，但如果过于认真、把自己弄得太苦，就无助于陶冶性情，而使生活失去乐趣；清净寡欲本来是一种高尚的情操，但如果弄得过分枯燥、毫无生机，就根本不能有益于他人和社会。

【点评】

看到这一条，忽然反思了一种现象：有的人非常吃苦耐劳、勤俭肯干、操心费力，自己很辛苦，也累得够呛。可是本希望干完这些活就能休息，弄完那些事就能放松，却始终没完没了。自己折腾得身心俱疲，跟他在一起的人也都感觉紧张、压力大、不舒服，时间长了反而不招人稀罕。

到底是为什么呢？

这样的人很委屈，我究竟做错了什么？什么都没有错，只是太过用力、太过用心。仿佛橡皮筋拉得太紧，整天只剩下皱着眼眉心忧家国天下的苦相了。

有四个字："悠哉悠哉"，其实挺好。它反映出的是大事临头也不慌不忙、从容潇洒的劲头，总是张弛有度、幽默达观，让跟他在一起的人也感觉到轻松和舒服。

也许，这样的人更受欢迎。

第三十则

原谅失败者之初心　注意成功者之末路

事穷势蹙^①之人，当原其初心；功成行满^②之士，要观其末路^③。

【注释】

①势蹙〔cù〕：蹙：紧迫、急迫。这里指情势紧迫、穷途末路。

②功成行满：功名事业有所成就，所作所为顺利圆满。

③末路：原指路的终点，这里指一个人的晚年或者事业的末期。

【译文】

对于在事业上遭受挫折、处境窘迫的人，应当体察他当初的本意和最初的意愿；对于事业功成名就、事事顺遂圆满的人，则要观察他此后的道路上能否坚持初心。

【点评】

有句话叫作"莫以成败论英雄"，然而世间人偏偏习惯了以成败论英雄，而且是以眼前可见的成败来论。

且不论古人，就是当今的商海起伏，也有太多成王败寇的例子，当然更有卷土重来或者绝地反弹的例子。

很多一度位于风云之巅、志得意满的人物，到后来销声匿迹，甚至锒铛入狱、潦倒不堪；也有很多轰然倒塌、前功尽弃的人物，反过来再度崛起，又创辉煌。

懂得了这些，识人看人也许就能有点长远的眼光；评判一个人，也不会过于极端和绝对。

第三十一则

富者应多施舍　智者宜不炫耀

　　富贵家宜宽厚，而反忌刻^①，是富贵而贫贱其行矣，如何能享？聪明人宜敛藏^②，而反炫耀，是聪明而愚懵^③其病矣，如何不败？

【注释】

　　①忌刻：忌：猜忌、嫉妒；刻：尖酸刻薄、寡情少恩。

　　②敛藏：敛：收敛、聚拢、敛束；指为人处世韬光养晦、深藏不露。

　　③懵［měng］：《说文》："懵，不明也。"本意是昏昧无知，也指一时的心乱迷糊、心神恍惚，对事物不能正确判断，不明事理。

【译文】

　　豪门权贵之家对待他人应该宽容仁厚，如果反而刻薄挑剔，那么就算是身处富贵之中，其行为和贫贱无知的人毫无二致，又如何能够长久享受荣华优渥的生活？聪明而有智慧的人应该懂得收敛掩藏自己的才华，如果反而炫耀显摆，其毛病就和愚蠢无知的人没有什么区别，他的事业怎么能不走向失败呢？

【点评】

富贵家不宽厚，聪明人不敛藏；他们都有一个通病，那就是过于倚恃自己的"资财"，不知不觉中就有种傲慢和骄横。

试想，富贵能有几世？古语说"富不过三代"。照此规律，那些嘴尖皮厚腹中空的富二代富三代又有何可以自负？

另外，"聪明"两个字更可怕。古语说"聪明反被聪明误"。传统社会一直不喜欢显得特别聪明的人，这样的人往往容易早早被人嫉妒，早早竖起靶子等着挨揍，而且容易让他人都显得像傻子一样，更不招人喜欢。

如此看来，"有财"和"有才"，哪个都不值得以此为傲。谦虚谨慎、戒骄戒躁，才是正路。

第三十二则

居安思危　处乱思治

居卑①而后知登高之为危，处晦②而后知向明之太露；守静③而后知好动之过劳，养默④而后知多言之为躁⑤。

【注释】

①居卑：卑：低下。指身处低微的地位和境地。

②处晦：晦：昏暗，不明亮。指位于幽暗之中。

③守静：安守寂静、缄默、淡然的状态。

④养默：默：安静，沉默寡言。指涵养一种静默安然的境界。

⑤躁：不安、急促、不沉稳。《论语·季氏》："言未及之而言谓之躁。"

【译文】

只有先站在低下、卑微之处，才能明白攀登高处、身居高位的危险；只有身处在幽晦、黑暗的地方，才能知道身披光环、过于刺目的暴露；安守宁静的状态，才知道辛苦奔波的操劳；涵养沉默的心性，才懂得多言多语的烦躁不安。

【点评】

人往往是这样，在年轻的时候，经历的事情不多，初生牛犊自以为是，因此喜欢登高，喜欢露脸，喜欢多动、多说，总之是喜欢一切能显扬自己、突出自己的东西。

因此，争光、尖锐、向上、努力、拼搏，这样的字眼总是与年轻有关。

往往是在经过了更多的磨砺与锤炼，见了更多、得了更多，也失了更多、懂了更多之后，才知道低调、内敛、沉静、温和的真正重要和高贵。

孔子说"温良恭俭让"，真正懂得这句话含义的人，知道这不是一种没有锋芒的存在，而是真正的贵族气质。

第三十三则

人能放得心下　便可入圣超凡

放得功名富贵之心下，便可脱凡^①；放得道德仁义之心下，才可入圣^②。

【注释】

①脱凡：脱：超脱、摆脱；意思是超脱凡俗、超然世外。

②圣：圣贤，指品德高尚、才智超凡，践行了儒家生命理想，且对历史和社会有伟大贡献的人物。宋濂《送东阳马生序》："既加冠，益慕圣贤之道。"

【译文】

如果能够放下追逐功名富贵的心思，就可超越尘世、超凡脱俗；只有抛弃、摆脱对所谓仁义道德的热衷，才能够达到圣贤一般的境界。

【点评】

超凡脱俗、追慕圣贤，也许是每一个俗人心中的梦想。

当年苏秦终于佩六国相印、衣锦还乡的时候，眼见着曾经在自己潦倒时"妻不下紝、嫂不为炊、父母不与言"的家人们，纷纷低眉顺眼、卑躬屈膝，不由得仰天感慨："人生在世，何能没有功名富贵？"

今天的人们仍在万分疑惑地追问：没有功名富贵，如何混在世间？

请注意，《菜根谭》说的不是"没有"，也不是"不去追求"，而是"放得功名富贵之心下"，"放得道德仁义之心下"。

往往目的性太强的时候，却反而被其所制；结果是小富小贵有可能，再提升一步就会处处掣肘、处处尽显逼仄之气。所以，该做的去做，该追求的去追求，却不足以此为目的和标榜才能登上更高层次的人生境界。

第三十四则

我见害于心　聪明障于道

利欲未尽害心，意见①乃害心之蟊贼②；声色③未必障④道，聪明乃障道之藩屏⑤。

【注释】

①意见：本意是人们对事物所产生的看法、想法、见解；这里指偏狭、狂妄、自以为是的看法和见解。

②蟊贼：蟊 [máo]：指多种危害禾苗，专吃庄稼根部的害虫。《尔雅》："食苗心曰螟，食叶曰螣，食根曰蟊，食节曰贼，四蝗虫名也。"《诗经·小雅·大田》："去其螟螣，及其蟊贼。"这里比喻盗食公共资产或国家财产，危害人民和社会的败类。

③声色：指淫靡的声音和美丽的女色。《礼记·月令》："（仲夏之月）止声色，毋或进。疏：'声色者，歌舞华丽之事。'"这里指沉湎于奢靡享乐的颓废生活。

④障：屏障、阻碍。

⑤藩屏：屏障、藩篱，或保卫国家的重臣。

【译文】

名利和欲望未必会彻底伤害自己的本心本性，而刚愎自用、偏狭不当的想法、看法才是有害身心的毒虫；淫乐美色不一定会成为人生途中、前进路上的屏障，但自以为是、自作聪明却是追求真理、悟道修德的最大障碍。

【点评】

还是那句话：认识自己，是这世上最难的事情。

我们只知名利欲望害人，只知声色犬马误人；却没注意，自以为是、自作聪明，恰如一叶障目、不见泰山。

佛教说人生五毒是"贪嗔痴慢疑"。就像那个禅宗故事：一个人去求法，禅师只是不断向他杯子里注水。他说：师傅，杯子里的水已经满了，向外溢了啊。禅师说：对，你的杯子里装了满满的水而来，我还能往里倒什么呢？

只要有一点傲慢心在，就阻断了通往智慧和清明的道路。于匹夫如此，于家国如此，于人类更如此。放下自负和傲慢，懂得谦卑和敬畏，才能给自己一条生路。

知退一步之法　加让三分之功

人情①反复，世路崎岖②。行不去处，须知退一步之法；行得去处，务加让三分之功③。

【注释】

①人情：指人与生俱来的各种情绪、欲望。《礼记》："何谓人情？喜、怒、哀、惧、爱、恶、欲，七者弗学而能。"也指人之常情、人与人之间的关系、情谊、情面等。《史记·太史公自序》："人情之所感，远俗则怀。"

②崎岖：形容地面高低不平，这里比喻社会复杂、人生艰难。

③功：功劳、成绩、本领、能耐。这里指胸襟和美德。

【译文】

人情冷暖变化无常，人生道路颠簸不平。当我们遇到行不顺、走不通的地方，必须明白退让一步的做人道理；而在事事得意、道路四通八达时，也一定要记得让给他人三分好处和便利，只有具备了这种胸襟和美德，遇事才能逢凶化吉，一帆风顺。

【点评】

如果把《菜根谭》及其包含的传统文化智慧，全都理解为谦虚、隐忍、退让，也是不对的。

用心的人，会看到《菜根谭》讲的是"行得去"、"行不去"、"退一步"、"让三分"。它非常了解，人行在世间，三十年河东、三十年河西的高高低低的状态；了解"无常"就是人生的真相。所以自然明白，没有人总是一路坦途、前景无忧，总有行得去、行不去的时候。当我们对人生世事有了这个基本清醒的认识的时候，就会明白，为人做事要因地、因时制宜，合理拿捏状态。

所以，总的原则是"退"。退，才能海阔天空，给自己一个回旋的余地和休养生息的空间。然而其中有的时候是"退一步"，有的时候是"让三分"；有理、有利、有节，既牢牢地占有领地，又有谦谦君子之风。

第三十六则

对小人不恶 待君子有礼

待小人①不难于严，而难于不恶②；待君子不难于恭，而难于有礼。

【注释】

①小人：泛指一般地位卑微或者无知的人，此处指人格卑下、品行不端的人。《史记·项羽本纪》："今者有小人。"

②恶［wù］：表示讨厌，憎恨。《论语·里仁》："惟仁者能好人，能恶人。"

【译文】

对待品行不端、心术不正的小人，抱以严厉苛刻的态度并不难，困难的是不憎恶他们；对待品德高尚、端正纯洁的君子，抱以恭谨庄敬的态度并不难，困难的是对待他们要符合"礼"的规范。

【点评】

"小人"和"君子"是传统文化经典中经常提到的两类人物，但其实我们很难划分，因为没有人在脑门上贴标签，而我们自己本身就同时兼有小人和君子两种属性。

明白了这一点，也许就能知道如何对待别人。"他者"实际上是我们自己的"照见"。也就是，当我们遇见所谓"小人"的时候，心中升起厌恶之情；然而不知道，其实他就是我们所讨厌、唾弃的自我映像的一部分。而当遇见"君子"时，我们又往往自惭形秽、手足无措，也并不知道，他就是我们所能提炼和升华的自我映像的一部分。

知此，则不会非倨则恭、非抑则扬。

第三十七则

留正气给天地　遗清名于乾坤

宁守浑噩①而黜②聪明，留些正气③还天地；宁谢纷华④而甘澹泊，遗个清白在乾坤⑤。

【注释】

①浑噩[è]：同浑浑噩噩，一般形容糊里糊涂，愚昧无知；这里指人类天真淳朴的本性。扬雄《法言·问神》："虞夏之书浑浑尔，商书灏灏尔，周书噩噩尔。"浑浑：迷糊，不清醒；噩噩：严肃正大貌。

②黜[chù]：摒除。《左传·昭公二十六年》："成黜不端，以绥定王家。"

③正气：即孟子所说的浩然正气。《孟子·公孙丑》上："敢问何谓浩然之气？曰：难言也，其气也，至大至刚，以直养而无害，则塞于天地之间。其为气也，配义与道。"文天祥《正气歌》："天地有正气，杂然赋流形。"

④纷华：繁缛富丽的景色。《史记·礼书》："出现纷华盛丽而说，入闻夫子之道而乐，二者心战，未能自决。"欧阳修《读书》诗："纷华暂时好，俯仰浮云散。"

⑤乾坤：《易·说卦》："乾，天也，故称乎父；坤，地也，故称乎母。"乾坤，象征天地、阴阳等。成公绥《天地赋》："天地至神，难以一言定其称，故礼而言之，

则曰两仪，假而言之，则曰乾坤。"

【译文】

做人宁可保持淳朴天然、毫无机心的本性，而摒除抛弃后天的巧诈聪明，以便留一点浩然正气还给赋予灵性的自然；做人宁可谢绝俗世富丽繁华的诱惑，甘心过着清虚恬静的生活，以便留一个纯洁清白的声名还给孕育本性的天地。

【点评】

《庄子》中有一个极其深刻的寓言：

南海的帝王叫作"倏"，北海的帝王叫作"忽"，中央的帝王叫作"浑沌"。倏和忽常常一起在浑沌的居地相遇，浑沌对待他们非常友好，倏与忽商量着报答浑沌的恩情，说："人都有七窍，用来看（外界），听（声音），吃（食物），呼吸（空气），唯独浑沌没有七窍，（让我们）试着给他凿出七窍。"于是倏和忽每天替浑沌开一窍，到了第七天，浑沌就死了。

这里的"浑沌"，指的是冲塞于天地之间、无所不在的元气，或者说真气、正气。也就是说，真正纯粹自然的东西，是不需要那么多的小道末技、聪明机巧来装点的。装点得越多，修饰得越多，就距离本真越远。所以，人类总是在看似辛苦的努力之后，往往亲手毁了原本无缺的天然。

这样的自作聪明和痛苦教训太多，是该清醒了。

第三十八则

伏魔先伏自心　驭横先平此气

降魔①者先降自心，心伏则群魔退听②；驭横③者先驭此气④，气平则外横⑤不侵。

【注释】

①降魔：降：降服。魔：本意是鬼，也是梵语"魔罗"的简称，意译为"夺命障碍，扰乱破坏"。根据佛经《智度论》："除诸法宝相，余残一切法，尽名为魔。问曰：何以名魔；答曰：夺慧命，道法功德善本，是故名为魔。"此处指妨碍修行、阻挡正道的利、乐、欲、怒、恼、诈等一切魔障。

②退听：指俯首听命。

③驭横：驭：控制、掌握之意。横：不合正道的事。这里的意思是控制不顺理的外物。

④气：指情绪、精神状态。《孟子·公孙丑》："气，体之充也。"诸葛亮《出师表》："恢弘志气。"

⑤外横：意指那些外来纷乱的事物。

【译文】

要想降伏恶魔，必须首先降伏自己内心的邪念，只有把自己内心的邪念降伏了，那么所有的恶魔自然会被制服，一切邪恶都不起作用。要想驾驭住不合理的横逆之事，必须首先驾驭自己的浮躁之气，只有把自己的心浮气躁控制住了，那些外来的纷乱事物才不会侵入。

【点评】

如果一个人无论何时都能做到心平气和，则基本上可以有一个相对不错的人生。

"心"和"气"看似简单，却是最难征服的敌人。所以传统文化的智慧告诉我们：第一，不要以为这世界待我如此不公，设置种种魔障、种种挫折；第二，即便有种种魔障和挫折，都要认真反思一下，是否"我"是招致这种种阻厄的主要原因？第三，把怨天尤人之念，转向自我反观和内在反省。

老老实实、踏踏实实，认真修炼心性、调整情绪；也许不知不觉中，很多困扰我们的东西就可以慢慢消退。

第三十九则

种田地须除草艾　教弟子严谨交游

教弟子①如养闺女，最要严出入、谨交游。若一接近匪人②，是清净田中下一不净的种子，便终身难植嘉禾③矣！

【注释】

①弟子：同子弟。并不专指师徒之间的弟子。

②匪人：泛指行为不端的人。

③嘉禾：长得特别高大茂盛的稻谷。《论衡·讲瑞》："嘉禾生于禾中，与禾中异穗，谓之嘉禾。"

【译文】

教育子弟就好像养闺阁中的女儿一样，最重要的是严格管束其生活起居，与人交往要谨慎。一旦结交了品行不端的人，就好像在美好的土地中播下了一颗不良的种子，这样就永远也种不出好的庄稼了。

【点评】

一直以来，"圈层"决定了一个人的人脉关系、社会定位，甚至个人气质、家庭组成和子女成长。所以，与什么样的人交往，有什么样的朋友圈，不能不说影响至深。

中国传统的家风、家训，历来重视这一方面。《颜氏家训·慕贤》中说："是以与善人居，如入芝兰之室，久而自芳也；与恶人居，如入鲍鱼之肆，久而自臭也。墨子悲于染丝，是之谓矣。君子必慎交游焉。"

因此，有良好教养的家庭，其子女必然不会放任自流；有优秀素质的个人，其自身也必然不会率性妄为。

第四十则

欲路上勿染指　理路上勿退步

欲路①上事，毋乐其便而姑为染指②，一染指便深入万仞③；理路④上事，毋惮⑤其难而稍为退步，一退步便远隔千山。

【注释】

①欲路：泛指欲念、情欲、欲望。

②染指：比喻随意沾染不正当的事物。

③仞：古时以八尺为一仞。

④理路：泛指义理、真理、道理。

⑤惮：害怕。

【译文】

对于欲念方面的事，不要因为贪图眼前的方便而随意沾染，一旦放纵自己就会堕入万丈深渊；关于义理方面的事，不要因为畏惧困难而退缩不前，因为一旦退缩就会距离真理万水千山，再也无法到达高远的境界。

【点评】

所谓"人间正道是沧桑"。让人快活的事、享乐的事、放纵的事，总是来得容易。而一旦招惹，就却有如毒虫上身、烟瘾附体，拽着、扯着，让人越来越懒散、怠惰；仿佛重症肌无力，再无法向更高更远的目标去攀登追求。

所以俗话讲"人往高处走，水往低处流"，"下坡容易上坡难"。其实，对很多东西我们内心是有评判的；如果觉得一时很快乐，但时间久了却很无聊，甚至觉得厌烦、罪恶，那就是错的；如果觉得虽然暂时有些辛苦劳累，内心却感到平静、充实、欣慰，无疑，这就是对的。

第四十一则

不流于浓艳　不陷于枯寂

念头浓①者，自待厚，待人亦厚，处处皆浓；念头淡②者，自待薄，待人亦薄，事事皆淡。故君子居常③嗜好，不可太浓艳④，亦不宜太枯寂⑤。

【注释】

①念头浓：念头：想法、动机。这里指过分热情。

②淡：冷漠。

③居常：日常生活。

④浓艳：此处指奢侈讲究。

⑤枯寂：寂寞到极点。此处指刻薄吝啬。

【译文】

一个热情的人，往往能够善待自己，同样对待别人也宽厚大方，凡事都讲究丰富、气派、豪华；而一个冷漠淡薄的人，不仅处处苛责自己，同时也处处苛责别人，于是事事显得枯燥无味而毫无生气。可见，作为一个真正有修养的人，在日常生活及待人接物方面，既不可过分热情奢侈，也不可过度刻薄吝啬。

【点评】

我们常形容春天是"吹面不寒杨柳风"，就是因为它既不是热情如火，烤得人焦头烂额；也不是刺骨严寒，冻得人肺腑冰冷。

　　一个各方面能够把握恰好的人，不会热度太过，也不会冷漠太过；与之相处，如沐春风，令人舒服、熨帖。

　　这就是不可太浓艳，亦不可太枯寂；这就是君子之气度和风华。

第四十二则

超越天地之外　不入名利之中

　　彼富我仁①，彼爵我义②，君子故不为君相所牢笼③；人定胜天④，志一动气⑤，君子亦不受造物⑥之陶铸⑦。

【注释】

　　①彼富我仁：出自《孟子》："晋、楚之富不可及也。彼以其富，我以吾仁；彼以其爵，我以吾义，吾何谦乎哉？"

　　②义：指高尚情操和正义之感。

　　③牢笼：牢的本意指养牛马的地方，也指监禁罪人的地方，笼的本意是豢养飞禽的竹栏。这里"牢笼"指限制、束缚。《淮南子·本经》："牢笼天地，弹压山川。"

　　④人定胜天：人的力量一定能够战胜自然和命运，取得成功。

　　⑤志一动气：志：强烈的理想和愿望；一：专一或集中；动：统御、控制、发动；气：情绪、气质、禀赋。这里指的是志向坚定才能控制情绪改变气质。《孟子·公孙丑》上："志一则动气，气一则动志。"

　　⑥造物：有的版本作"造化"，指天地创造万物，这里指命运。

⑦陶铸：陶：用黏土所制的瓦器；铸：用金属制造的模型。这里引申为化育栽培使之成为一定模式。《隋书·高祖纪》："五气陶铸，万物流形。"

【译文】

别人拥有富贵，我坚守仁德；别人拥有爵禄，我坚守正义，所以一个心性高尚、有操守的君子绝对不会被统治者的高官厚禄所引诱和收买；人的智慧和力量一定能够战胜自然，专注意念可以发挥出无坚不摧的精气，所以一个有才德的君子也不会被命运所限制和束缚。

【点评】

如果一个人既不可以被限制和束缚，也不可以被诱惑和收买，那么这个人的品格和意志可谓坚如磐石。

《中庸》里有一段孔子和子路的对话，也许恰好可以用来解释《菜根谭》的这一则。

子路问强。子曰："……君子和而不流，强哉矫！中立而不倚，强哉矫！国有道，不变塞焉，强哉矫！国无道，至死不变，强哉矫！"子路问什么是强。孔子说："品德高尚的人和顺而不随波逐流，这才是真强啊！保持中立而不偏不倚，这才是真强啊！国家政治清平时不改变志向，这才是真强啊！国家政治黑暗时坚持操守，宁死不变，这才是真强啊！"

——不为君相所牢笼，不受造化之陶铸，傲然特立于天地之间，这才是真正的强者，也才有真正的自由。

第四十三则

立身要高一步　处世须退一步

立身①不高一步立，如尘里振衣②，泥中濯足③，如何超达④？处世不退一步处，如飞蛾投烛⑤，羝羊触藩⑥，如何安乐？

【注释】

①立身：待人接物，在社会上立足。

②尘里振衣：振衣是抖掉衣服上沾染的尘土，在灰尘中抖去尘土会越抖越多，比喻做事没有成效。《荀子》："新浴者必振衣，新沐者弹其冠，是人情之常。"

③泥中濯足：在泥巴里洗脚，越洗越脏，比喻做事白费力气。《孟子·离娄》："沧浪之水浊兮，可以濯吾足。"

④超达：超脱流俗，见解高明。

⑤飞蛾投烛：飞蛾喜欢接近火，但往往容易葬身火中，所以世人以此比喻自取灭亡。

⑥羝羊触藩：羝：指公羊。藩：指竹篱笆。公羊雄健鲁莽，喜欢用犄角顶撞，因此往往把犄角卡住不能自拔。《易经·大壮》："羝羊触藩，不能退，不能遂。"比喻做事进退两难。

【译文】

立身如果不能站在更高的境界，就如同在灰尘中抖衣服，在泥水中洗脚一样，怎么能够做到超凡脱俗呢？处世如果不多留一些余地，就好比飞蛾扑火、公羊用角去抵撞篱笆一样，怎么会使自己的身心都感到平安喜乐呢？

【点评】

"立身要高、处世须退"，这八个字，让人不得不为《菜根谭》的智慧叫绝。

表面看来，这是一组矛盾，一个强调高洁，一个强调谦退，但实质上都是为自己留下更大空间和更多回旋余地。所以这个"高"绝不是曲高和寡、天马行空，而是眼光高远、境界宽阔，自然不会束缚于枝节琐碎之事。这个"退"也不是唯唯诺诺、软弱无能，而是不纠缠、不偏执，当下跳脱、潇洒安然。

有如此智慧，哪能不超然，哪能不安乐？

第四十四则

修德须忘功名　读书定要深心

学者要收拾精神①，并归一路②。如修德而留意于事功③名誉，必无实诣④；读书而寄兴于吟咏⑤风雅⑥，定不深心。

【注释】

①收拾精神：指收拾散漫不能集中的意志。《朱子语类》："敬，莫把做一件事看，只是收拾自家精神，专一在此。"

②并归一路：指合并在一个方面，意即专心研究学问。

③事功：功名与事业。

④实诣：诣：指人生和学业所能达到的境界。指真实的造诣。

⑤吟咏：指作诗歌时的低声朗诵。《诗经·国风》："吟咏性情。疏：'动声曰吟，长言曰咏。'"

⑥风雅：比喻诗文。本来是《诗经》"风雅颂、赋比兴"六义中的二义。《诗序》："诗有二义焉：'一曰风，二曰雅。'疏：'一国之事为风，天下之事为雅。以诸侯列土树疆，风俗各异，随风设教，故名之为风；天子则威加四海，齐正万方，政教所施，皆能齐正，故名之

为雅。'"

【译文】

求取学问，一定要摒除杂念，集中精力专心致志于研究。如果在修养道德的时候在乎功名事业和荣誉成败，必定不会有真正的造诣；如果读书不注重学术上的讨论，只喜欢附庸风雅，吟诗咏文，则必定浮泛而难以深入，也不会有所收获。

【点评】

很多时候并不是我们不努力，只是因为想要的东西太多，所以分散了自己的注意力，也消解了自己的战斗力。

《道德经》说："为学日益，为道日损，损之又损，以至于无为。"有些结果，比如事功名誉、权利富贵，获得它的方式最好是"无心种柳"、"水到渠成"、"自然而然"。如果最初就抱有极强烈的目的，则很容易因此伤彼、得不偿失。

就像陶渊明所说："归去来兮，田园将芜胡不归。"奔跑得太努力，忽然回头时，才发现已经失去了自己的精神家园。

第四十五则

真伪之道 只在一念

人人有个大慈悲①，维摩②屠刽③无二心也；处处有种真趣味，金屋④茅檐非两地也。只是欲闭情封，当面错过，便咫尺⑤千里矣。

【注释】

①大慈悲：佛家语中，能给他人以快乐叫"慈"，消除他人的痛苦叫"悲"。《智度论》："大慈与一切众生乐，大悲拔一切众生苦。"

②维摩：梵语"维摩诘"的简称。维摩诘是印度大德居士，是释迦牟尼同时期人，也作毗摩罗诘。佛在世时，维摩诘虽身在俗，却能辅佐佛来教化世人，因而被称为菩萨化身，是为慈悲心最深的人。

③屠刽：屠：宰杀家畜的屠夫；刽：指以执行罪犯死刑为专业的刽子手。

④金屋：指富豪之家金碧辉煌的住宅。白居易《长恨歌》："金屋妆成娇侍夜，玉楼宴罢醉和春。"

⑤咫尺：一咫是八寸。咫尺指极桓的距离。

【译文】

人人都有一颗大慈大悲之心，维摩居士和屠夫、刽子手之间并没有什么不同；人间处处都有一种真正的情趣，金宅玉宇和草屋茅舍之间也没有什么两样。只可惜人心往往被七情六欲所蒙蔽，以致与真正的心性和境界擦肩而过，差之毫厘、失之千里。

【点评】

真理、真趣、真味，往往与我们相伴左右、形影不离。只可惜红尘俗世的我们看似聪明，实则愚钝，不懂得"日用就是道"，"平常心就是道"，甚至"道在屎溺、道在瓦砾"。

我们总认为眼前和身边没有风景，所以往往"道在迩而求诸远，事在易而求诸难"。

如此这般，只能和真境界当面错过、咫尺千里，可悲又可叹。

第四十六则

道者应有木石心 名相须具云水趣

进德修道[①]，要个木石[②]的念头，若一有欣羡，便趋欲境；济世经邦，要段云水[③]的趣味，若一有贪著[④]，便坠危机。

【注释】

①修道：指身心修养的种种方法。

②木石：木柴和石块都是无欲望无感情的物体，这里比喻没有情欲。《孟子·尽心》："与木石居，与鹿豕游。"

③云水：佛家称行脚僧为云水，因为这种僧人云游天下、四海为家，了无牵挂、飘忽不定，如行云流水。黄庭坚《送张天觉得登字》："去国行万里，淡如云水僧。"

④贪著 [zhuó]：指对欲念的执着。这里指贪图荣华富贵、热衷功名利禄的念头。

【译文】

凡是进修德业、磨炼心性的人，必须具有木石一般坚定不移的意志，如果对世间的名利奢华稍有羡慕，便会落入被物欲困扰的境地；凡是治理国家、服务万民的人，必须有一种如行云流水般不贪恋、不执著的淡泊胸怀，一旦有了贪图荣华富贵的杂念，就会陷入危机四伏的深渊。

【点评】

《世说新语》中有一个故事：

管宁、华歆共园中锄菜。见地有片金，管挥锄与瓦石不异，华捉而掷去之。又尝同席读书，有乘轩冕过门者，宁读书如故，歆废书出观。宁割席分坐，曰："子非吾友也。"

管宁之所以与华歆割席断交，是因为华歆做不到在进德修道时如木石，更不可能在济世经邦时若云水。

贪著、艳羡，这两个词都是把人的眼球向外拉扯，同时把心志分散。一旦在乎，就会牵挂；一旦有挂，便会有碍。所以随后便是没完没了的颠倒梦想，糊里糊涂把自己引向万丈深渊。

第四十七则

善人和气一团　凶人杀气腾腾

吉人^①无论作用安详^②，即梦寐神魂^③无非和气；凶人无论行事狼戾^④，即声音咲语^⑤浑是杀机^⑥。

【注释】

①吉人：心地善良的人。《诗经·大雅》："蔼蔼多吉人。"

②作用安详：言行从容不迫。《辞海》："谓由本体之力而与作功用也，如眼见物、耳闻声、鼻辨臭、口谈论、手执捉、足运奔皆是。"

③梦寐神魂：指睡梦中的神情。

④狼戾：狼性残暴，指残暴凶毒。《汉书·严助传》："闽越王狼戾不仁杀其骨肉。颜师古注：'狼性含戾，凡言狼戾者，谓食而戾。'"

⑤声音咲语：咲同笑。指言谈说笑。

⑥杀机：指令人感到有杀人的恐怖。

【译文】

一个心地善良的人，日常的言谈举止都非常镇定安详，即使是睡梦中的神情也都洋溢着祥和之气；反之，一个凶狠残暴的人，不论做什么事都狠毒狡诈，甚至是在谈笑之中，也充满了恐怖的杀气。

【点评】

每个人都有不同的气场。与之交往，总会有人让你觉得温和安详，有人让你觉得冷硬凶险。

这种气场是自己心田里的种子，沉埋日久、生根发芽的结果。所以心存正念的人，往往慈眉善目、言语和煦，平常日子吃饭睡觉都能安静妥贴，即便遇到一些意外之事，也总是吉人天相、遇难呈祥。而心存恶念的人，往往满脸横肉、口下无德，吃不香睡不着，不仅把自己折磨够呛，更容易遇上不祥之事，飞来之灾。

俗语讲"福祸无门、唯人自召"，不得不感叹于此。

第四十八则

欲无祸于昭昭　勿得罪于冥冥

　　肝受病则目不能视；肾受病则耳不能听。病受于人所不见，必发于人所共见。故君子欲无得罪于昭昭①，先无得罪于冥冥②。

【注释】

　　①昭昭：显著，明亮可见。《楚辞·九歌·云中君》："灵连蜷兮既留，烂昭昭兮未央。"《庄子·达生》篇："昭昭乎若揭，日月而行也。"

　　②冥冥：昏暗不明，隐蔽场所。《诗·小雅·无将大车》："无将大车，维尘冥冥。"

【译文】

　　肝脏如果得了病，眼睛就看不见；肾脏如果发生毛病，耳朵就会听不见声音。病虽然生在人看不见的五脏六腑，但表现出来的症状必然是在人们都能看见之处。所以君子要想在明处不表现出过错，必须要先在不易察觉的细微之处不犯过错。

【点评】

　　有学者把东西方的文化类型分为"耻感文化"与"罪感文化"。"耻感文化"的特点之一，就是特别爱面子，尽力维护光鲜的、亮丽的、堂而皇之的外在形象。

维护表面的良好形象并没有错，然而《菜根谭》的忠告是：想要表面没有瑕疵，最重要的是内里干干净净。就像身体里的五脏六腑一样，护理不好，脏器出了问题，外表再装也装不出一个神采奕奕的状态。

所以功夫下在暗处，修身在于慎独。越是人所不见的地方，越是要严于律己、谨慎小心，唯其如此，才可以在能见人时坦坦荡荡、自自然然。

第四十九则

多心招祸　少事为福

　　福莫福于少事①，祸莫祸于多心②。惟苦事者，方知少事之为福；惟平心者，始知多心之为祸。

【注释】

　　①少事：指没有烦心的琐事。

　　②多心：这里指猜忌，疑神疑鬼。

【译文】

　　人生最大的幸福莫过于没有乱七八糟的琐事，而最大的灾祸莫过于多疑猜忌。只有每天奔波劳碌的人，才真正知道清闲无事的幸福；只有心宁气平的人，才真正理解心绪烦乱的祸患。

【点评】

　　"有书真富贵，无事小神仙"。"手中有书，心中无事"——不经历过一定人生磨炼的人，不会明白这几句简单话的深意。

　　人大凡在年轻气盛时喜欢用加法，努力争取更多的资本、能力、金钱、地位。然而所有的东西都是双刃剑，在越来越成长、越来越成熟、越来越有力量的同时，不知不觉中各种想法越来越多，各种事情也越来越多，而且越来越按下葫芦起了瓢，一波未平一波又起，越来越牵肠挂肚、抓心挠肝。

所谓惹火烧身、惹是生非，其实仔细想想，很多东西的确都是自己招惹来的；一直等到身心俱疲、不堪其扰的时候，才忽然明白做减法的重要。

人生在世走一程，少些事情、少些想法，其实未必不是一种幸福。

第五十则

处世要方圆自在 待人要宽严得宜

处治世①宜方②，处乱世③宜圆④，处叔季之世⑤当方圆并用；待善人宜宽，待恶人宜严，待庸众之人当宽严互存。

【注释】

①治世：太平盛世。

②方：指品行端正。

③乱世：动荡之世，与"治世"对称。

④圆：没有棱角，圆滑通融，随机应变。

⑤叔季之世：古时少长顺序按伯、仲、叔、季排列，叔季排行最后，叔季之世指衰乱将亡的时代。《左传》昭公六年："政衰为叔世"，"将亡为季世"。

【译文】

生活在政治清明的太平盛世，为人处世应当严正刚直；生活在政治黑暗的动荡时代，为人处世应当圆滑婉转；生活在衰乱将亡的末世，为人处世就要方圆并用、刚柔并济。对待善良的人要宽厚，对待邪恶的人要严厉，对待那些庸碌平凡的人则应当根据具体情况，宽严互用、恩威并施。

【点评】

古人所造很多物件都极有智慧，就如流通很广的圆形方孔钱，蕴含着"外圆内方"的处世金律，从古至今都值得人们细细思量。

"圆"并非单纯的圆滑老练，更重要的质素，是浑然无痕，融合性好、流动性好，不尖锐、不伤人。不能不说，这是一种极为妥帖的、让人舒服的性格与态度。

而"方"也不是单纯的耿直方正；更重要的质素，是有持守、有原则、有底线，不人云亦云、不随波逐流、不丧失自我。也不能不说，这是一种极为难得的自我安放的价值与评判。

所以，"方圆并用"，既随和于众人，不特立独行；又知道坚持自身的操守，绝不做苟且之事，实在是一种高明的境界。

第五十一则

忘功不忘过　忘怨不忘恩

我有功①于人不可念，而过②则不可不念；人有恩于我不可忘，而怨则不可不忘。

【注释】

①功：对他人有恩或有帮助。

②过：对他人的歉疚或冒犯。

【译文】

我对别人有过帮助和功劳，不要常常挂在嘴上或记在心上，但是如果有什么对不起别人的地方则应该时时反省；反之，如果别人曾对我有帮助和恩惠，不能够轻易忘怀，而别人做了对不起我的事，则应当及时忘却。

【点评】

实实在在地讲，没有人希望人生是痛苦且折磨的。平安加快乐，是人所祈愿之常情。

如何离苦得乐？这一段说的是"念念不忘"。"念"何？念自己的过；"忘"何？忘他人的怨。不管这种做法是否类似于阿Q精神，忘记自己的功，记着自己的过，总可以更进一步；而记着他人的恩，忘记他人的怨，更容易觉得这世界还没有糟糕到一无是处。

况且，总记得他人的怨的人，总是在折磨自己。人生不易，何必不放自己一马呢？

第五十二则

无求之施一粒万钟 有求之施万金无功

施恩者，内不见己，外不见人，则斗粟^①可当万钟^②之惠；利物者，计己之施，责人之报，虽百镒^③难成一文^④之功。

【注释】

①斗粟：斗：量器的名，十升为一斗。粟：是五谷的总称，凡未去壳的粮食都叫粟。《论衡》："壳未舂蒸曰粟。"

②万钟：钟：量器名，可容六斛四斗；或说八斛、十斛。这里万钟形容极多，指受禄之多。《孟子·告子》："万钟则不辨礼仪而受之。"

③百镒［yì］：镒：古时重量名，二十四两为一镒。《孟子·梁惠王》注："古者以一镒为一金，一镒是为二十四两也。"这里百镒形容金钱之多。

④一文：古时称一枚铜钱叫一文，这里形容金钱极少。

【译文】

一个布施恩惠给别人的人，如果内心之中根本没有考虑到自己的动机，也没有考虑到他人的反应，那么即使一斗米的付出也可以得到万钟的回报。但如果以财物帮助他人的人，既计算自己的得失，又要求别人的回馈，那么即使是付出万两黄金，也难有一文钱的功德。

【点评】

如果我们能明白，所谓的"做好事"，只是为了能让自己更安心、更踏实、更快乐，就不会在这上面附加那么多的东西了。

所以，"内不见己、外不见人"是很关键的八个字，那就是由内而外、自然而然，发乎天性、出于人性，唯此而已。如果考虑太多、计较太多，"计己之施、责人之报"，第一，这还是好事吗？第二，这好事还能做得成吗？

所以，判断某些事是否应该做的前提很简单，问问自己的内心，做这件事是不是让自己更平和、更喜乐？如果是，那就做。

第五十三则

推己及人　方便法门

人之际遇①，有齐②有不齐，而能使己独齐乎？己之情理③，有顺有不顺，而能使人皆顺乎？以此相观对治④，亦是一方便法门⑤。

【注释】

①际遇：机会、境遇。

②齐：相等、相平。

③情理：这里指情绪，精神状态。

④相观对治：治：修正。指相互对照修正。

⑤法门：佛家用语，指领悟佛法的通路。《增一阿含经》："如来开法门，闻者得笃信。"

【译文】

每个人的机遇和命运都不相同，有的幸运、有的不幸运，自己又如何能要求万事俱备、占尽先机呢？拿自身而言，情绪也是有时候舒畅有时候不舒畅，又如何能要求每个人都顺乎自己的心意行事呢？用这个视角来等量齐观，将心比心，也不失为一种为人处世、修身养性的好门径。

【点评】

有一个词叫作"同理心"，或可作为评判人的情商的一个方面。简单地说，就是站在他人的立场、视角，去体会他人的心理和情感；也就是古语所言"推己及人"。

但这样的话往往说起来容易做起来难，如果人人皆可设身处地体会他者的话，也就不会有那么多纠葛和矛盾了。

然而不管怎样，努力去认识：别人和自己都没法做到"日日是好日，刻刻好心情"，更没法做到"处处有贵人，时时交好运"，那就会减少很多自我强迫症、完美主义者，就会变得容易接受这世界本来的样子，而不再有太多失望和不满。

第五十四则

恶人读书　适以济恶

心地干净①方可读书学古。不然，见一善行窃以济私②，闻一善言假以覆短③，是又藉寇兵而赍盗粮④矣。

【注释】

①心地干净：心性洁白无疵。

②窃以济私：偷偷用来满足自己的私欲。

③假以覆短：借名言佳句掩饰自己的不足。

④藉寇兵而赍盗粮：藉：资助。兵：武器。赍〔jī〕：指拿东西给人，送给。赍盗粮：把粮食送给盗贼，比喻帮助敌人做坏事。李斯《谏逐客书》："此所谓藉寇兵而赍盗粮者也。"

【译文】

心地纯洁，有一方净土，才能够研读诗书，学习先贤圣哲的美德。如果不是如此，而是看见什么善行好事就私下仿效作为自己的德行，听到什么名言佳句就擅自用它们遮掩自己的不足，如此做法，就等于是资助武器给敌人，赠送粮食给强盗。

【点评】

有一次听一位中医的课时，对一句话印象深刻，叫作："放下目的和企图心"。

一般思想简单、内心纯净的人，更容易得到快乐。

就拿读书而言，穿越千古，与那么多风雅的灵魂隔空对话，俯仰之间意趣横生，会心一笑，这种不求于外、无待于外的自得之乐，已经是上天对读书人的褒奖。但是如果并没有真的以此为乐，只是为了用假模假式的善行善言装点门面、自视清高，那就和小偷盗贼无异了。

第五十五则

崇俭养廉　守拙全真

奢者富而不足，何如俭者贫而有余？能者劳^①而府怨^②，何如拙者逸而全真^③？

【注释】

①劳：劳苦。

②府怨：府：聚集之处。此处指怨谤集身。

③逸而全真：安闲而能保全本性。道家把完美无缺的人称为真人。

【译文】

生活奢侈的人即使拥有再多的财富也不会感到满足，哪里比得上那些虽然贫穷却因为节俭而有富余的人呢？有才干的人操劳忙碌却招致众人的埋怨，还不如那些生性笨拙的人，安闲无事却能保持自己的纯真本性。

【点评】

《菜根谭》的这句话提出了一个颇有意味的问题：什么才是真正的富人和能人？

记得有一本畅销书写道：如果时刻觉得我足够，我还有，分给你；那么不管我们有没有钱，都是富人。如果时刻觉得我不够，我还要，不给你；那么不管我们有多少钱，也永远是穷人。

　　另外，如果一个人看似很能干，却总把自己弄得很累，而且一肚子牢骚，仿佛全天下都欠他的，满世界离了他就不转，那么这样的人真算不得是能人；反过来还不如看似没什么能耐的人活得轻松自在。

　　如此看来，富人和能人的定义真的需要重新思考一下。

第五十六则

读书希圣讲学躬行　居官爱民立业重德

读书不见圣贤，如铅椠佣①；居官不爱子民，如衣冠盗②；讲学不尚躬行，如口头禅③；立业不思种德，如眼前花。

【注释】

①铅椠：铅：涂抹文字用的一种铅粉；椠［qiàn］：古代记事用的木板。铅椠代表纸笔。佣：给人做工。铅椠佣就是写字匠。

②衣冠盗：衣冠：古代士大夫穿的官服，这里比喻官位。此指偷窃俸禄的官吏。

③口头禅：这里指不明禅理，只袭取禅家语句来增加谈资的人。

【译文】

研读诗书却不洞察古代圣贤的思想精髓，就是一个写字匠；身居官位却不爱护黎民百姓，就是穿官服戴官帽领俸禄的强盗；只讲习学问却不身体力行，就像一个只会口头念经却不通佛理的和尚；追求建功立业却不考虑积累真正的德行，就像眼前昙花转眼凋谢。

【点评】

读书做官、讲学立业，究竟为何？

是为了考试成绩好，上个好大学，找份好工作；还是多挣点钱，有更高的地位和名声？《菜根谭》说，如果目的只是如此，基本也就和抄书匠、衣冠盗差不多。

高山仰止，景行行止，虽不能至，心向往之。读圣贤书至会心处，心有灵犀抚掌一叹，这才是读书人的佳境。心怀家国天下、造福万民众生；真真切切做点事、实实在在告慰内心，没有辜负这一方官印和一份薪水，这才是做官者的真境。

如果不是这样，该怎样告诉我们的孩子立身处事呢？

第五十七则

读心中之名文　听本真之妙曲

　　人心有一部真文章，都被残篇断简①封锢了；有一部真鼓吹②，都被妖歌艳舞淹没了。学者须扫除外物，直觅本来，才有个真受用③。

【注释】

　　①残篇断简：残缺不全的书籍，这里指断章取义的散乱文字。

　　②鼓吹：古代用鼓、钲、箫、笳等合奏的乐曲。《乐府诗集》："鼓吹未知其始也，汉班壹雄朔野而有之，鸣笳以和箫声，外八音也。"亦即音乐的代称。

　　③真受用：真正的好处。

【译文】

　　每个人心里都有一篇真正的好文章，可惜被残缺不全的杂乱篇幅所遮盖；每个人的心中都有一首真正的好乐曲，可惜被那些妖艳的歌声和淫靡的舞蹈所淹没。所以，做学问的人一定要排除外界的干扰和诱惑，直接去寻求最本质、最根源的东西，才能有真正的体会和获得。

【点评】

　　如何读书治学，《菜根谭》直接给出八个字：扫除外物、直觅本来。

　　宋神宗有一首劝学诗说："书中自有黄金屋，书中有女颜如玉。"书读好了，自然富贵名利、美满生活滚滚而来。《菜根谭》则让我们把这一切乱七八糟的想法都扫除掉，单刀直入，直接去寻找真正的本我和真心。

　　也就是说，无论在读书求学的过程中遇到多少千山万水，最后实际是遇到我们自己，去发现内心深处真正的华丽篇章和美妙音乐，这才是读书的真正目的。

第五十八则

苦中有乐　乐中有苦

苦心①中常得悦心②之趣③；得意时便生失意之悲④。

【注释】

①苦心：困苦的感受。

②悦心：喜悦的感受。

③趣：此指乐趣。

④失意之悲：由于失望而感到悲哀。

【译文】

艰难困苦时，反而容易感受到取得一点成功之后的丝丝喜悦，觉得乐趣无穷；顺心如意时，却反而容易马失前蹄、埋下祸患，种下日后失意的根苗。

【点评】

善于品茶的人，特别喜欢苦中回甘之味。

不再像小孩子不开心时吃下一颗糖果，瞬间被甜蜜充斥便很满足，而是越来越在成长和成熟的过程中，慢慢体味那种苦涩中又有喜悦，仿佛阴霾的天气里怀抱着希望，一丝一丝云开雾散的感觉。

所以识得人生真相的人，并不惧其苦，因为他知苦后有甘；反而惧其乐，因为他知乐极生悲。

第五十九则

无胜于有德行之行为　无劣于有权力之名誉

　　富贵名誉，自道德来者，如山林中花，自是舒徐①繁衍；自功业来者，如盆槛中花，便有迁徙兴废；若以权力得者，如瓶钵中花②，其根不植，其萎可立而待矣。

【注释】

①舒徐：舒：展开。徐：缓慢。指从容自然。

②瓶钵中花：插在花瓶里的花。

【译文】

　　世间的财富地位和道德名声，如果是通过提高品行和修养所得来，那么就像生长在山林之中的花草，自然会繁荣昌盛绵延不断；如果是通过建立功业所换来，那么就像生长在花盆中的花草，便会因为生长环境的变迁或者繁茂或者枯萎；如果是通过玩弄权术或依靠暴力所得来，那么就像插在花瓶中的花草，因为没有根基，会很快地凋谢枯萎。

【点评】

　　《资治通鉴》中有一条记载，当唐玄宗朝的奸相杨国忠权倾朝野、一手遮天时，很多人都依附于他获得功名富贵，有人劝陕郡进士张彖也去拜见杨国忠，说："见之，富贵立可图。"张象却说："君辈倚杨右相如泰山，吾以为冰山耳！若皎日既出，君辈得无失所恃乎？"

果然，后来杨国忠在马嵬兵变中身死刀下，依附于他的人也都树倒猢狲散。

得到富贵名誉最好的状态，莫过于进德修身，丰富而低调得如同洼地，让水自然流入。然而不管是挖沟掘渠，还是南水北调，如果不是顺势而为自然得之，劳神费力挖空心思得来的东西，终不长久。

第六十则

人死留名　豹死留皮

春至时和①，花尚铺一段好色②，鸟且啭③几句好音。士君子幸列头角④，复遇温饱，不思立好言，行好事⑤，虽是在世百年，恰似未生一日。

【注释】

①时和：气候和煦。

②好色：美好的景色。

③啭：鸟的叫声。

④头角：气象峥嵘、才华出众，一般说成"崭露头角"。

⑤好事：足以流传千古、为后世取法的事迹。这里指君子三不朽"立德、立功、立言"中的立德。

【译文】

春天来临，风和日丽，花草树木争奇斗艳，为大地铺上一层美丽的景色，连鸟儿也懂得趁着春日发出婉转动听的鸣叫，为大自然唱出美妙的歌声。一个读书人如果能通过努力幸运地出人头地，又能够过上丰衣足食的生活，但却不思考为后世写下不朽的篇章，为世间留下有益世人的事迹，那么他即使能活到百岁，也宛如没有在世上活过一天一样。

【点评】

如果在生命的长度和深度两者之间只能取一，而让我们作以选择的话，孰重孰轻？

中国文化无疑注重长生久视，但更注重"了却君王天下事，赢得生前身后名"，即在有限的人生中留下无限功业。

所以《菜根谭》强调要在一个人最好的时间中"立好言、行好事"，如此才不辜负青春韶华。这种典型的儒家入世的精神，直接鄙视了庸庸碌碌却长命百岁的状态，认为人生就像泰戈尔的诗"生如夏花之绚烂，死如秋叶之静美"，而以此向生命最璀璨时刻的绽放致敬。

第六十一则

宽严得宜　勿偏一方

学者有段兢业①的心思，又要有段潇洒②的趣味。若一味敛束③清苦，是有秋杀④无春生，何以发育万物？

【注释】

①兢业：也可作兢兢业业，小心谨慎、尽心尽力的意思。《尚书·皋陶谟》："兢兢业业，一日二日万几，无旷庶官。"

②潇洒：形容行为举止清新自然、落拓不羁、不受拘束。杜甫《饮中八仙歌》："宗之潇洒美少年。"

③敛束：收敛约束。

④秋杀：与春生相对，指秋天气象凛冽、毫无生机。

【译文】

做学问的人不仅要思考缜密、行为谨慎、勤于事业，还要有潇洒脱俗、不拘小节的情怀，这样才能保持人生的真趣。如果一味地约束自己的言行，过着极为清苦俭刻的生活，那么这样的人生就像秋天一样充满肃杀凄凉之感，而缺乏春天般万木争发的勃勃生机，如何去滋育万物成长呢？

【点评】

中国文化天人合一的诸种含义中，有一个层面就是取法天地、合于阴阳。

如同四季轮转的规律，应该春生夏长、秋收冬藏。人作为自然之子，修身处世、为学理政，均当效法于此。

所以，团结紧张、严肃活泼，收放自如、张弛有度，才可达到"问渠哪得清如许，为有源头活水来"的境界，才可做得一番大学问。

第六十二则

大智若愚　大巧若拙

真廉无廉①名，立名者正所以为贪；大巧②无巧术，用术③者乃所以为拙④。

【注释】

①廉：不贪、廉洁。《荀子·修身》："无廉耻而嗜乎饮食，则可谓恶少者矣。"

②大巧：至高无上的智慧。

③术：方法、手段。贾思勰《齐民要术序》："桑弘羊之均输法，益国利民之术也。"

④拙：笨。《庄子·胠箧》："大巧若拙。"

【译文】

真正廉洁的人并不一定有廉洁的美名，那些为自己树立名声的人正是因为贪图虚名；一个真正有大智慧的人并没有什么花言巧语小道末技，玩弄技巧的人正是为了掩饰自己的拙劣和愚蠢。

【点评】

世间有很多好品质，本发于天然、出于自然，只是一旦被设立标杆牌匾之后，反倒有沽名钓誉之嫌。

世间也有很多大智慧，本天生具足、无须巧饰，只是一旦以钻营计算之心琢磨考虑，反倒南辕北辙、拙劣不堪。

　　所以做官理政，本该廉洁；为人处世，本应天然，又何须巧立名目、歪动脑筋？

第六十三则

谦虚受益　满盈招损

敧器①以满覆，扑满②以空全。故君子宁居无不居有，宁居缺不处完。

【注释】

①敧器：敧［qī］：倾斜不正之意。敧器也称作"宥坐之器"，有座右铭的作用。《荀子·宥坐》："孔子观于鲁桓公之庙，有敧器焉。孔子问于守庙者曰：'此为何器？'守庙者曰：'此盖为宥坐之器。'孔子曰：'吾闻宥坐之器者，虚则敧，中则正，满则覆。'孔子顾为弟子曰：'注水焉！'弟子挹水而注之，中而正，满而覆，虚而敧。孔子喟然而叹曰：'吁！恶有满而不覆者哉！'"

②扑满：用来存钱的陶罐，有入口无出口，满则需打破取出。

【译文】

敧器因为装满了水才会倾覆，而扑满因为空无一钱才得以保全。所以真正的君子宁可无争无为，也不愿有所争夺；宁可有些欠缺，也不愿过分完满。

【点评】

认识了生活和世界真相的人，才会接受生活和世界的真相，那就是：残缺和无常。

　　而且，往往不完善、不美满的状态，反倒容易恒长持久。

　　懂得了这个道理的人，才不会偏执和纠结，不会苛求完美，不会贪得无厌，也不会不知满足。

第六十四则

名利总堕庸俗　意气终归剩技

名根①未拔者，纵轻千乘②甘一瓢③，总堕尘情④；客气未融者，虽泽四海利万世，终为剩技⑤。

【注释】

①名根：功利的思想和念头。

②千乘：乘：车。古时谓一车四马为乘。千乘代表诸侯之国。《孟子·梁惠王》："万乘之国，杀其君者，必千乘之国；千乘之国，杀其君者，必百乘之家。"

③一瓢：瓢：用葫芦做的盛水器。指用瓢来饮水吃饭的清苦生活。《论语·雍也》："贤哉回也，一箪食，一瓢饮，居陋巷，人不堪其忧，回也不改其乐。"

④尘情：俗世的情感。

⑤剩技：多余的伎俩。

【译文】

一个人如果不从内心彻底拔除追逐名利的思想，那么纵使他表面上能轻视世间的高官厚禄荣华富贵，甘愿过一箪食、一瓢饮的清苦生活，但到头来仍然摆脱不了世俗名利的诱惑；一个人如果不能以正气化解客观外物的影响，那么即使他恩泽广被于世、福慧遗留千秋，终究也还是属于一种多余的伎俩。

【点评】

　　盛唐时候，道教茅山宗的领袖司马承祯被征召，但他想退隐天台山。他的好友卢藏用指着终南山说："此中大有佳处，何必在远。"司马承祯缓缓地说："以仆视之，仕宦之捷径耳。"卢藏用闻言，面露愧色，感到很尴尬。

　　终南山距离长安不远，隐居于此，既容易博得贤名，又可在皇帝征召时，就近下山做官。所以司马承祯一语道破这样的隐居，其实是"名根未拔、客气未融"，像卢藏用这样的人不过以其为"终南捷径"而已。

心地须要光明　念头不可暗昧

心体①光明，暗室②中有青天；念头暗昧③，白日下有厉鬼。

【注释】

①心体：心之本体，也指智慧和良心。

②暗室：隐秘而不为他人所见的地方，意思是见不得人之处。《南史·阮长之传》："一生不侮暗室。"

③暗昧：昧：不光明。指日月无光，阴险、见不得人。

【译文】

如果心地光明磊落，即使是在黑暗的屋子里，也像站在万里晴空之下；如果心地邪恶不正，即使是在青天白日之下，也像处在魑魅魍魉之中。

【点评】

嘉靖七年（公元 1528 年），57 岁的王阳明病势骤剧。舟行至江西南安时，召门人周积入船，已不能语。久之，开目视之说："吾去矣。"周积泣下如雨，问："先生有何遗言？"王阳明微微笑道："此心光明，亦复何言！"顷之，瞑目而逝。

"此心光明"，是一代宗师的临终遗言，就如同他的

"致良知"一样，语虽简略，却足可垂诫万世。

此心光明，便可坦坦荡荡；此心光明，便可不忧不惧；此心光明，便不可不弘毅，任重而道远，仁以为己任；此心光明，便可善养吾浩然之气，贫贱不能移，富贵不能淫，威武不能屈。

如是，此心光明，才可成为一个士，成为一个君子，成为一个大丈夫。

第六十六则

勿羡富贵　勿虑饥饿

人知名①位②为乐，不知无名无位之乐为最真；人知饥寒为忧，不知不饥不寒之忧为更甚。

【注释】

①名：名声、名望。《史记·西门豹传》："西门豹为邺令，名闻天下。"

②位：官位、爵位。《战国策·赵策四》："位尊而无功。"

【译文】

人们只知道有了名声地位是一种快乐，殊不知那种没有名声地位牵累的快乐才是真正的快乐。世人只知道挨饿受冻是令人忧虑的事，殊不知那些虽无饥寒之苦却备受精神折磨的人更为痛苦。

【点评】

都说人生的目的之一在于追求快乐，那么怎样才能得到快乐？

如果有名有位就有快乐，无名无位就没有快乐，那就相当于把人生寄托在风筝这样虚无飘渺而又极其脆弱的事物上。

如果一个人，不管有了名位还是失了名位，都能怡然自得、平和喜乐，无疑，他的内心是独立而强大的。

另一方面，衣食无着的确令人心忧，然而解决了温饱就解决了所有的问题吗？人类总是在追寻的同时，又被追寻本身困扰。一个目标达成了，又为了下一个目标继续折腾；一件事解决了，又会有另一件事接踵而来。

锦衣玉食而痛不欲生者不乏其人。我们已经习惯了在忧愁、烦恼、担心、焦虑中生活，仿佛忘记了生活本身其实根本不需要这么多挂碍。

第六十七则

阴①恶之恶大　显善之善小

为恶而畏人知，恶中犹有善路②；为善而急人知，善处即是恶根③。

【注释】

①阴：暗中、暗地里。《史记·孙子吴起列传》："孙膑以刑徒阴见，说齐使。"

②善路：向善学好之路。

③恶根：恶：罪恶、不良行为，与"善"相对。指过失的根源。

【译文】

一个人做了坏事而怕别人知道，可见他还保有羞耻之心，在恶性中还留有改过向善的良知；但如果一个人做一点好事就急于让别人知道，可见他只是为了贪图虚名，因此在貌似做善事的同时却已种下恶根。

【点评】

美国汉学界的早期代表人物中，有一位学者叫卫三畏，他的名字取自《论语》中的典故：

君子有三畏：畏天命、畏大人、畏圣人之言。小人不知天命而不畏也，狎大人，侮圣人之言。

懂得有所"敬畏"，也是君子和小人的区别之一。一个懂得敬畏的人，不会妄自尊大，不会自以为是；即使是做了错事，动了恶念，这份敬畏心也会把他拉回正路、善路。

懂得敬畏，才懂得惜福、感恩、忏悔、赎罪，才真正掂量和看清了人类自身的渺小与可笑。

第六十八则

君子居安思危　天亦无用其技

天之机缄①不测，抑②而伸③，伸而抑，皆是播弄④英雄，颠倒豪杰处。君子只是逆来顺受，居安思危，天亦无所用其伎俩矣。

【注释】

①机缄：机：发动；缄：封闭。《庄子·天运》："天其运乎，地其处乎，日月其争于所乎。孰主张是，孰维纲是，孰居无事，推而行是。意者其有机缄而不得已邪？"唐成玄英《疏》："机，关也；缄，闭也。"机缄指一动一闭而生变化，比喻气运或推动事物运动的造化力量。

②抑：压抑。

③伸：指舒展。

④播弄：玩弄、摆布。

【译文】

上天的奥秘变幻莫测，有时让人先陷入困境然后再进入顺境，有时又让人先得意而后失意，不论是处于何种境地，都是上天有意在捉弄那些自命不凡的所谓英雄豪杰。因此，一个真正有才德的君子，当不如意时要适应环境，坚忍地度过困厄和挫折；而在平安无事之时不忘危难，时刻准备，那么就连上天也无法施展他捉弄人的伎俩了。

【点评】

有句话说：这世间唯一不变的，就是变化。认识到了这一点，也就认识到了"无常"乃是生命的真相。

所以不管你是怎样的英雄豪杰，都难免被命运之手捉弄，跌宕起伏，得失不定。而以不变应万变的法宝是："逆来顺受，居安思危"。

这种智慧绝不是委曲求全、窝窝囊囊。在逆境之势和人生低点来临的时候调整状态、收敛锋芒、适应环境、闭关修炼、静观时变，如此才可以达则兼济天下、穷则独善其身。正所谓：他强由他强，清风拂山岗；他横由他横，明月照大江。

第六十九则

中和为福　偏激为灾

　　燥性者火炽①，遇物则焚；寡恩②者冰清，逢物必杀；凝滞③固执者，如死水腐木，生机已绝。俱难建功业而延福祉。

【注释】

　　①炽：火旺。《北史·齐纪总论》："火既炽矣，更负薪以足之。"

　　②寡恩：性情冷酷而缺乏温厚之情。

　　③凝滞：停留不动，比喻人的性情古板。

【译文】

　　一个性情暴躁的人就像烈火一样炽热，待人接物很容易烧伤别人；一个刻薄寡恩的人就像冰块一样冷酷，为人处世很容易残害他人；一个固执呆板的人，就像静止的死水和腐朽的枯木，毫无一线生机。这些人都难以建立功业，造福于人。

【点评】

　　这世界，成功者不一而足，条条大路通罗马、八仙过海各显神通；不成功者却有几个共性规律，用《菜根谭》的话说就是：燥性者、寡恩者、凝滞固执者。

　　"燥"在这里意同"躁"。躁者，急也。遇事往往急于求成、火急火燎；并且躁动不安，很容易稳不住局势，慌乱之中手足无措、火上浇油，反而更加坏事。

寡者，少也。过于冷酷、过于尖酸、过于吝啬。不论是哪一种，都将自己和他人的福德一再削减，不留退路；犹如掘地三尺、穷尽资源，以后再也生长不出恩德福泽。

凝滞者，不通也。通者，达也。所以凝滞固执者，不通达，简单地说就是想不开。所谓流水不腐、户枢不蠹；穷则变，变则通，通则久。不懂得变通的人，往往自己跟自己较劲，作茧自缚、画地为牢、自断后路。

也许，我们不知道该如何成功，但是尽量避免不成功的因素，也不失为一种良策。

第七十则

多喜养福　去杀远祸

福不可徼①，养喜神②，以为招福之本而已；祸不可避，去杀机③，以为远祸之方而已。

【注释】

①徼 [jiǎo]：求、求取，当祈福解。

②喜神：平和喜乐的心神状态。

③杀机：暗中决定要杀害他人的动机。这里指充满阴森肃杀之气。

【译文】

福分是不可强求的，保持愉快的心境，才是招来人生幸福的根本；灾祸是无法逃避的，排除怨恨的心绪，才是远离灾祸的办法。

【点评】

趋利避害、祈福远祸，是人之常情。然而这"福"却不是我们想要就有，"祸"也不是我们想避就无的。

何为喜神？简单地说：平和、喜乐、知足、感恩、良善、慈悲。拥有这些素质的人，仿佛自带流量，天生具有吸附福德的品质。

反之，何为杀机？简单地说：阴鸷、肃杀、冷酷、尖刻、凶狠、自私。每一样品性都仿佛自己得利，然而每一样品性都在把自己向绝路上推。拥有这些素质的人，也具有天生的吸引力——吸附灾祸的能力。

所谓"福祸无门、唯人自召"，一切的希望不必寄托于外在，只在我们自身。"养喜神、去杀机"，才是根本。

第七十一则

谨言慎行　君子之道

十语九中未必称奇，一语不中则愆尤①骈集②；十谋九成未必归功，一谋不成则訾议③丛兴。君子所以宁默毋躁，宁拙毋巧。

【注释】

①愆尤：愆［qiān］：过失。尤：责怪。是指责归咎的意思。李白诗："功成身不退，自古多愆尤。"

②骈集：骈：并。《管子四称》："出则党骈。"指接连到来。

③訾议：訾［zǐ］：诋毁。指非议、责难。

【译文】

即使十句话有九次都说得很正确，未必有人称赞你，但是如果有一句话没说对，那么就会受到众多的指责。即使十个谋略有九次成功，人们不一定把功劳给你，但是如果有一次谋略失败，那么批评、责难之声纷至沓来。这就是君子宁可保持沉默也不浮躁多言，宁可显得笨拙也不显露机巧的缘故。

【点评】

总觉得《菜根谭》这部书是深刻了悟人性的。它深知在这滚滚红尘间行走的不易。

也许真的很难有人可以完全站在另一个人的立场去理解对方，所以往往是这样，无论有多少次对的时候，人们还是把眼光聚焦在你错的那一次，甚至这错的一次就足以抵消所有的对。

如此种种，总是让人委屈心酸。于是君子宁可选择缄默、选择愚讷，也不会轻易抛出某些话，轻易做出某些事，而让自己成为众矢之的，成为风口浪尖。也许这就是沉默是金、大巧若拙的智慧。

第七十二则

杀气寒薄　和气福厚

天地之气^①，暖则生，寒则杀^②。故性气^③清冷^④者，受享^⑤亦凉薄。惟和气热心之人，其福亦厚，其泽^⑥亦长。

【注释】

①天地之气：指天地间气候的变化。

②杀：衰退，残败。黄巢《不等后赋菊》诗："待到秋来九月八，我花开后百花杀。"

③性气：指人的性情、气质。

④清冷：清高冷漠。

⑤受享：所享的福分。

⑥泽：恩泽、恩惠。《史记·西门豹传》："故西门豹为邺令，名闻天下，泽流后世。"

【译文】

大自然物候轮转，四季更迭；春暖花开的时候就生发万物，秋冬寒冷的时候就肃杀萧条。做人的道理也和大自然一样，性情高傲冷漠的人，所得的福分也比较淡薄。只有那些性情温和、满怀热情的人，他所得到的回报才会深厚，福分才会绵长，留下的恩泽也会长久。

【点评】

《论语》说：己所不欲，勿施于人。似乎没有一个人愿意去热脸贴冷屁股；没有一个人愿意被像秋风扫落叶一般对待。我们总是喜欢如沐春风，喜欢温和宽厚。

那么就做一个这样的人吧。良言一句三冬暖，恶语伤人六月寒。和气热心的人，就是在为自己积累福德，就是在为子孙后代留下恩泽。

第七十三则

正义路广　欲情道狭

天理^①路上甚宽，稍游心^②胸中便觉广大宏朗；人欲^③路上甚窄，才寄迹^④眼前俱是荆棘^⑤泥涂。

【注释】

①天理：指自然的法则。《庄子·天运》："夫至乐者，先应之以人事，顺之以天理，行之以五德，应之以自然，然后调理四时，太和万物。"也指天道。江淹《知己赋》："谈天理之开基，辩人道之始终。"程朱理学将"天理"引申为"天理之性"，朱熹《答何叔京书》："天理只是仁义礼智之总称，仁义礼智便是天理之件数。"

②游心：游是出入，游心是说心念出入在天理路上。

③人欲：人的欲望。

④寄迹：投身立足。

⑤荆棘：比喻纷乱梗阻。《后汉书·冯异传》："异朝京师，引见，帝谓公卿曰：'是我起兵时主簿也，为吾披荆棘，定关中。'"

【译文】

自然真理的正道十分宽广，稍微用心追求，就感觉心胸坦荡开阔；个人欲望的道路却非常狭窄，刚把脚踏上去，就发现眼前布满了荆棘泥泞，寸步难行。

【点评】

"欲望"这种东西，说好了，是一种刺激和动力；说不好了，就是一种穿肠毒药、刮骨钢刀。它总是像无数只百无聊赖的猫爪挠着，像一缕缕阴魂不散的毒火烘着，让你的心刺刺痒痒，片刻不得安宁。

所以林则徐的名言是"壁立千仞，无欲则刚。"能驱除或压倒欲望的人，内心极其安定、不被扰动，所以才有智慧和决断力，当然会刚毅果敢。

认识到了这一点就会明白，跟欲望做朋友不是那么简单的事。你征服不了它，它就会征服你，而且还会让你遍体鳞伤。

第七十四则

磨练之福久　参勘之知真

一苦一乐相磨练，练极而成福者，其福始久；一疑一信相参勘①，勘极而成知②者，其知始真。

【注释】

①参勘：参：交互考证；勘〔kān〕：仔细审查、核对。

②知：通"智"。

【译文】

人的一生中有苦有乐，只有在艰难困苦的磨练中得来的幸福才能长久；求知的路上坎坷不平，只有求索和怀疑交替验证，在不断考证中得到的学问，才是真正的智慧。

【点评】

很多东西的快乐指数往往是相对而言的。而奇怪的是，越是那些用心设计、苦心经营的所谓美好，越不容易让人感到幸福；越是那些言之凿凿、信誓旦旦的所谓真实，越不容易让人感到服气。

所以，往往带有一些痛苦的经历，会让人回忆起来时苦中有甘；往往带着一些怀疑的思考，会让人在获得结论时心服口服。

第七十五则

虚心明义理　实心却物欲

心不可不虚①，虚则义理来居；心不可不实②，实则物欲不入。

【注释】

①虚：谦虚、不自满。

②实：真实、执着。

【译文】

一个人的胸襟不可以没有虚怀若谷的度量，只有谦虚才能获得真正的学问和真理；一个人的内心也不可以没有择善执着的意志，只有坚定才能不受名利的诱惑，挡住物欲的侵袭。

【点评】

陆久渊曾说过："吾心便是宇宙，宇宙即是吾心。"

"心"是中国文化范畴中最难把握和抓执的一个概念。除了哲学上的探讨，在日常生活领域中，拿捏有关"心"的尺度也很难，总是失之毫厘、差之千里。

比如这一句，《菜根谭》便说心既不可不虚，也不可不实；或者说既要虚，也要实。

这个"虚"，不是虚浮、虚荣、虚华，而是虚怀若谷、虚位以待。犹如中国画中的留白，留出一个意味深长的空间，才会容纳更多的意境和美好。这里的"实"不是执拗不化、偏执一端，而是胸中有主、心中有底。唯如此，才可以咬定青山不放松，任尔东南西北风。

正所谓虚实相生，有无相形，才是"心"的智慧。

第七十六则

厚德载物　雅量容人

地之秽者多生物，水至清者常无鱼①。故君子当存含垢纳污②之量，不可持好洁独行之操③。

【注释】

①水至清者常无鱼：《孔子家语》中有"水至清则无鱼，人至察则无徒。"

②含垢纳污：容纳脏的东西，比喻气度宽宏，有容忍的雅量。

③操：品德、品行。《史记·张汤传》："汤之客田甲，虽贾人，有贤操。"

【译文】

堆满了腐草和粪便的土地，才能滋生众多生物，而极为清澈的水中反而没有鱼儿生长。所以真正有德行的君子应该有接纳庸俗的气度和容纳他人的雅量，绝对不能自命清高，孤芳自赏。

【点评】

完美主义和强迫症，仿佛是当代人如影随形的魔障。

虽然看起来都是追求纯洁和美好，但精神洁癖和求全责备却使人越来越"特"，越来越"独"，越来越成了他人近不得身的"孤家寡人"。

　　所谓"和光同尘",真的是一项很大的修行。能够接纳这世界中众多的同与不同,众多的洁与不洁,安然处之。其实与此同时也给了自己一个宽松的容身之所。

第七十七则

忧劳兴国　逸豫亡身

泛驾之马①可就驰驱，跃冶之金②终归型范③。只一优游不振，便终身无个进步。白沙④云："为人多病未足羞，一生无病是吾忧。"真确论也。

【注释】

①泛驾之马：泛驾：覆驾。比喻性情凶悍不易驯服的马，以此比喻不守常轨的英雄豪杰。《汉书·武帝纪》："夫泛驾之马，驰之士，亦在御之而已。"

②跃冶之金：铸造器具熔化金属往模型里灌注时，金属有时候会突然暴出模型外面。比喻不守本分而自命不凡的人。

③型范：铸造用的模具。

④白沙：明代学者陈献章，字公甫，广东新会人。著名思想家、哲学家、教育家。隐居白沙里，世人称之为白沙先生。著有《白沙集》十二卷。陈献章倡导涵养心性，静养"端倪"，高扬"宇宙在我"的主体自我价值，突出个人在天地万物中的存在意义。

【译文】

狂傲不羁的野马，只要训练有术驾驭得法，仍然可以奔驰万里；冶炼时爆出炉外的金属，最终还是会被放在模具中熔铸成可用之物。而人只要一落入游手好闲不思振作的地步，那么就永远不会有什么出息了。所以白沙先生说："一个人犯过失没有什么可耻的，只有一生都没有过失的人才是最令人担忧的。"这真是至理名言。

【点评】

很多人年少时都背过奥斯特洛夫斯基的名言："当一个人回首往事的时候，不因虚度年华而悔恨，也不因碌碌无为而羞愧。"这句话太过耳熟能详，以至于时间长了反而无感了。

问题是，怎样才算没有虚度年华，怎样又是碌碌无为？我想《菜根谭》这句话里的"优游不振"就是那种最可怕的状态，就是晃晃荡荡、迷迷糊糊，浑身提不起劲头的样子。人一旦陷入这种状态，不说是行尸走肉也差不多。

所以，不怕勇敢鲁莽、不怕冒失犯错。只要身上还有这股劲头，就有向上冲的动力。最怕的就是萎靡不振、明哲保身，即便一生平安，却终归是碌碌无为。

第七十八则

一念贪私　万劫不复

　　人只一念①贪私，便销刚为柔，塞智为昏，变恩②为惨③，染洁为污，坏了一生人品④。故古人以不贪为宝⑤，所以度越⑥一世。

【注释】

　　①一念：一瞬间所引起的念头。《二程遗书》："一念之欲不能制，而祸流于滔天。"

　　②恩：惠爱、恩惠。

　　③惨：狠毒。

　　④品：品质、品德。

　　⑤不贪为宝：出自《左传·襄公十五年》。有一个宋国人得到一块美玉，把它献给执政者子罕。子罕却不接受，说："我以'不贪'的品德为宝，你以这块玉为宝，还是让我们继续各自拥有自己的宝物吧！"

　　⑥度越：超越。

【译文】

　　人只要心中产生了一丝贪婪的念头，那么原本刚直的性格就会变得懦弱，原本聪明的心性就会变得昏庸，原本慈悲的心肠就会变得残忍，原本高洁的品格就会变得污浊，结果等于损坏了他一生的德行。所以古人把

"不贪"二字作为修身之宝，从而超越物欲度过一生。

【点评】

佛教说人生有五毒：贪、嗔、痴、慢、疑。经历的红尘越久，越觉得这五个字简直写尽了人性中的负面。

"贪"列在五毒之首。一位睿智的长者曾说："现在的人需要的不多，而想要的太多。"殊不知上帝在每一个礼物的背后早已标好了价格。有了还想有，要了还想要，等着我们的就是万丈深渊。

据说印度人捕猴子的方法极其简单，在一块木板上抠两个拳头大小的洞，木板那边放一堆花生。猴子伸过木板上的洞，攥了满手花生却拿不出来，但它无论如何也舍不得放手，于是木板变成了活生生的枷锁，猴子轻而易举成了俘虏。

也许我们会笑猴子傻，却不知我们自己也像那只猴子，一个"贪"字障眼，立刻智商为零。

第七十九则

心公不昧　六贼①无踪

　　耳目见闻为外贼，情欲意识②为内贼。只是主人翁惺惺③不昧④，独坐中堂⑤，贼便化为家人矣！

【注释】

　　①六贼：佛教中指眼、耳、鼻、舌、身、意六根。谓此六根妄逐尘境，如贼劫财。《杂阿含经》卷四三："内有六贼，随逐伺汝，得便当杀。"

　　②情欲意识：欲：欲望，七情之一；七情指喜、怒、哀、惧、爱、恶、欲七种内心的情感。意识：指人的精神觉醒状态，例如有意识、下意识、无意识等。

　　③惺惺：清醒、机警。唐玄觉《禅宗永嘉集·奢靡他颂》："惺惺寂寂是，无记寂寂非。"

　　④昧：糊涂、昏聩。

　　⑤中堂：即中厅，堂的中央。

【译文】

　　人人都喜欢眼睛看到美色，耳朵听到美音，岂不知这些声色诱惑都是外来的盗贼。人人都有各种各样的情感和永远无法满足的欲念，岂不知这些情欲都是内在的盗贼。不管是内贼还是外贼，只要我们能做自己的主人，时刻保持清醒警觉，仿佛如坐中堂、沉稳静定，那么这些专门诱惑人的心理敌人反而能成为帮助自己修养品德的助手。

【点评】

人活一生实在不易，不只是要防看得见的刀光剑影，更要防看不见的强盗贼人。最可怕的是很多时候，这种强盗贼人不在别处，就潜伏在我们自身。

色生香味触法、喜怒哀惧爱恶欲，无时无刻不在伺机劫持身心——无怪乎老子说"五色令人目盲，五音令人耳聋，五味令人口爽，驰骋畋猎令人心发狂，难得之货令人行妨"。

我们所听到、看到、吃到、闻到、摸到的每一样东西，都有可能越来越悦耳、越来越绚烂、越来越香浓、越来越舒服，当然就更有可能让我们越来越贪恋、越来越痴迷、越来越沉沦、越来越难以自拔萎靡不振。而或欢喜或愤怒或忧伤或开怀或爱慕或痴恨或恐惧种种情绪欲望，又都将我们在情绪和欲望的波峰浪谷之间抛来抛去、忽上忽下、忐忑不安。在这所有的声色情欲之中，我们就仿佛一片可怜的树叶，被吹来荡去、随波逐流。

怎样才能做自己的主人？《菜根谭》说："惺惺不昧、独坐中堂"——那就是时刻警觉，保持清醒，不让自己昏头昏脑，随随便便被裹挟、被带走；而且务必胸中有主、心中有定，方可如急流中打桩，在乱花渐欲迷人眼的时候，仍能身心静定、安住当下。

第八十则

勉励眼前之业　图谋未来之功

图未就之功，不如保已成之业①；悔既往之失②，不如防将来之非③。

【注释】

①业：事业、功业。《孟子·梁惠王》："君子创业垂统，为可继也。"

②失：过失、错误。

③非：过失。《礼记·礼运》："鲁之郊禘，非礼也。注：'非，失也。'"

【译文】

与其图谋计划没有绝对把握完成的功业，还不如将精力用来保持已经完成的事业；与其追悔过去的过失，还不如将精力用来预防未来可能发生的错误。

【点评】

如果把人生也视作一场经营的话，很多时候我们的策略是不得当的，往往在没有充分稳固深化当前的既有成就时，就开始考虑另一个谋划；又往往沉溺在对以往失误的自责中，没有认真研究当下和未来形势，导致再次错失良机、重蹈覆辙。

所以兵法万千条，最重要的却是安心把手中现有的根据地夯实、凿深、固牢，静心把当下的形势、未来的发展琢磨、判断、研究透。不瞻前顾后，不患得患失，稳扎稳打、步步为营，才是常胜之本。

第八十一则

养天地正气　法古今完人

气象^①要高旷，而不可疏狂^②；心思要缜密^③，而不可琐屑^④；趣味要冲淡^⑤，而不可偏枯；操守要严明，而不可激烈^⑥。

【注释】

①气象：气度、气质。

②疏狂：指狂放、不受拘束。柳永《蝶恋花》："拟把疏狂图一醉，对酒当歌，强乐还无味。"

③缜密：周全、细致。《礼记》："缜密以栗。"

④琐屑：繁杂、细碎。

⑤冲淡：淡：同澹。指冲和、淡泊。并非淡而无味，而是冲而不薄，淡而有味。《旧唐书·王徽传》："徽性冲澹，远势利。"

⑥激烈：指偏激。

【译文】

一个人的气度要高远旷达，但是不能太狂放不羁；心思要细致周密，但是不能太杂乱琐碎；趣味要高雅清淡，但是不能太单调枯燥；节操要严正光明，但是不能太偏激刚烈。

【点评】

儒家的中庸思想向来是士人的持身之本。所谓"过犹不及",说起来容易,拿捏起来却很需要功夫。

如何高旷而不疏狂,缜密而不琐屑,冲淡而不偏枯,严明而不激烈——把握好这个度,就是一种良好的平衡感。

越是修养境界高的人,平衡感越好;在并不费力权衡时,便可自自然然处于合适的点,做出合适的事。

第八十二则

不著色相　不留声影

　　风来疏竹，风过而竹不留声；雁渡寒潭①，雁去而潭不留影。故君子事来而心始现②，事去而心随空③。

【注释】

　　①寒潭：大雁都在秋天飞过，河水此时显得寒冷清澈，因此称寒潭。

　　②现：显现。

　　③空：平静。

【译文】

　　当风吹过稀疏的竹林时，会发出沙沙的声响，风过之后，竹林又依然归于寂静而不会留下任何声响；当大雁飞过清冷的潭水时，潭面映出大雁的身影，可是雁过之后，潭面依然澄澈平静，不会留下任何影子。因此，对于一个修养很深的君子来说，事情临到身前，他就会显现出本来之性，而当事情过去之后，他的心中也随之恢复原来的虚空平静。

【点评】

　　很多时候，我们身心疲惫或者意志涣散，并不是因为工作太甚、劳累不堪，而是因为心中的杂念太多，无用甚至负向的信息太多，以至于还没等干正事的时候，我们就已经过度损耗了自己的元气和精力。

大多数红尘之人如你我，总是经常被俗务缠缚，声声入耳、事事留心；心中不大的空间早已堆满垃圾，哪里还有能力再立新功、开拓天地？

所以真正了得的人，始终是千帆过尽、万壑流风，内心也不被扰动，清清静静、照彻乾坤；这真是一种无比强大的身心修养功夫。

第八十三则

君子德行　其道中庸

清①能有容，仁能善断，明不伤察②，直不过矫，是谓蜜饯不甜，海味不咸，才是懿德③。

【注释】

①清：清廉纯洁。

②伤察：察：苛责。意指失于苛求。《吕氏春秋·贵公》："处大官者，不欲小察。"

③懿［yi］德：美德。《诗·大雅·烝民》："民之秉彝，好是懿德。"《传》"懿，美也。"

【译文】

清廉纯洁而又有包容一切的雅量，仁义慈悲而又能当机立断，聪明敏锐而又不苛求于人，方正刚直而又不矫枉过正。如果能做到这样恰如其分，就像蜜饯虽然浸在糖里却不太甜，海味虽然腌在盐里但不太咸一样，那才是一种真正高尚的美德。

【点评】

真正好的蜜饯不是齁甜齁甜的，真正好的海味不是齁咸齁咸的。真正高品质的东西，往往只是"刚刚好"。

这种"刚刚好"的状态，就像古人形容的美女："增之一分则太长，减之一分则太短；著粉则太白，施朱则太赤。"既在于拿捏和把握，更是一种自然恰当的状态。而当你处于这种自然恰当的状态的时候，不用刻意追求，就已经拥有了相当的美德。

第八十四则

君子穷当益工① 勿失风雅气度

贫家净扫地，贫女净梳头，景色②虽不艳丽，气度自是风雅。士君子一当穷愁寥落③，奈何④辄自废弛⑤哉！

【注释】

①益工：益：增加。工：在做人做事上下功夫。

②景色：此处指摆设、穿着。

③寥落：寂寞不得志。

④奈何：为什么要。

⑤废弛：应做的不做，指自暴自弃。王冕《剑歌行》："学书学剑俱废弛。"

【译文】

贫穷的人家经常把地扫得干干净净，穷人的女儿天天把头梳得整整齐齐，摆设和穿着虽然算不上艳丽奢华，却有一种自然朴实的风雅气质。因此，一个有才德的君子，怎能因穷困忧愁或者际遇不佳受到冷落，就萎靡不振自暴自弃呢！

【点评】

贫穷和富贵就像化学试验里的试剂，分子结构不稳定的人，往往一试就会原形毕露。

所以，很多人经不住富，也经不住贫。富了之后显示出的状态不是贵，而是土豪镶金牙的爆发户感觉；贫了之后显示出的状态却恰恰是贱，一副烂泥扶不上墙、破罐子破摔的无赖相。

富贵和贫贱自是很难预测，所谓人生如牌局，愿赌服输；但是输的时候，姿态要优雅，骨气要保持。

第八十五则

未雨绸缪① 有备无患

闲中不放过，忙处有受用；静中不落空，动处有受用②；暗中不欺隐，明处有受用。

【注释】

①未雨绸缪：绸缪 [chóu móu]：缠绕、缠绵。比喻凡事都事先做好准备。

②受用：受益，得到好处。《朱子全书》："认得圣贤本意，道义实体不外此心，便自有受用处耳。"

【译文】

在闲暇时不让时光轻易流过，抓紧时间做些准备，到了忙的时候自然会有用；在平静时不让心灵空虚，利用时间充实自己，在遇到变化的时候就能够应付自如；在没有人看见的时候也不做阴暗的事，在大庭广众之下自然会受到尊敬。

【点评】

悠闲之时、安静之时、无人之时，看似轻松的一刻却最考验一个人的心性和品质。在这些时刻放松警惕，降低对自我的要求，往往千里之堤溃于蚁穴。

　　所以一个真正聪明的人，会巧妙利用这些时间节点，增加自身能量，以备不时之需。这样的人往往也是极为自律的人，当然更是清醒地知道自己究竟需要什么、究竟该做什么的人。

第八十六则

悬崖勒马　起死回生

念头起处，才觉向欲路上去，便挽①从理路上来。一起便觉②，一觉便转，此是转祸为福，起死回生的关头，切莫轻易放过。

【注释】

①挽：牵引，拉。《左传·襄公十四年》："或挽之，或推之。"

②觉：觉醒。

【译文】

在念头刚刚产生时，只要一发觉这种念头是走向欲望的方向，便马上用理智将它拉回到正道上来。邪念一起就警觉，一发觉就立刻设法挽救，这个时候就是将灾祸转变为幸福、将死亡转变为生机的关键，千万不能轻易放过。

【点评】

《金刚经》说："善护念。"念头虽小，却如星星之火可以燎原，所以如何护持一个心念，如何扭转一个心念，看起来很是平常，实际上却非比寻常。

在这个转祸为福、起死回生的关头，"理智"是一个关键词。感性的人生容易情绪翻滚、欲念泛滥，理性却如一道堤坝和水闸，可以有效控制不羁的洪流，而操控的关键则是何时筑堤、何时落闸。

第八十七则

宁静淡泊　观心之道

静中念虑澄澈①，见心之真体②；闲中气象③从容，识心之真机；淡中意趣冲夷④，得心之真味。观心证道，无如此三者。

【注释】

①澄澈：指河水清澈见底。这里比喻内心平静清明。

②真体：指心性的真正本源。

③气象：此指气度、气概。

④冲夷：冲：谦虚、澹泊；夷：平和、喜乐。

【译文】

人只有在宁静之中，心思意念才会澄明清澈，此时可以看出心性的本源；人只有在闲暇之中，胸襟气度才会舒畅从容，此时可以发觉心中真正的玄机；人只有在淡泊之中，意趣性情才会谦冲平和，此时可以体会心中真正的乐趣。反省内心印证道理，没有比这三种方法更好的了。

【点评】

我们常夸奖一个人聪明智慧，实际上聪明和智慧是两码事。聪是善于听取意见，明是善于观察形势；智是急中生智，而慧则是定能生慧。

这四个字中，只有"慧"有一个心字底，只有"慧"是生发于心、根植于心的。所谓"定能生慧"，"定"的状态就是沉静、娴雅、淡泊，在这三种状态中，慧觉自然生起，所以才可以直指内心、明心见性，悟得人生的真谛。

第八十八则

动中静是真静　苦中乐是真乐

静中静非真静，动处静得来，才是性天①之真境；乐处乐非真乐，苦中乐得来，才是心体之真机。

【注释】

①性天：天性、本性。

【译文】

在万籁俱寂的环境中所得来的宁静，不能算是真正的宁静；如果在喧闹骚动中还能保持宁静的心情，才算达到天性原本的真境界；在快乐的地方得到乐趣不能算是真正的快乐，只有在艰难困苦的环境中仍然能保持乐观的情趣，才是人本性中真正喜乐的境界。

【点评】

闹中取静，苦中作乐，这是真正修养的功夫，也是定力和韧性的体现。换个角度说，也就是不经摔打、不受挫折，人生境界就很难有质的提升。

创造一个安静的环境，避开喧嚣，让自己沉静下来，也无可厚非；但总比不上那种即使受震动、受刺激后仍然心如止水的"静"来得强大稳定。

　　能懂得享受生活中点点滴滴的快乐，活在当下，本来已经是一种感恩和珍惜，但如果能在尖锐粗粝、黯淡窒息的日子里仍然心中存有一线光，仍然能把日子过成诗，这种平和喜乐才是真正不可撼动的。

第八十九则

舍己勿处疑　施恩勿望报

舍己^①毋处其疑^②，处其疑即所舍之志多愧矣；施人毋责其报，责其报并所施之心俱非矣。

【注释】

①舍己：牺牲自己。

②毋处其疑：不要犹疑不决。

【译文】

既然要作出自我牺牲，就不要过多计较得失而犹豫不决，过多计较得失，那么这种自我牺牲的心意就会打折扣；既然要施恩与人，就不要希望得到回报，如果一定要求对方感恩回报，那么这种乐善好施的善良之心也就变了味道。

【点评】

以前曾有一首歌叫作《跟着感觉走》，一个人如果真的能够坚持自己内心所作的正确判断，并跟从内心的方向，而不受外在的裹挟，那么凡事都会单纯很多。

那就是，不管是奉献自己，还是帮助他人，只要自己认为对的、应该的，就去做，而且既然要做，就全心付出、不求回报。这样会使内心变得沉静简单，并且很容易得到快乐。

正像一生舍己为人的特蕾沙修女所说："这只是我和上帝之间的事，与他人无关。"

第九十则

厚德以积福，逸心以补劳，修道以解厄

天薄①我以福，吾厚吾德以迓②之；天劳我以形，吾逸吾心以补之；天厄③我以遇，吾亨④吾道以通之。天且奈我何哉？

【注释】

①薄：减轻。

②迓［yà］：迎接。《左传·成公十三年》："迓晋侯于新楚。"

③厄：穷困，危迫。《汉书·元帝纪》："百姓仍遭凶厄。"

④亨：通。《易·坤》："品物咸亨。"

【译文】

上天如果减少我的福分，我就修养加深我的品德来迎接这种命运；上天如果劳累我的身体，我就调整放松我的心态来补救这种境遇；上天如果窘迫我的生活，我就努力开辟我的道路来打通这种困境。如此一来，上天又能对我怎么样呢？

【点评】

这段话就像是为苏轼特意量身定做的。

年轻的苏轼从四川眉山出来，才华横溢、名满天下，

后来又被欧阳修收作门生，考中进士，可以大展宏图了。谁料想父亲去世守孝三年，母亲去世守孝三年，一转眼，蹉跎近十年回朝，却因为实话实说、不合时宜地指出王安石变法的种种不足，被一贬再贬。甚至曾经差点丢了性命，甚至经历了妻亡子逝的锥心伤痛，甚至在头发花白时又被贬到荒无人烟的海南岛……

按理说，苏轼的命运实在够惨，老天拿去他的福分，劳累他的身体，折磨他的精神，可是苏轼留在我们心目中的形象，却没有哀叹、伤痛、自暴自弃，反而永远是那种"大江东去，浪淘尽千古风流人物"的通畅和达观，永远是那种"日啖荔枝三百颗，不辞长作岭南人"的乐观和调皮，永远是那种"但愿人长久，千里共婵娟"的深情和真挚。

用一句话说：这样的人是永远打不倒的。老天又能奈何他什么呢？

第九十一则

天福无欲之贞士　而祸避祸之憸人

　　贞士①无心徼福②，天即就无心处牖③其衷；憸人④着意避祸，天即就着意中夺其魄。可见天之机权⑤最神，人之智何益？

【注释】

　　①贞士：指心志坚定的人。

　　②徼［jiǎo］福：徼：同邀，祈求。《左传·僖公四年》："君惠徼福于敝邑之社稷，辱收寡君。"

　　③牖［yǒu］：打穿墙壁用木料做的窗子。《说文·通训定声》："牖，旁窗也。"这里的意思是诱导、启发。

　　④憸［xiān］人：行为不正的小人。憸：邪妄。《书·立政》："国则罔有立政用憸人。"

　　⑤机权：指天地气运的变化。

【译文】

　　一个志节坚贞的君子，虽然并不用心去为自己求取福分，可是上天却在他无意之间引导他完成自己的心愿；一个阴险邪恶的小人，虽然用尽心机去躲避灾祸的惩罚，可是上天却偏在他着意逃避之处剥夺他的精神气力，使他蒙受灾难。由此可见，上天的玄机极其奥妙、神奇莫测，人类平凡无奇的智慧在上天面前实在显得很愚蠢。

【点评】

中国文化中，人和天的关系真是极其微妙：人向苍天学习、取法了太多东西，又依赖苍天生息繁衍；而苍天有时仿佛刻意捉弄人，有时又仿佛暗暗帮助人。

人们常常把自己努力范围之外、无法把握的部分称作天命或天意，以为天总是在冥冥之中自有安排、奖善惩恶。用尽心思智巧的未必如愿，有心栽花花不放、无意种柳柳荫浓；很多事情往往越是刻意而为，越是得不到。而唯一的办法便是：但行好事，莫问前程。

第九十二则

人生重结果　种田看收成

声妓①晚景从良，一世之烟花无②碍；贞妇白头失守，半生之清苦俱非。语云："看人只看后半截。"真名言也。

【注释】

①声妓：指妓女、风尘女子。

②烟花：妓女的代称，指妓女的生涯。

【译文】

歌妓、舞女如果能在晚年的时候嫁人做一个良家妇女，那么过去的风尘生涯对她后来的正常生活不会有什么妨害；可是一个坚守节操的妇女，如果在晚年的时候耐不住寂寞而失身的话，那么她前半生的清苦守节都白费了。所以俗语说："评定一个人的功过得失主要看他的后半生。"这真是至理名言啊。

【点评】

中国文化向来不看好过早成功、过分聪明，所以成语里有"晚节不保"、"大器晚成"之句，都是强调人生关键部分在于最后和最终的结果。

这种智慧也给过于急功近利、过于求全责备的现代人一个深刻的启示：如何气定神闲地安排好一生的战线，如何将眼光放远、调配火力、合理运筹——在将近终点的时候笑到最后，这才是真正成功的人生。

第九十三则

多种功德　勿贪权位

平民肯种德①施惠，便是无位的公相；士夫②徒贪权市③宠，竟成有爵的乞人。

【注释】

①种德：行善积德。

②士夫：士大夫的简称。

③市：买卖。

【译文】

一个平民百姓如果能够尽自己的能力多积恩德广施恩惠，那么他即使没有公卿相国的名位，却同样受到世人景仰；可是那些有高官厚禄的士大夫如果只知道一味争权夺势贪恋富贵，那么他们即使贵为公卿，却只是像一个讨饭的乞丐一样可悲。

【点评】

有这样一个故事：

一个人跑到释迦牟尼佛面前哭诉："我无论做什么事都不能成功，这是为什么？"佛告诉他："这是因为你没有学会布施。""可我是一个穷光蛋呀！"

佛说："并不是这样的。一个人即使没有钱，也可以给予别人七样东西：

第一，颜施，你可以用微笑与别人相处；

第二，言施，对别人多说鼓励的话、安慰的话、称赞的话、谦让的话、温柔的话；

第三，心施，敞开心扉，诚恳待人；

第四，眼施，以善意的眼光去看别人；

第五，身施，以行动去帮助别人；

第六，座施，乘船坐车时，将自己的座位让给他人；

第七，房施，将自己空下来的房子提供给别人休息。"

无论谁，只要有了这七种习惯，好运便会如影随形。内心富足的人，才可施舍与人，也才是真正的富人。

第九十四则

当念积累之难　常思倾覆之易

问祖宗之德泽①，吾身所享者是，当念其积累之难；问子孙之福祉②，吾身所贻③者是，要思其倾覆之易。

【注释】

①德泽：恩惠。

②祉［zhǐ］：与福同义。

③贻［yí］：同"遗"，遗留。

【译文】

如果问祖先给我们留下什么恩德，它正是我们现在所享受的幸福，因此应当时时怀想祖先们创业积累的艰辛；如果要问子孙后代将来会得到什么样的福泽，它正是我们所留下的恩惠，同时，要考虑到这些家业是很容易遭受衰败的厄运的。

【点评】

老祖宗留下来的福泽和宝贝，我们真的都当做宝贝看待了么？也未必。

20 世纪 80 年代日本曾经出版了一本书，叫作《从中国古籍获取不可思议的力量》。书中认为二战后遭受重创的日本之所以能够迅速恢复经济、脱亚入欧，正是得益于各行各业、各个领域深入学习运用中国古典的智慧。涩泽荣一是研究《论语》的专家，他创造了日本近代工商业界一手拿义、一手拿利的伦理基础；安冈正笃是研究王阳明心学和元代宰相张养浩行政哲学的专家，他手下培养出来四届日本近代首相和无数企业界精英；而四大经营之圣之一、一手创造两家世界500强企业的稻盛和夫，则称自己完全是按照《菜根谭》等古籍的智慧去经营和管理企业的。

自家祖先传下来的遗产，在不经意中被他人拿去重新擦拭、视若珍宝、大放光彩，不得不让人深思。这样的经验教训提醒后人务必及时发现和警觉，也要更加懂得利用和珍惜。

第九十五则

只畏伪君子　不怕真小人

君子而诈善①，无异小人之肆恶②；君子而改节③，不及小人之自新。

【注释】

①诈善：虚伪的善行。

②肆恶：纵恣，放肆。《左传·襄公二十三年》："不可肆也。"

③改节：改变志节。

【译文】

身为君子却戴着伪善的面具，那么他的行为与邪恶的小人作恶多端没有什么两样；正人君子如果改变自己的操守同流合污，那么他的品格还不如一个毅然痛改前非重新做人的小人。

【点评】

关于什么是"君子"，传统文化典籍中有很多描述。最经典的莫过于"君子坦荡荡，小人长戚戚。"

所谓坦荡，就是真诚、素朴、率真，这是最为可贵的品质。倘若连这个最基本的德行都不能持有，则根本不配君子的称呼。

而古人常将梅兰竹菊喻为四君子，又是取其坚贞不屈、傲雪凌霜的气节。所以君子的另一可贵之处，则在于坚守名节。正像郑板桥的诗中所写："咬定青山不放松，立根原在破岩中，千磨万炼还坚劲，任尔东南西北风。"

第九十六则

春风解冻　和气消冰

家人有过，不宜暴怒，不宜轻弃。此事难言，借他事隐讽①之；今日不悟，俟②来日再警之。如春风解冻，如和气消冰，才是家庭的型范③。

【注释】

①隐讽：暗示，借用其他事物婉转劝人改过。

②俟［sì］：等待。

③型范：典型模范。

【译文】

家里有人犯了过错，不能随便大发脾气，也不应该轻易地放弃不管。如果这件事不好直接说明其错误，可以借其他的事来提醒暗示，使他知错改正；今天不能使他醒悟，可以过一些时候再耐心劝告。就像温暖的春风化解大地的冻土，就像暖和的气候使冰消雪融，这样才是经营家庭的典范。

【点评】

以前读这一则，常常感叹孔子说过的"色养，难也"。感叹越是在最亲近的人面前，越难保持和颜悦色。

时间久了，却忽然悟到整段话中最喜欢的一个字，原来是"俟"。"俟"就是等待，而等待是一种情怀，一种胸襟，也是一种智慧。

太多时候，我们无法容忍、无法理解家人的所作所为，恨铁不成钢，甚至失望至极、心灰意冷；但太多的误会、伤心、恼恨，可能都需要两个字来化解：时间。

"容我再等，历史转身。等酒香醇，等你弹一曲古筝。"

"俟"这个字足够美妙，让我们学会等待，等待一朵花开的时间。而陌上花开，君可缓缓归矣。

第九十七则

能彻见心性　则天下平稳

此心常看得圆满，天下自无缺陷之世界；此心常放得宽平，天下自无险侧①之人情。

【注释】

①险侧：险：邪恶；侧：不正。

【译文】

如果自己内心能将万事万物视作圆满善良，那么世界也会变得美好而没有缺陷；如果自己内心能对为人处世都做到宽容仁厚，那么世界也会变成没有邪恶阴险的境地。

【点评】

一个控制不了内心，总是容易受到外界干扰的人，叫做心随境转；而一个驾驭得了内心，并能投射到外物上的人，则可以境随心转。

而情况往往是这样，我们越是抱怨越是不满越是咒骂，世界反而变得越来越糟，老天爷甚至会把我们仅有的东西也拿走；如果我们越是感恩越是知足越是珍惜，世界则会变得越来越好，老天爷也总会在不知不觉中奖赏我们。

这就是天地之间神奇的多米诺骨牌效应。

第九十八则

操履①不可少变　锋芒不可太露

澹泊②之士，必为浓艳者所疑；检饰③之人，多为放肆者所忌。君子处此，固不可少变其操履，亦不可太露其锋芒④。

【注释】

①操履：操：操行、操守。履：履行实践。操履指平日所执操守及履行之事。

②澹泊：恬静无为。诸葛亮《诫子书》："非澹泊无以明志，非宁静无以致远。"

③检饰：检：自我约束；饰：才德表现于外。检饰的意思是自我约束，谨言慎行。

④锋芒：比喻人的才华和锐气。

【译文】

那些才华出众而又淡泊名利的人，一定会遭到那些热衷名利的人猜疑；那些谨言慎行极为自律的人，一定会遭到那些邪恶放纵之辈的妒嫉。因此一个坚守正道的君子面对这种情况，固然不应该随意改变自己的操守，但是也不要过于锋芒毕露，从而避免不必要的伤害。

【点评】

大凡有自己的原则和持守的人，多少总会相异于俗；

但这并不等于说非要与众不同、特立独行，因为这反而容易碍人眼目、招人嫉恨。

就像一个极为幽默的比喻：每个人都必须要有自己的原则，就像每个人都会穿内裤一样；但你当然不必到处显示你的原则，就像逢人便讲自己穿了内裤。

第九十九则

顺境不足喜　逆境不足忧

居逆境中，周身皆针砭药石^①，砥节砺^②行而不觉；处顺境内，眼前尽兵刃戈矛，销膏^③靡骨而不知。

【注释】

①针砭药石：针：古时治病的金针；砭［biān］：古时治病的石针；药石：泛称治病用的药物。针砭药石指治病用的器材药物，这里比喻砥砺人品德气节的良方。

②砺：磨刀石，这里指磨炼。

③膏：脂肪。

【译文】

一个人如果生活在逆境中，身边所接触到的全是犹如医治自身不足的良药，在不知不觉中磨炼了我们的意志和品德；但一个人如果生活在顺境中，就等于在面前布满了看不见的刀枪戈矛，在不知不觉中消磨了人的意志，让人走向堕落。

【点评】

很多时候所谓顺和逆、苦与乐都是相对而言的，有时仿佛毫无生还机会的背水一战，却可以"有志者事竟成，破釜沉舟，百二秦关终属楚"。

所以对于真正的豪杰之士，穷途厄运正是修炼自身的绝佳机会。能将不利善加利用的人，往往可以逆势而上，触底反弹，打造不一样的人生。

第一〇〇则

富贵而恣势弄权　乃自取灭亡之道

生长富贵丛中的，嗜欲①如猛火，权势似烈焰。若不带些清冷气味，其火焰不至焚人，必将自烁矣。

【注释】

①嗜欲：指放纵自己对酒色财气的嗜好。《吕氏春秋·仲夏》："退嗜欲，定心气。"

【译文】

生长在富豪权贵之家的人，他们的欲望像猛火一样强烈，他们的权势像烈焰一样灼人。如果不能加一些清醒冷静的心态来调和，那么这些欲望和权势的火焰即使不会将他们粉身碎骨，也会使他们玩火自焚。

【点评】

传统文化历来提醒人们警惕嗜欲的危害。

所谓"欲火焚身"，欲望绝不仅仅是使人迷惑、昏聩，而且足可毁灭自身。《菜根谭》提醒，尤其是含着金匙子出生的人更要小心。穿金戴银的生活，正如毒蛇猛虎，在不知不觉中吞噬着人心人性。所以保留一点淡泊超然的状态，保持一些冷静清醒的态度，非常必要。

第一〇一则

精诚所感　金石为开

人心一真，便霜可飞①，城可陨②，金石可镂③；若伪妄④之人，形骸徒具，真宰⑤已亡，对人则面目可憎，独居则形影自愧。

【注释】

①霜可飞：本意是说天空飞霜，这里比喻人的真诚可以感动上天，变不可能为可能，而在盛夏五月降霜。《淮南子》："衍（邹衍）事燕王尽忠，左右谮之，王之狱，衍仰天哭泣，天五月为之下霜。"

②城可陨：陨：崩塌。这里比喻人的至诚可感动上天，使城墙崩毁。《古今注》中卷："杞植战死，妻叹曰：'上则无父，中则无夫，下则无子，是人生之至苦。'乃亢声长哭，杞之都城感之而颓。"

③镂：雕刻。

④伪妄：虚伪，心怀鬼胎。

⑤真宰：宰：主宰。这里指主宰精神的心灵。

【译文】

一个人的心灵如果达到至真至诚的境界，就可以感动上天，使不可能变为可能。就像邹衍蒙受冤屈入狱，当时竟然盛夏之时飞下寒霜为他鸣不平；就像杞植的妻子因丈夫战死恸哭哀嚎，竟然使得坚固的城墙摧毁崩塌；就像最坚固的金石，也会由于至诚的精神力量而把它完全雕凿贯穿。反之，一个人如果虚与委蛇、心术不正，就算他还有一具像样的躯壳，但实际上灵魂已经死亡。与人交往，总会让人觉得眉目猥琐；面对自己，则万分羞愧。

【点评】

真诚究竟有何好处？或许很难让人在短时间内收获显而易见的利益，甚至还可能有所损失。

但真诚却有一种无形的力量，也是一份无价的资粮，拥有这种力量和资粮的人，总会有勇气和毅力感天动地、攻坚克难；可是失去这种力量和资粮的人，却仿佛被掏空了灵魂；他也许还在说着，可是话语却像一缕青烟；他也许还在笑着，可是眉眼却如一张面具；他也许还在走着，可是身体却只能算作一具皮囊。

第一〇二则

文章极处无奇巧　人品极处只本然

文章作到极处①，无有他奇，只有恰好；人品做到极处，无有他异，只是本然②。

【注释】

①极处：登峰造极的最高成就。

②本然：指纯真的本来天性。

【译文】

一个人文章修辞达到登峰造极的最高境界时，其实并没有什么特别奇妙之处，只是将思想情感与锻字炼句恰到好处地结合、表现；一个人的品德修养达到炉火纯青的最高境界时，其实也没有什么与普通凡人非常不一样的地方，只是使自己的精神心灵回归到纯真朴实的本然之性而已。

【点评】

有句话叫做"世事洞明皆学问，人情练达即文章"。如何做好这个学问、写好这篇文章，其实不必挖空心思、斟酌琢磨，《菜根谭》说只需"恰好"和"本然"。

何为"恰好"？就是行云流水、点到则止；不多言、不少言；不过分、也无不及。

何为"本然"？孟子说："大人者，不失其赤子之心者也。"顺应天道、顺乎人性，不巧饰、不做作；自然而然、水到渠成。

　　做到这两点，才是为人处事的最佳境界。

第一〇三则

明世相①之本体　负天下之重任

以幻境②言，无论功名富贵，即肢体亦属委形③；以真境④言，无论父母兄弟，即万物皆吾一体，人能看得破认得真，才可以任天下之重担，亦可脱世间之缰锁⑤。

【注释】

①世相：指社会现象及社会形态。

②幻境：指变幻无常的空虚境界。

③委形：委：赐予。指的是上天赋予我们的形体，并非属于我们自己所有。《列子·天瑞》："'吾身非吾有，孰有之哉？'曰：'是天地之委形也。'"

④真境：道教中的仙境。这里指超越一切物相的形而上境界，物我合一、永恒不变的境界，如《庄子·齐物论》中描述的"天地与我并生，而万物与我为一"。

⑤缰锁：套在马脖子上控制马行动的绳索，比喻人世间的互相牵制。

【译文】

如果就现象界的物质生活来说，不论官位、财富、权势都变幻无常，甚至就连自己的四肢躯体也属于上天暂时给予我们的形象；但如果从形而上境界的超物质生活来说，无论是父母兄弟等骨肉至亲，甚至于天地间的万物也都和我属于一体。一个人只有能洞察物质世界的虚幻无常，同时又能认清精神世界的永恒价值，才可以担负起救世济民的重大使命，也才可以摆脱红尘俗世中一切困扰我们的枷锁。

【点评】

有时候你会发现世界可能是一个悖论。

如果以佛家的观点看来，"一切有为法，如梦幻泡影，如露亦如电，应作如是观"。但如果以儒家的观点看来，则"未知生，焉知死"；人生在世，应该建功立业、出将入相，"致君尧舜上，能使风俗淳"。

那么，既然这一切终将成空，所有的努力还有意义吗？

中国文化的智慧将两者浑融无痕地结合起来，它承认虚幻，也面对真实。"看得破、认得真"六个字，如电光雷火，打破一切犹豫和纠结。正如罗曼·罗兰所说："这世界只有一种真正的英雄主义，那就是认清了生活的真相之后，依然热爱它。"

第一〇四则

凡事当留余地　五分便无殃悔

爽口①之味皆烂肠腐骨之药，五分便无殃②；快心之事悉败身丧德之媒，五分便无悔。

【注释】

①爽口：可口，味觉愉悦。

②殃［yāng］：祸害。

【译文】

山珍海味吃起来虽然美味可口，但实际上对肠胃身体都有不同程度的伤害，可如果我们在面对美食诱惑时不是只顾狂吃滥吞大快朵颐，而是控制住自己，吃个半饱就不会有什么大问题。得意之事总是会让人感觉眉飞色舞，但实际上都会对修养和德行带来影响，可如果我们不是凡事都强求完美、要求称心如意，而是知足常乐，保持在差强人意的限度上就不至于造成事后悔恨的恶果。

【点评】

清代学者李密庵写过一首《半半歌》，就像是对这句话的绝佳注脚和衍伸："看破浮生过半，半之受用无边。半中岁月尽悠闲，半里乾坤宽展。半郭半乡村舍，半山半水田园。半耕半读半经廛，半士半民姻眷。半雅半粗器具，半花半实庭轩。衣裳半素半轻鲜，肴馔半丰半俭。

童仆半能半拙，妻儿半朴半贤。心情半佛半神仙，姓字半藏半显。一半还之天地，让将一半人间。半思后代与沧田，半想阎罗怎见。酒饮半酣正好，花开半时偏妍。半帆张扇免翻颠，马放半缰稳便。半少确饶滋味，半多反压纠缠。百年苦乐半相参，会占便宜只半。"

《半半歌》中的智慧有二：其一，这世界本不圆满，更不可追求完美；其二，凡事把握一个"度"，才有回旋余地，更可源远流长。

第一〇五则

忠恕待人　养德远害

不责人小过，不发人阴私^①，不念人旧恶^②。三者可以养德，亦可以远害。

【注释】

①阴私：即隐私，指每个人私生活中的隐秘。

②旧恶：他人以前的过失。

【译文】

不苛责他人犯下的微小过失，不随便揭发他人私生活中的隐秘，不对他人过去的坏处耿耿于怀、久久难忘。做到这三点，既可以涵养自己的德行，也可以远离意外之祸。

【点评】

《论语》中曾子说："夫子之道，忠恕而已。"

如果把眼光放宽、放远一些，就会发现"忠恕"不仅是儒家精髓，那种包容、悲悯、宽恕、豁达的情怀，几乎存在于轴心时代所有先贤圣哲以及世界各大宗教的智慧中。

这种智慧，虽然不是精于计算的技巧，但因其发自内心的善良，却使人们在不知不觉中提升自我，远离祸患。

第一〇六则

持身不可轻　用心不可重

士君子持身①不可轻②，轻则物能扰③我，而无悠闲镇定之趣；用意不可重，重则我为物泥④，而无潇洒活泼之机。

【注释】

①持身：立身处世的原则和态度。

②轻：轻飘、轻浮、浮躁。

③扰：干扰、困扰、波动。

④泥：拘泥、束缚。

【译文】

作为一个士人君子，立身处世不可以轻飘浮躁不持重，内心浮泛之人容易被外物外事扰动，就没有那种镇定从容的优雅气度；同时，作为一个士人君子，用心着意也不可以城府过深过重，心思过重的人也容易被外事外物牵制束缚，从而失去那种潇洒超然的活泼生机。

【点评】

《论语》说："君子不重则不危"，端庄持重的人，会不怒自威，自然有一种气场和力量；不会墙头草随风倒，也不会为五斗米折腰。因为心中自有定力，所以能不以物喜，不以己悲，很少受到外界的扰动。

　　然而立身持重，不等于用心深重、思虑滞重。心机太多、钻营太甚，表面看是聪明无比，实际早已在不知不觉中有如囚徒俘虏，画地为牢、作茧自缚。

　　所以持身要重、用意要轻，如同中国功夫里的坐如钟、行如风，完全不矛盾，关键在于把握和拿捏的尺度。

第一〇七则

人生无常　不可虚度

天地有万古①，此身不再得；人生只百年，此日最易过。幸生其间者，不可不知有生之乐，亦不可不怀虚生②之忧。

【注释】

①万古：永恒不变的时间。

②虚生：虚度此生无所作为。

【译文】

天地的运行永恒不变，但人来到这世间只有一次，不会再死而复生；人生也许可以长达百年，但其中的每一天都是转瞬即逝，永不再来。我们有幸作为人投生在这天地之间，既不可不明白生而为人的幸运和快乐，也不可不怀有蹉跎岁月、虚度此生的忧患与警觉。

【点评】

亘古不变的天地有如绵延不绝的时间线，没有初始也没有尽头，而有限的个体生命在这条线上却只是微不足道的一个点。当一个人意识到生命如此短暂、渺小而又无法见证时空浩渺的时候，就会像初唐大诗人陈子昂那样，"前不见古人，后不见来者，念天地之悠悠，独怆然而泪下"，产生一种伟大的孤独感。

　　人的生命不过是被偶然抛入这个世界，就像范缜与竟陵王萧子良的对话："人生如树花同发，随风而散；或拂帘幌，坠茵席之上；或关篱墙，落粪溷之中。坠茵席者，殿下是也；落粪溷者，下官是也。"

　　而在这个偶然之中，时时刻刻、分分秒秒却又如白驹过隙、指间流沙不可抓执。所以，当我们意识到这种永恒与有限、偶然与必然的惊人对比，应该感恩生而为人的幸运，更会扪心自问：当我回首往事的时候，是否因为虚度年华而悔恨？是否因为碌碌无为而羞耻？

第一〇八则

德怨两忘　恩仇俱泯

怨因德彰^①，故使人德^②我，不若德怨之两忘；仇因恩立，故使人知恩，不若恩仇之俱泯^③。

【注释】

①彰：彰显、扩大。

②德：这里是动词，意思是对某人感恩戴德。

③泯：消弭、泯灭。

【译文】

有些嗔怨，恰恰是因为某些德行受到表彰和赞美才更明显，所以与其让别人对我感恩戴德，还不如使每个人把所谓的感念和怨念全都忘掉；有些仇恨，恰恰是因为某些恩情被施舍给予得不均衡才产生，所以与其让别人对我知恩图报，还不如使每个人把所谓的恩情和仇恨全都消弭。

【点评】

中国文化的智慧中充满了睿智的"相对论"，《老子》说过："祸兮福之所倚；福兮祸之所伏。""有无相生，难易相成，长短相形，高下相倾。"

表面看起来"好"的，就一定是"好"吗？凡事都是相对的，包括施舍向善、助人为乐这类看似单向性的行为。

就像庄子的那句话："相濡以沫，不如相忘于江湖。"人与人之间最好的状态是"自然而然"。行善施恩的人，纯粹发自本心，并未想显身立德；而受惠得恩的人，也没有那种低人一等、欠人之情的负重感。每个人只是做了该做的事，每个人也都该做好自己该做的事，如此而已。

第一〇九则

持盈履满　君子兢兢

老来疾病，都是壮时招的；衰后罪孽，都是盛时造的。故持盈履满①，君子尤兢兢②焉。

【注释】

①持盈履满：盈：丰富、充盈；履：福禄、福分。这里指幸福美满的物质生活。

②兢兢：小心谨慎、不敢大意。《诗经·小雅》："战战兢兢，如临深渊，如履薄冰。"

【译文】

晚年时的体弱多病，都是年轻力壮时满不在乎、不注重保养身体而招致的；失意后的罪刑缠身，都是志得意满时自以为是、随心所欲胡作非为造成的。所以越是在一帆风顺、富足美满的时候，越应该戒骄戒躁、小心谨慎。

【点评】

正像传统文化原典《易经》乾卦的卦象所揭示的那样：至刚至阳的运势不会永远持续、无终无止。乾卦有六爻，每一爻皆为阳数；而人生最高点不过在第五爻戛然而止，所谓"九五之尊"；若想再超越于此，攀上第六爻，则卦象中所有的阳爻全部翻转，变为阴爻，成为坤卦。

　　这就是天地自然的变化之道，只有深知人生和世界运行规律的人，才会意有所足、行有所止，才会对天道和人道深感敬畏，战战兢兢，如临深渊，如履薄冰。

第一一〇则

却私扶公　修身种德

市私恩①，不如扶公议②；结新知，不如敦③旧好；立荣名，不如种隐德；尚奇节，不如谨庸行。

【注释】

①市私恩：市：买卖；私恩：出于私心所施的恩惠。

②扶公议：扶：扶持、支持；公议：公众舆论。

③敦：加深、加强。

【译文】

如果给他人施恩惠是为了自己的私心，还不如正大光明地去扶持、推动社会的公益；与其创造机会不断结交各种新朋友，还不如与原来的老友故知保持联络加深感情；假设费尽心思去沽名钓誉显身扬名，还不如埋下头来韬光养晦修炼德行；与其艳羡追慕那些标新立异、特立独行的作风，还不如谨慎对待自己日常生活中的平凡小事、言行举止。

【点评】

也许是想走捷径的人太多了，所以反而不如老老实实走土路的人来得长久安稳。

我们最大的毛病，在于一样东西还没有消化好，就急着去吞另一样东西；朴实本分的根基还没有种好，就急着花拳绣腿、显身扬名，结果常常出师未捷身先死，而为天下笑。

我们都太不甘于寂寞平庸，太想拥有更多更新更好，殊不知"耐得住寂寞，就不会寂寞"；与其频繁更换轨道，还不如埋头深耕脚下土地；若干年后，你会发现结果是一样的，或者还根本没有后者省心省时省力。

第一一一则

勿犯公论　勿谄权门

公平正论①不可犯手，一犯则贻②羞万世；权门私窦③不可著④脚，一著则沾污⑤终身。

【注释】

①公平正论：公平无私的正当议论，这里指公众应该遵守的社会秩序和道德准则。

②贻［yí］：留下、遗留。

③私窦［dòu］：窦：储藏粮食的窖，或者壁间的小门。指营私舞弊的地方，也暗指走后门。

④著［zhuó］：放置。这里指涉足。

⑤沾污：沾染玷污。也有的版本作"玷污"。

【译文】

凡是社会大众所公认的道德原则和法律规范绝对不可以触犯，一旦不小心或故意触犯，就将遗臭万年；凡是权贵人家营私舞弊的地方千万不可踏进一步，万一不小心或故意涉足，那么清白的人格就此被玷污，一辈子也洗刷不清。

【点评】

真正有德行的人，一定非常爱惜自己的羽毛，所谓"了却君王天下事，赢得生前身后名"。

　　人这一生有两样东西不可摸、不可犯，那就是公平正论和权门私窦。

　　三观正确，永远是一个人一生最重要的立身基准。有些普遍价值和通行公理，必须永远尊奉、不可违背；而看似美好、实则害人的权势、利益、金钱则如火中取栗，必被灼伤，千万不能触碰。

　　古语言"一失足成千古恨，再回首已是百年身"，不可不慎矣。

第一一二则

直躬不畏人忌　无恶不惧人毁

　　曲意①而使人喜，不若直躬②而使人忌；无善而致人誉，不若无恶而致人毁。

【注释】

　　①曲意：曲：不直；指委屈自己的意志。

　　②直躬：躬：身体，引申为行为；指刚直不阿的行为。

【译文】

　　与其刻意委屈自己的意愿，千方百计博取他人欢心，还不如就保持刚正不阿、坦荡磊落的言行，哪怕因此遭到小人的忌恨；与其根本没有值得称道的善行而又无缘无故接受他人赞誉，还不如尽量去除恶行、没有劣迹，哪怕因此遭到小人的毁谤。

【点评】

　　《论语》中说："巧言令色，鲜矣仁"；"刚毅木讷，近乎仁"。

　　太过刻意地讨好别人，只能说明我们自身有某种短处，或者有见不得人的东西，必须要卑躬屈膝乞求他人施舍；而往往越是这样，越是融进不了自己想融入的圈子、接近不了自己想接近的人。

另外，鲜花和掌声也未必总是好事。所谓"德不配位、必有余殃"。当我们得到赞美和荣誉的时候，应该问问自己，我的德行和努力是否配得上这些？

"欲戴王冠，必承其重"，最好的状态是，不必为了王冠曲意逢迎，只需要不卑不亢、坦坦然然走自己的路；你若盛开，蝴蝶自来。

第一一三则

从容处家族之变　剀切规朋友之失

处父兄骨肉之变①，宜从容不宜激烈；遇朋友交游之失，宜剀切②不宜优游③。

【注释】

①骨肉之变：变：纠纷、变乱。意指骨肉至亲之间的家庭遽变，如婚姻变故或者父母死丧或者兄弟反目等。

②剀〔kǎi〕切：真挚、恳切。

③优游：柔和。《礼记·儒行》："忠信之美，优游之法。"这里指过分温和而没有态度。

【译文】

当不幸遇到父母兄弟或骨肉至亲之间发生家庭纠纷或人伦惨变事故时，应该忍住悲痛，沉着从容应对，不可感情用事、言行过激而将事情弄得更糟；当在交往中万一遇到知心朋友的过失错误，应该真诚恳切地规劝，不可优柔寡断，致使他继续错下去。

【点评】

《世说新语》中有这样一则故事：管宁、华歆曾经在一起同窗学习。有一次两人在园中耕地种菜时，看到地上有块金子，管宁仍然挥动锄头，与看到瓦石没有什么两样，华歆却把金子拾起来，看了半天才扔掉。还有一次，两人同坐在一张席子上读书，突然窗外一片喧闹，有乘轩车穿冕服的达官贵人经过，管宁照样埋头读书，华歆却放下书，出去探头探脑观看，艳羡之情溢于言表。管宁见此，毅然决然地把席子割开，与华歆分开坐，对华歆说："你不是我的朋友。"

这就是"割席断交"。对朋友的缺点，应该态度明确，哪怕尖锐一些，也不要犹犹豫豫，才是真正挚友应该有的态度。"道不同，不相为谋"，如果三观不同，也就没法做朋友了。

大处着眼　小处着手

小处不渗漏①，暗处不欺隐，末路不怠荒②，才是个真正英雄。

【注释】

①渗漏：渗：水从上往下慢慢滴；意思是侵蚀和走漏。

②怠［dài］荒：怠：懒惰、无心进取；荒：荒废、颓丧、不上进。

【译文】

对待细节微忽之处，也同样小心谨慎，绝不粗枝大叶、跑冒滴漏；处于幽暗无人之地，也同样严于律己，绝不卑鄙欺诈、瞒天过海；面对困顿潦倒、穷途末路之时，也同样不失斗志，绝不颓废怠惰、一蹶不振。做到这些，才算得上是真正的英雄好汉。

【点评】

东汉士林领袖陈蕃小时候有澄清天下之志，年纪不大便别居一处。有一次他父亲的朋友去看他，却发现房间里一片混乱，连插脚的地方都没有，便问他为何不整理。陈蕃慨然说道："大丈夫当以天下为己任，安能事一屋？"父亲的朋友当即问道："一屋不扫，何以扫天下？"

陈蕃由此醒悟。

　　有句话叫做"细节决定成败"，在小处、暗处、末路时，最能检验一个人真正的品性。不起眼的细节，是否能认真对待；没有他人在场的时刻，是否能始终如一；由盛转衰走不下去的时候，是否还能鼓起勇气、从头再来。所谓英雄，真的不止显现在沧海横流处。

第一一五则

爱重反为仇　薄极反成喜

千金难结一时之欢^①，一饭竟致终身之感^②，盖爱重反为仇，薄极反成喜也。

【注释】

①千金难结一时之欢：千金：泛指很多金钱或者很大恩惠。典故出自《三国演义》：汉末关羽和刘备失去联系后，投奔了曹操。曹操天天盛宴款待，并封侯赠金，极力讨好。但后来关羽得知刘备消息后，即刻封金挂印而去。

②一饭竟致终身之感：一饭：一顿饭的小恩惠。典故出自《史记·淮阴侯列传》：韩信小时候很穷，有一个漂洗棉絮的老太太在他最饥饿的时刻送给他一碗米饭，韩信感动不已，当上楚王以后，不忘恩情、回赠千金。

【译文】

人与人之间的相处如果不投机，那么即使拿出价值千金的重赏或恩惠，也难以博取对方好感、赢得他的真心；一个人假如有良心而又非常知恩重义，即使在他穷困时给一碗饭的小小恩惠，他也必然终生不忘。

另外人间还有一种极微妙的心理现象，就是当珍惜、爱重一个人的感情过于炽烈时，反而一不小心就会翻脸成仇；但如果一直很冷漠寡淡地对待一个人，突然对他示好多一点，他就会受宠若惊欣喜若狂。

【点评】

"人情世故"四个字，有的时候可能被指点江山激扬文字的少年书生所不齿，只有当阅历世事时间长了的时候，才会明白，能深入了解和把握人心人性，并可以适时适地做出合适的事、说出合适的话，是需要多么高的情商，而这又可以给自己带来多么难以估量的好处。

不懂得人情冷暖、人心向背，不知道拿捏这个尺度的人，总是付出很多情感、耗费大量精力却收效甚微，甚至伤人伤己。抛掷千金、费尽苦心都经营不好的关系，也许换了另外的时间、地点、人物、方式，一碗饭就能拿下，这种四两拨千斤的功夫，真的需要我们好好体会。

第一一六则

藏巧于拙　寓清于浊

藏巧于拙，用晦而明，寓清于浊，以屈为伸，真涉世之一壶^①，藏身之三窟^②也。

【注释】

①一壶：壶：指匏[páo]，一种球体的葫芦，体轻能浮于水。古人渡河时常常将匏绑在身上，称为"腰舟"，万一溺水可以救命。《鹖冠子·学问》："中流失船，一壶千金"，此处即是指平时并不值钱的东西，到紧要关头成为救命的法宝。

②三窟：出自于成语"狡兔三窟"，比喻安身立命之处很多。《战国策·齐策》中冯谖谓孟尝君曰："狡兔有三窟，仅得免其死耳。今君有一窟，未得高枕而卧也，请为君复凿二窟。"

【译文】

做人宁可装得笨拙一点不可显得太聪明，宁可收敛一点不可锋芒毕露，宁可随和一点不可太自命清高，宁可退缩一点不可太积极冒进，这才是立身处世最有用的救命法宝，这才是明哲保身最有用的狡兔三窟。

【点评】

《老子》中多次提到最具"道"的品性者，如水、如婴儿；多次提到"柔弱胜刚强"；多次提到"大巧若拙"、"大辩若讷"。这绝不是简单的隐忍、消极、退让，而是一种真正懂得天地智慧的生存之道。

那就是：不过早炫耀卖弄聪明，引起他人嫉妒；不过分显身扬名，成为众矢之的；不过度追求完美，以至离群索居；不过于亢奋激进，让自己没有退路。

俗话说：人生命运总是三十年河西三十年河东，不管什么时候，给自己留一些回旋的余地；否则万一涨水的时候，用什么渡河呢？

盛极必衰 剥极必复

衰飒①的景象就在盛满中，发生的机缄②即在零落③内；故君子居安宜操一心以虑患，处变当坚百忍④以图成。

【注释】

①衰飒：飒：本意是风吹落叶的声音；凋落、枯萎，指境遇衰败没落。

②机缄 [jiān]：启动与闭合的开关、关键因素，这里指运气的变化。《庄子·天运》："天其运乎，地其处乎，日月其争于所乎，孰主张是，孰维纲是，孰居无事推而行是，意者其有机缄而不得已邪？"

③零落：指人事的衰败凋落。陆机《门有车马客行》："亲友多零落，旧齿皆凋丧。"

④百忍：比喻极大的忍耐力。

【译文】

衰败凋零的现象往往早就在春风得意时就已经埋下了祸根；蓬勃发展的转机往往早就在失意凋敝时就已经种下了善果。

所以一个有才德的君子，当平安无事时，要留心保持自己的清醒理智，以便防范未来某种祸患的发生；一旦处身于变乱灾难之中，则应当坚忍不拔、隐忍图存，最终获得成功。

【点评】

传统文化原典《易经》中神秘莫测的卦象和爻辞，无时不在揭示着这样一条宇宙运行规则：只有"变化"才是唯一不变的真理。

盈满则亏、否极泰来；春去春回、花落花开。懂得了这种轮回和变化之道的人，在花开富贵时也知其必然凋零，在草木萧瑟时也知其必然茂盛，所以才能够居安思危、处变不惊，隐忍等待、终成大事。

第一一八则

奇异无远识　独行无恒操

惊奇喜异^①者，无远大之识；苦节独行者，非恒久之操。

【注释】

①惊奇喜异：喜欢惊世骇俗、异乎寻常的事物和举动。

【译文】

一个喜欢标新立异、荒诞离奇的人，绝对不会有高深的学识和远大的见解；一个喜欢自视清高、苦守名节、特立独行的人，绝对无法保持长久的恒心和品行。

【点评】

《真心英雄》这首歌里唱道："灿烂星空，谁是真的英雄，平凡的人们给我最多感动"；《再回首》这支歌里也有这样的句子："曾经在幽幽暗暗反反复复中追问，才知道平平淡淡从从容容是最真。"

这两首流行歌曲不经意地揭示了一个人生哲理：生活这篇文章不可能总是充满了惊叹号、省略号、重点号，更多的时候只是逗号、顿号、句号，只是平静如流水、从容如闲云的陈述和行走。

能够把平凡的日子过成诗的人，才是真正能够持恒长久、内心强大的人。

第一一九则

放下屠刀　立地成佛

当怒火欲水正在腾沸处，明明知得，又明明犯著①。知的是谁，犯的又是谁？此处能猛然转念，邪魔②便为真君③矣。

【注释】

①著［zhe］：同"着"。

②邪魔：魔：梵语"魔罗"的简称。因为恶鬼妨害正法，所以才称为魔罗，魔罗即妨害之意。

③真君：指主宰万物的神。《庄子·齐物论》："百骸九窍六藏，赅而存焉，其递相为君臣乎？其有真君在焉。"

【译文】

当一个人愤怒像熊熊烈火一般上升，欲念有如开水一般在心头翻滚时，虽然他明明知道这是不对的，可是又实实在在控制不住。知道这道理的是谁？明知故犯的又是谁呢？假如当此紧要关头能立刻转变心念，那么邪魔恶鬼也就变成了慈悲的真神。

【点评】

人们越来越认识到，在提升生活质量与生活境界层面，情商与智商同等重要，甚至比智商还要重要。

　　然而大多数时候我们都沦为情绪的俘虏，就如这个"怒"字——恶劣的情绪之下，人便成为心之奴，任由其蹂躏折磨。翻身农奴做主人的关键，就是能否在情绪肆虐的那个点上瞬间转念，立地成佛。

　　如今情绪管理学已经成为专门之学，而毫不夸张地说，一个能够有效控制情绪的人，才可以有效控制人生。

第一二〇则

毋偏信自任　毋自满嫉人

毋偏信而为奸所欺，毋自任而为气①所使；毋以己之长而形②人之短，毋因己之拙而忌人之能。

【注释】

①气：这里指一时意气。

②形：这里是动词，指陪衬、显出。

【译文】

不要轻易偏听误信他人的片面之词而被奸诈之徒所欺骗，也不要过分信任自己的才干而被一时意气驱使；不要用自己的长处去衬托别人的短处，更不要因为自己的笨拙而嫉妒他人的才干。

【点评】

世上最愚蠢的事情，莫过于有意无意炫耀自己的聪明和长处，显得别人都像弱智和傻瓜。表面看来一时占了上风，殊不知真正傻的是自己。

一方面，把自己的光鲜和羽毛显现在亮处，犹如空地上立一个靶子，等着他人将自己作为众矢之的。另一方面，小小的优越感和得胜心理，早已在暗中为自己埋下让人讨厌、遭人嫉妒的祸根。

人生总有波谷波峰，如果自己万一哪一天失势，得来的却是一句"活该"。大祸起于忽微，可不慎哉？

第一二一则

毋以短攻短　毋以顽济顽

人之短处，要曲①为弥缝②，如暴③而扬④之，是以短攻短；人有顽固，要善为化诲⑤，如忿而疾⑥之，是以顽济顽。

【注释】

①曲：婉转、含蓄。

②弥缝：弥补、掩饰。

③暴：暴露、揭发。

④扬：宣扬、扩大。

⑤化诲：启发教诲。

⑥疾：痛恨。

【译文】

对于别人的短处缺点，要很委婉地替他掩饰，如果故意暴露宣扬，是在证明自己的无知和缺德，是用自己的短处来攻击别人的短处；对于别人的顽固执拗，要善于教诲劝解，如果因为他的固执己见而怨愤或讨厌他，等于用自己的固执来强化别人的固执。

【点评】

"同情心"和"同理心"，是一个人情商中重要的组成部分。古语说："己所不欲，勿施于人"，也就是如何能设身处地、认真站在对方的立场去真正体会理解对方；甚至不止于站在对方立场，而是在恼怒愤恨的时候调转念头，想想假如我是他，我愿不愿意这样？我会想要怎样？

常人的心理，就像俗语所说"乌鸦落在猪身上，看见别人黑，看不见自己黑"；往往在这种时候，如果能以"同情心"和"同理心"换位思考，则对于他人的缺点、执拗或许能更多一些宽容和理解。

第一二二则

对阴险者勿推心　遇高傲者勿多口

遇沉沉不语之士，且莫输心^①；见悻悻^②自好之人，应须防口。

【注释】

①输心：推心置腹。

②悻悻［xìng xìng］：怨恨愤怒的样子。《孟子·公孙丑》："悻悻然见于其面。"

【译文】

遇到表情阴沉、不喜欢说话的人，不要急着和他坦诚相交、推心置腹；遇到满脸怒气、自以为是的人，应该注意谨慎小心、三缄其口。

【点评】

坦率真诚是传统文化最为推崇的美德之一，但是我们的先人，也绝不是一味告诉人们掏心掏肺、推心置腹，也有"话到嘴边留半句，莫向他人剖全心"的变通。

这种变通的使用，在于通过微妙的信息判断对方是一个什么样的人，值得用什么样的态度去对待。

所谓察言观色、审时度势、见微知著，同样是立身处世一个很重要的能力。

第一二三则

震聋启瞶① 临深履薄

念头昏散②处，要知提醒；念头吃紧时，要知放下。不然恐去昏昏之病，又来憧憧③之扰矣。

【注释】

①瞶 [kuì]：目不能视。

②昏散：迷惑、昏沉。

③憧憧 [chōng chōng]：来往不绝的样子，这里指心神摇摆不定。《易·咸》："憧憧往来，朋从尔思。"

【译文】

当头脑昏沉、意志散乱时，要知道及时警醒自己，保持清醒敏锐；当繁忙劳累、身心紧张时，要懂得暂时将压力放下，让自己轻松。如果不这样注意调节自己的精神和情绪，就很容易刚克服了昏沉迷糊的毛病，却又产生了心神涣散的困扰。

【点评】

古人云："一张一弛，文武之道。"

善于调整自身思维和情绪节奏的人，往往是智者和强者。而善于调整的关键，在于知道何时警醒自己、何时放松自己；知道何时警醒和放松的前提，则是对自己的生理曲线、心理曲线、智力曲线、情绪曲线，都有相当深入的了解和把握。

　　《道德经》说："知人者智，自知者明。"如何"自知"，这实在是一个大命题，也是解决很多问题的重要切入点。

第一二四则

君子之心　雨过天晴

霁^①日青天，倏^②变为迅雷震电；疾风怒雨，倏转为朗月晴空。气机^③何当一毫凝滞？太虚^④何当一毫障塞？人心之体，亦当如是。

【注释】

①霁 [jì]：雨过天晴。

②倏 [shū]：忽然、迅速。

③气机：这里比喻主宰气候变化的大自然。

④太虚：有两种说法。第一种指玄远的道理，《庄子·知北游》："是以不过乎昆仑，不游乎太虚。"成玄英疏："昆仑是高远之山，太虚是深远之理。"第二种指宇宙、天体，《文选·游天台赋》："太虚辽廓而无阂。"注："太虚，谓天也。"

【译文】

晴空万里朗日乾坤之际，忽然之间会变为乌云密布雷电交加；狂风怒吼倾盆大雨之际，转瞬之间又变为艳阳高照或明月高悬。大自然的运行何曾有一刻的停止？宇宙间的运动哪里有一丝阻塞？人的心性也要像天地自然一样，毫无滞涩，没有阻障。

【点评】

《心经》说："心无挂碍，无挂碍故，无有恐怖，远离颠倒梦想。"

七情六欲，如风云雷电、日月星辰，轮番在我们的身体和心灵中上演，有多少人被情绪和欲望困扰，苦不堪言，甚至痛定思痛如何舍弃肉身才能断除罪孽。然而，我们是否认识到，这些或高扬或低落、或阳光或阴霾的情绪欲望，其实也如天象气候的变化，都只不过是自身和自然的一部分。

接纳它们的起伏波动，如同接纳天地之间的阴晴冷暖，而且毫不滞涩和停留，毫无挂碍，它来任它来，它去随它去；如此才可以行云流水、舒畅自然。

第一二五则

有识有力　魔鬼无踪

　　胜私制欲之功，有曰：识不早，力不易者；有曰：识得破，忍不过者。盖识是一颗照魔的明珠，力是一把斩魔的慧剑①，两不可少也。

【注释】

　　①慧剑：佛家语，用智慧比喻利剑，认为利剑能斩断俗世万缘和烦恼魔障。《维摩诘经·菩萨行品》："以智慧剑破烦恼贼。"

【译文】

　　对于战胜自己的私心和克制自己欲念的功夫，有人说：没有及早认识到这种害处，也没有坚强的意志力去克服它；有人则说：明明认识到了这种害处，却又抵挡不住它的诱惑。由此可见，一个人的智识是洞察邪魔的法宝，而强大的意志力则是斩妖除魔的宝剑，二者缺一不可。

【点评】

　　一个人如果能对自身和自己的生活有所"觉知"，并且在"觉知"后有相当的行动力，那么大概率上说，他可以很好地把控人生。

　　苏格拉底说："没有反思的人生不值得过。"孔子说：

"吾日三省吾身。""觉知"，从某一方面来说就是保持敏锐的体悟和省察能力，可以在风起于清苹之末时，就见微知著、防患于未然。

在"觉知"之后就需要有自控力、自制力和行动力。所谓慧剑斩情丝，一方面是意识到这情丝的不合于时、地、势、人；另一方面，是具有极强的意志，可以斩草除根。如此人生，才了无牵挂、不留遗憾。

第一二六则

大量能容　不动声色

觉①人之诈②，不形③于言；受人之侮，不动于色。此中有无穷意味，亦有无穷受用。

【注释】

①觉：发觉、察觉。

②诈：欺骗。

③形：表现、表露。萧统《文选序》："情动于中而形于言。"

【译文】

发觉别人在欺诈自己时，并不以言语来表现自己的不满；受到别人的欺侮，也不在表情上显现出愤怒的情绪。这种处事方法中有无穷的意蕴，也含有一生受用不尽的奥妙。

【点评】

《寒山拾得问对录》中有这样一段对话：

寒山问曰："世间有人谤我、欺我、辱我、笑我、轻我、贱我、恶我、骗我，该如何处之乎?"拾得答曰："只需忍他、让他、由他、避他、耐他、敬他、不要理他，再待几年，你且看他。"

还有一段故事：

郑板桥在乾隆年间任潍县知县，有一天收到堂弟郑墨的来信，原来郑家的人想翻修老屋、拆掉旧墙，可是邻居说那堵共用的墙是他们祖上传下来的，郑家无权拆掉。两家打起官司，闹到县里，郑墨于是给郑板桥写信，让他利用职权过问此事。郑板桥接到信后考虑再三，回复了一首打油诗："千里告状为一墙，让他一墙又何妨；万里长城今犹在，何处去找秦始皇?"又寄去一个条幅，上写"吃亏是福"。郑墨接到信羞愧难当，两家重修旧好。

体会这两段轶事佳话，也许更会明白，什么是"无穷意味"和"无穷受用"。

第一二七则

困苦穷乏　锻炼身心

横逆困穷①，是锻炼豪杰的一副炉锤②。能受其锻炼，则身心交益；不受其锻炼，则身心交损。

【注释】

①横逆困穷：横：不顺心的事；逆：违背常情的事；困：贫困、窘迫；穷：无路可走、无法实现理想。指各种意想不到的灾祸、穷困。

②炉锤：锻造金属的熔炉和铁锤，这里比喻磨炼人心性的东西。

【译文】

突然降临的飞来横祸和穷困潦倒的境地，是锻炼英雄豪杰心性的熔炉和铁锤。能够承受住这种锻炼，身心才会有质的飞跃；如果承受不了这种锻炼，那么身心就会反而受到损害。

【点评】

人人皆想出人头地，成为英雄豪杰；然而是否有过暗自忖度：自己是否具备成为英雄豪杰的材料？

当历经严酷的熔炉冶炼和铁锤锻造时，能面不改色心不跳，越锤炼越精粹，越苦难越卓越，这才证明是一块真正质量上乘的原料；反之，耐不住高温高压，经不住敲打焚烧，自然证明是渣滓废物、无用之材。

第一二八则

人乃天地之缩图　天地乃人之父母

吾身一小天地也，使喜怒不愆①，好恶有则，便是燮理②的功夫；天地一大父母也，使民无怨咨③，物无氛疹④，亦是敦睦的气象。

【注释】

①愆［qiān］：过失、错误。《尚书·说命》："其永无愆。"

②燮［xiè］理：燮：协和治理。《书·周官》："立太师、太傅、太保，兹惟三公，论道经邦，燮理阴阳。"

③怨咨：怨恨叹息。

④氛疹［zhěn］：氛：凶气；疹：恶病。《左传·襄公二十七年》："楚氛甚恶。"

【译文】

人们的身体就是一个小天地，如果能使自己喜怒不逾越规矩，使自己的好恶遵守一定的规则，这就是做人的一种调理谐和的功夫；天地就像是万物的父母，如果能让百姓没有怨恨和叹息，万事万物没有灾害，大自然便能够呈现一片祥和太平的景象。

【点评】

我们常说"和谐"，何为"和谐"？

就人自身而言，不是没有喜怒哀乐、情绪起伏；不是没有好恶亲疏、远近之别，而是在这之中既有原则，又能达到一种顺遂和妥贴；就天地而言，不是没有风霜雨雪、阴阳寒暑，不是没有民心向背、人情冷暖，而是在这之中既有尺度，又能达到一种平衡和圆融。

如此，既可以做一个真实自然的人，做一个真实自然的天地，也可以涵养品格、化育万物。

第一二九则

戒疏于虑　警伤于察

害人之心不可有，防人之心不可无，此戒疏于虑也；宁受人之欺，勿逆①人之诈，此警惕于察也。二语并存，精明而浑厚矣。

【注释】

①逆：这里用作动词，预先。诸葛亮《后出师表》："凡事如是，难可逆见。"

【译文】

"害人之心不可有，防人之心不可无"，这是用来告诫那些思虑不周、警惕性不高的人；宁可受到别人的欺骗，也不揣摩别人的机诈之心，这是用来劝戒那些想得太细、警惕性过高的人。与人交往能做到这两点，便能够思虑精明且心地浑厚了。

【点评】

前文有一段话叫做"觉人之诈，不形于言；受人之侮，不动于色。此中有无穷意味，亦有无穷受用。"

然而这绝不等于别人打了你的左脸，你又乖乖地把右脸也送上去。

《菜根谭》强调的智慧是"精明而浑厚"，这实在是涉世之船的一体两翼、得力舟楫，如果真能将这二者运用得自然适度、互为补充、互为表里、并行不悖的话，那么行走世间，便可以顺风顺水、减除祸患。

第一三〇则

辨别是非　认识大体

毋因群疑而阻独见，毋任己意而废人言，毋私小惠而伤大体，毋借公论以快①私情。

【注释】

①快：称心如意、高兴、痛快。熟语有"大快人心"。

【译文】

不能因为大多数人的猜疑而影响自己独到的见解，不要固执己见而不听从别人的忠实良言，不要因为贪恋小的私欲而伤害了大多数人的利益，不要借公众的舆论来满足自己的个人愿望。

【点评】

大多数情况下，我们很容易被潮流和舆论左右，又很难听进去真正的忠言；很容易从自私和小我的角度考虑问题，又难免时而闪现阴暗和猥琐的杂念。

凡此种种，都在昭示我们的格局和胸襟还不够高、不够大。而《菜根谭》的这几句话，用今天的话来说就是：有主见、不固执、胸怀大局、无私无我。

这是一个成熟、理性、公平、正直之人的必备素养，更是我们应该努力超越自己而达到的境界。

第一三一则

亲近善人须知机杜谗　铲除恶人应保密防祸

善人未能急①亲，不宜预扬，恐来谗谮②之奸；恶人未能轻去，不宜先发，恐遭媒孽③之祸。

【注释】

①急：急切。

②谮［jiàn］：说坏话诬陷别人。《荀子·致士》："残贼加累之谮，君子不用。"

③媒孽［niè］：栽赃陷害他人而酿成其罪。《汉书·李陵传》："随而媒孽其短。注：'媒，酒教；孽，曲也。谓酿成其罪。'"

【译文】

想要结交君子和好人，不能急于亲近，也不应当事先就宣扬开来，以免惹来奸邪之徒的诽谤和中伤；想要摆脱小人和坏人，不能草率行事，也不可先发制人打草惊蛇，以免招致无端的报复和陷害。

【点评】

《菜根谭》的很多智慧，讲究的都是如何把握节奏的问题。而世间很多事并不存在非此即彼、抽刀断水，只是因为拿捏轻重缓急的节奏不同，结果便迥然相反。

比如这一句，亲君子远小人，是古来通理，可是如果亲的时间不得当，远的方式不得当，都会惹祸上身，莫名惹来嫉妒、陷害、中伤、报复。

因此就可明白，为何有时候我们很委屈，自己明明是一片好心做了善事，却招来祸患。其中的微妙原因，不可不反思。

第一三二则

节义来自暗室不欺　经纶缫出临深履薄

青天白日的节义^①，自暗室屋漏中培来；旋乾转坤的经纶^②，自临深履薄^③处缫^④出。

【注释】

①节义：名节义行，这里指人格。

②经纶：本意是纺织丝绸，这里指经邦治国的政治韬略。《易经》："君子以经纶。"

③临深履〔lǚ〕薄：面临深渊、脚踏薄冰，比喻做事非常谨慎小心。《诗经·小雅》："战战兢兢，如临深渊，如履薄冰。"

④缫〔sāo〕：同"缲"，本义是把蚕茧浸在沸水中抽出丝；这里指历经考验而出的成果。

【译文】

有如青天白日那样光明磊落的节操义举，都是在默默无闻之处和艰难困苦中培养出来的；可以扭转乾坤经邦济国的能力本领，都是从谨慎小心之处和危险处境中磨炼出来的。

【点评】

有些图省力气也没有头脑的父母，教育子女时常常是姑息纵容或者听之任之，其所谓的理由是"长大了就好了"。

事实证明：不经历风雨不会见彩虹，没有人可以随随便便成功。不论是伟大的人格品行，还是杰出的能力本领，都可以追寻到其来历和出处，探寻到其一路踪迹。

所以不论家庭教育还是自我提高，绝没有一蹴而就、瞬间飞升的，所有一切，都在小处、暗处、平处、淡处，已经开始了。

第一三三则

伦常本乎天性　不可认德怀恩

父慈子孝，兄友弟恭，纵做到极处，俱是合当^①如此，着不得一丝感激的念头。如施者任德^②，受者怀恩，便是路人，便成市道^③矣。

【注释】

①合当：应该。

②任德：以有恩德于人而自是、自任。

③市道：交易市场。

【译文】

父母对子女的慈爱，子女对父母的孝顺；兄长对弟妹的友爱，弟妹对兄长的敬重，这些人伦情感，即使付出全部爱心、做到最完美的境界，也都是自然而然和理所当然的，彼此间不必要存有一丝感激的念头。如果施恩的人自以为是恩人，接受的人抱着感恩图报的想法，那么就是将至亲骨肉之间的关系当作了陌路人来看待，真诚的骨肉之情就会变成一种市井交易了。

【点评】

怎样理解中华文明的礼仪文化？

如果说血缘关系是礼的基础，而礼的表现是亲亲尊尊，是一种尊卑有序、上下有别，也没有错。但礼文化的核心究竟是什么呢？

《论语》中孔子回答宰我"为何父母死后要守孝三年"时，说："子生三年而免于父母之怀"。父母对子女发自内心和天性的慈爱，在婴儿三岁后自理能力稍强一些时，才有些微减少；而子女失去父母之爱的悲痛和想念，也需要经过三年才稍微减轻。这些都是发自人内心的自然情感，守孝三年不过是遵循这种人之常情的外在礼法规定而已。

《菜根谭》这段话在某种程度上再次阐释了这个问题——那就是，符合人内心自然情感的流露，这才是礼的核心；如果只以礼法的外在条框去约束所谓的言行举止，则只是假模假式的躯壳罢了。

第一三四则

不夸妍好洁　无丑污之辱

有妍①必有丑为之对，我不夸妍，谁能丑②我？有洁必有污为之仇，我不好洁，谁能污我？

【注释】

①妍：美、美丽。刘知几《史通·惑经》："明镜之照物也，妍媸必露。"

②丑：这里作动词，丑化、污化。

【译文】

天地之间的事物，有美丽必然就有丑陋作为对比，只要自己不自夸炫耀自己美丽，那谁又能指责我丑陋呢？有洁净必然就有脏污作为对比，只要自己不宣扬自恃自己如何洁净，那谁又能讥讽我脏污呢？

【点评】

正如老子所说："高下相形，长短相倾"，世间万物之所以有差别，是因为有比较的概念之后才产生的；而一旦有了差别，就会在人的内心感觉里产生落差，并且可能由此产生种种失落、沮丧、嫉妒、愤恨等不良的情绪。如果这些情绪经由不适当的渠道发出，则可能害人害己。

　　而一切的根源在于：我们制造了差别和对比。所以，对这一切有所了悟的人不会有意无意人为制造差等和分别。和光同尘、韬光养晦，把自己淹没在人海中，很多时候是对自己最好的保护。

第一三五则

富贵多炎凉　骨肉多妒忌

炎凉①之态，富贵更甚于贫贱；妒忌之心，骨肉尤狠于外人。此处若不当以冷肠②，御以平气，鲜不日坐烦恼障③中矣。

【注释】

①炎凉：气候冷暖，这里比喻人情变化。

②冷肠：与热肠相对，本指缺乏热情，这里指冷静。

③烦恼障：佛教用语。例如五毒"贪嗔痴慢疑"等都能扰乱人的情绪而生烦恼，这些烦恼是涅槃之障，称为"烦恼障"。《佛地论》："身心烦乱不成寂静，名之为烦恼障。"

【译文】

人情冷暖、世态炎凉，这种情况在富贵之家比贫苦人家体会得更明显；嫉妒怀疑、猜忌怨恨，这种状态在至亲骨肉之间比没有关系的人之间表现得更为厉害。当此情况，如果不能用冷静的眼光去看待，不能以平和的心态控制自己，那就会天天处在烦恼的困境中了。

【点评】

非常奇怪的是：人往往容易妒忌身边的人、亲近的人，以及和自己差不多的人。很少有人嫉妒比尔·盖茨、马云、巴菲特，因为他们距离自己太远了。

　　然而这也许就是人之常情，如果能够认识到，这无非是人之本来性情，而我们都不过是俗世中人，难免有"贪嗔痴慢疑"，你我皆如此；那么曾经被困扰、受伤害的情绪，也许就会冷静平和很多，也许就不会因此而深陷其中了。

第一三六则

功过不可少混　恩仇不可过明

　　功过不容少混，混则人怀惰隳①之心；恩仇不可太明，明则人起携贰之志②。

【注释】

　　①惰隳 [huī]：疏懒堕落，灰心丧气。

　　②携贰之志：携贰：怀有二心，有疑心。《左传·文公七年》："亲之以德，皆股肱也，谁敢携贰。"

【译文】

　　对部下的功绩和过失一点都容不得混淆，如果混淆了，人们就会变得懒怠而没有上进之心；对下属的恩惠和仇恨却不能表现得过于明显，如果太明显了，人们就容易心生怀疑，而起背叛之心。

【点评】

　　刘邦称帝后，分封了许多同姓和异姓诸王，以为天下已定。然而有一天张良告诉他不少将领正在密谋造反。刘邦很诧异："为何谋反？"张良回答："陛下出身平民，靠着他们的效忠才取得天下。而今身为天子，封的全是亲属和老友，杀的全是仇家。其他官员们担心如果再得不到封赏，时间久了，万一您想起他们先前偶然犯的过失而起杀机。所以军心不稳，密谋叛变。"刘邦大为惊恐，立即采用张良的计策，封了他平生最憎恨、最厌恶的雍齿为侯。将领们闻讯后大喜，互相说："雍齿都封了侯爵，我们还有什么问题？"一场由于刘邦以个人爱憎为标准施行赏罚所酿成的朝政风波，就这样暂时平息了。

相似的情况在宋初也出现过：有一位将领立下大功，按规定应该升职。可是因为宋太祖赵匡胤看不上他，坚决不同意给他升官。宰相赵普多次上奏，赵匡胤生气地说："难道这个主我还做不了吗？"赵普回答："刑是用来治罪的，赏是用来奖功的，这是自古至今都要遵从的道理。况且，刑罚是国家的刑罚，罚恶赏功，古来通理，不是陛下个人的刑罚。哪里可以凭个人的喜怒好恶来决定？"赵匡胤无法，最后同意该将领升迁。

正所谓功过分明，信赏必罚；绝不将个人恩怨搅入大局、混淆是非，正是一个领导者必备的品格。

第一三七则

位盛危至　德高谤兴

爵位①不宜太盛，太盛则危；能事不宜尽毕，尽毕则衰；行谊②不宜过高，过高则谤③兴而毁来。

【注释】

①爵位：指官位，君主国家所封的等级。

②行谊：合乎道义的品行。

③谤：毁谤。《史记·屈原传》："信而见疑，忠而被谤。"

【译文】

官爵禄位不可做得太大，太大了就会使自己陷于危险境地；才能和本事不能全部用尽，用尽之后就会走向衰落；言行论调不可太高，太高就容易招来毁谤和中伤。

【点评】

老子说："物壮则老，是谓不道，不道早已。"凡事物发展到了强盛的极点就会衰落，因为这是自然规律，违背自然规律就必然灭亡。

而《菜根谭》中的另一句话："事事留个有余不尽的意思，便造物不能忌我，鬼神不能损我。若业必求满，功必求盈者，不生内变，必招外忧。"正好可以作为这句话的补充和注脚。

第一三八则

阴恶祸深　阳善功小

恶忌阴，善忌阳^①。故恶之显者祸浅，而隐者祸深；善之显者功小，而隐者功大。

【注释】

①恶忌阴，善忌阳：阴阳，古人哲学概念。古代思想家把万事万物概括为"阴"、"阳"两个对立的范畴，如天、火、暑是阳，地、水、寒是阴。这里"阴"指不容易被人发现的地方；"阳"指大家都能看得到的地方。

【译文】

做坏事最忌讳的是隐藏不让人知道，做好事最忌讳的是到处宣扬让人知道。所以，显而易见的坏事所造成的灾祸较小，不为人知的坏事所造成的灾祸较大；做了善事而让别人知道，所积的功德小；在暗中默默行善不被别人知道，所积的功德才大。

【点评】

美国人类学家本尼·迪克特曾经将东方文化概括为"耻感文化"，也就是特别注重廉耻，讲究面子，在意别人怎么说、怎么看、怎么评论。

在这种文化心理作用下，特别容易做了很小的善事，便急于宣扬让人知；而做了很大的恶事，却尽量隐藏不使人知。

　　然而以佛教的观点看来，做善事的功德在于默默在心中埋下种子，如果宣扬出去，无异于拔苗助长、前功尽弃；而做恶事的危害在于引起人的警觉防范，如果刻意伪装藏匿，无异于背后拔刀、暗中下手。以上两种都需要我们深深反思。

第一三九则

应以德御才　勿恃才败德

德者才之主，才者德之奴。有才无德，如家无主而奴用事矣，几何不魍魉①猖狂②。

【注释】

①魍魉［wǎng liǎng］：又写作"罔两"、"蝄蜽"，迷信传说中的一种怪物。《孔子家语》："木石之怪曰魍魉。"

②猖狂：狂妄而放肆。

【译文】

品德是才干的主人，而才干只是品德的奴婢。如果一个人只有才干学识却缺乏品德修养，就好像一个家庭没有主人而由奴婢当家，这又哪能不胡作非为、狂妄嚣张呢？

【点评】

司马光曾说过："才者，德之资也；德者，才之帅也。"有才无德的人作的恶通常会更大，对人类和社会所造成的危害也更甚。

袁世凯就是一个有才无德的典型例子。他的能力之强有目共睹，德行之劣也是举世无双。所有提携他、依靠他、指望他、利用他的人，不管是敌是友，全部都被出卖。谭嗣同夜访法华寺，他一看可以加官晋爵，马上蠢蠢欲动、口惠变法；慈禧垂帘听政，他一看大势已去，马上划清界限、告密求全；武昌起义成功，他一看大厦将倾，马上摇身一变、咸与维新；大总统位置坐稳，他一看无人能敌，马上"建极绥猷"、复辟称帝。近代中国几十年军阀混战的序幕，直接由他亲手编练的北洋军拉开。但无德有才者玩火终将自焚，逆势称帝最终导致袁世凯身败名裂、众叛亲离。

曾国藩也说："德才俱全者为圣人，德胜于才者为君子，德才俱无者为愚人，才胜于德者为小人。""若无圣人，则用君子，若无君子，则用愚人。"对于人才来说，德才兼备是最好的，如果德才不能兼备，宁愿"才"差一点，但是"德"必须要具备。

第一四○则

穷寇勿追　投鼠忌器①

锄奸杜②佞③，要放他一条去路。若使之一无所容，譬如塞鼠穴者，一切去路都塞尽，则一切好物俱咬破矣。

【注释】

①投鼠忌器：想打老鼠又怕把东西打坏，比喻做事有所顾忌。

②杜：杜绝、阻止。李斯《谏逐客书》："强公室，杜私门。"

③佞：用不正当手段谋求恩宠的人。

【译文】

要想铲除杜绝那些奸佞邪恶之辈，就要给他们一条改过自新、重新做人的路径。如果使他们走投无路、无立锥之地的话，就好像为了消灭老鼠而堵塞鼠洞，一切进出的道路都堵死了，那么一切好东西也就都被老鼠咬坏了。

【点评】

嫉恶如仇、刚直不阿、是非分明，本来是很好的品德，但《菜根谭》的建议是：这种品德运用起来也必须有智慧、有技巧。"放一条去路"，就是不要将之逼得狗急跳墙、走投无路、反咬一口。

东汉之际士大夫中的党人，就是嫉恶如仇、不畏强权，锄奸去恶务必一追到底、坚决铲除而后快，但最后却被宦官集团恶狗反扑，导致诸多人中之杰被诛杀、入狱，或解归田里、禁锢终身。

所谓斗争也要讲究策略，杀敌一千自损八百，没有真正保存有生力量，这种伤亡的确有些不值得。

第一四一则

过归己任　功让他人

当与人同过，不当与人同功，同功则相忌；可与人共患难①，不可与人共安乐，安乐则相仇②。

【注释】

①患难：患：忧患。指艰难困苦。

②仇：仇恨。《史记·郭解传》："雒阳人有相仇者。"

【译文】

应该有和别人共同承担过失的雅量，不应当有和别人共享功劳的念头，共享功劳就会引起彼此的猜疑；应该有和别人共同渡过难关的胸襟，不可有和别人共享安乐的贪心，共享安乐就会造成互相仇恨。

【点评】

范蠡曾经评价越王勾践"可以共患难，不可以同安乐"。他陪着勾践在吴国为奴三年，帮他操练军队、恢复国力。可是一旦勾践成就了霸业，范蠡就意识到"狡兔死、走狗烹；飞鸟尽、良弓藏"，所以在最快的时间里人间蒸发，与西施泛舟五湖，做陶朱公去了。这样的君主容不得别人分享胜利果实，当然胜利果实也长久不了。

反之，刘备就是一个特别有领导智慧的人，他没有什么大才干，但是一能忍、二能哭、三能让。正是凭借这几点成就了大业。每当作战胜利或者百姓安居的时候，他总是把功劳归于诸葛亮，说一切"皆丞相之功也"。后来被陆逊火烧七百里连营，大势已去、临死之前，还说"朕自得丞相，幸成帝业"，至于兵败而归，是自己"智识浅陋"，不听从诸葛亮的话才至于此。刘备善于以德服人，其中的常用招数就是推功揽过。

第一四二则

警世救人　功德无量

士君子，贫不能济物^①者，遇人痴迷处，出一言提醒之，遇人急难处，出一言解救之，亦是无量功德。

【注释】

①济物：济：救济。这里指用金钱救助他人。

【译文】

有学问有节操的人，虽然贫穷到无法用物质去接济他人，但当碰到别人处于执迷不悟时，能给一些指点提醒，使他领悟；当别人发生危急困难时，能说几句公道安慰的话，使他摆脱困境，这也算是无限的大功德。

【点评】

佛教的布施中，出一钱一物周济于人，叫做财布施；以勇敢力量鼓舞人、安慰人，叫做无畏布施；或讲经说法、或传播知识、或给人智慧启迪，叫做法布施。

施舍于人，倒不一定是有意做功德，但是能够给予人、帮助人的成就和快乐感，本身就是对自己极大的奖励。

趋炎附势　人情之常

饥则附，饱则飏①，燠②则趋，寒则弃，人情通患③也。

【注释】

①飏〔yáng〕：飞翔。《晋书·慕容垂载记》："垂犹鹰也，饥则附人，饱则高飏。"

②燠〔yù〕：温暖。《说文·无衣》："安且燠兮。"注："燠，暖也。"

③患：疾病。柳宗元《愈膏肓赋》："愈膏肓之患难。"

【译文】

饥饿潦倒时就去投靠人家，温暖饱足时就远走高飞，碰到富贵的就去巴结，遇到贫寒的就鄙弃，这是一般人都会有的通病。

【点评】

战国时代的四公子之一孟尝君被齐泯王罢免相位后，门下食客多离他而去。后来冯谖谋划计策帮助他恢复相位，原来离开的宾客又纷纷打算重归门下。孟尝君气愤地对冯谖说："我一生好客，从不敢有所闪失，而门客们见我被罢官，却都四散离去。今仰赖冯谖先生得以恢复相位，门客还有什么脸面再见我？我如果再见到他们，必唾其面而大辱之。"冯谖听后忙说："您说的不对啊。'富贵多士，贫贱寡友'，这是一种自然规律；就像清晨时人们都急急忙忙赶往集市，但到日落时，就算经过集市，人们也甩着膀子走过去，看也不看一眼。他们不是爱好清晨，厌恶傍晚，而是因为傍晚时分，希望得到的东西，在那儿已经没有了。利之所趋，这就是人们的行事法则。您失去权势地位，宾客自然远走高飞，不能因此怨恨宾客而平白截断他们奔向您的道路，'愿君遇客如故。'"

孟尝君听了，对冯谖深鞠一躬说："先生说的是，田文受教了。"孟尝君失去权势和地位，宾客自然远走高飞，这就是千古以来人情冷暖的常态。如果能够了解这种常态，也就会少一些失望和愤怒。

第一四四则

须冷眼观物　勿轻动刚肠

君子宜净拭冷^①眼，慎勿轻动刚肠^②。

【注释】

①冷：冷静。

②刚肠：指耿直的个性。

【译文】

一个有品德才学的君子，要以冷静的态度来面对事物，要小心从事，切忌随便触动情绪，表现自己耿直的性格。

【点评】

嵇康《绝交书》中有几句话："刚肠嫉恶，轻肆直言，遇事便发。"

然而有的时候，个性刚正、心直口快、口无遮拦，未必能收到好的效果。古语说"话到嘴边留半句"，不是要让我们深藏城府、九曲回肠，而不过是在告诫我们，要先经过大脑冷静的观察和判断，然后再发言也不迟。

第一四五则

量弘识高　功德日进

德随量进，量由识①长。故欲厚其德，不可不弘②其量；欲弘其量③，不可不大其识。

【注释】

①识：知识、见识、经验。

②弘：动词，扩大、光大。《汉书·叙传下》："思弘祖业。"

③量：气量、抱负。《三国志·蜀书·诸葛亮传》："刘备以亮有殊量，乃三顾亮于草庐之中。"

【译文】

人的道德是随着胸襟气量而增长的，人的气量胸襟又是随着见识视野而增加的。所以要想使自己的道德更加提升，就要使自己的气量更宽宏；要使自己的气量更宽宏，就要使自己的视角更加高屋建瓴。

【点评】

有句话叫做："你的心有多大，世界就有多大；你的心大了，有些事情自然就小了。"

所以，如果想不被琐碎小事所纠缠羁绊，就需要扩充心量，使心胸宽广宏阔。可是如何能扩充心量？那就是拓宽视野、增长见识。

如果一个人从来没有见过高山大海，他就永远体会不到那种"海纳百川、有容乃大；壁立千仞、无欲则刚"的涵盖天地的气魄；而当我们在更高层次的坐标上看到了更广阔的世界的时候，我们自然可以有更大的能力去战胜烦恼，进德修业。

第一四六则

人生惟危　道心惟微

一灯萤然^①，万籁^②无声，此吾人初入宴寂时也；晓梦初醒，群动未起，此吾人初出混沌处也。乘此而一念回光，炯然返照，始知耳目口鼻皆桎梏^③，而情欲嗜好悉机械矣。

【注释】

①萤然：形容灯光微弱得像萤火虫闪烁一般。

②万籁 [lài]：一切声音。

③桎梏 [zhì gù]：捆住手足的刑具。《战国策·齐策六》："束缚桎梏，辱身也。"引申为约束、束缚。

【译文】

当夜晚时分灯火微照、万籁俱寂，这正是人们刚刚开始安静入睡的时候；当清晨时分睡梦刚醒、万物未动，这正是人们刚刚开始从朦朦胧胧中清醒的时刻。如果能利用这一刻来澄清自己的内心世界，回观反省自身，便会明白耳目口鼻是束缚我们心智的枷锁，而情欲爱好等都是捆绑我们本性的器械。

【点评】

《尚书·虞书·大禹谟》说："人心惟危，道心惟微；惟精惟一，允执厥中。"人心是危险难安的，道心却微妙难明。惟有精心体察、专心守住，才能坚持一条不偏不倚的正确路线。

　　生活中也许会有某种机缘巧合，使我们瞬间安定下来，回归心的本体。而在这种时候，灵光涌现，犹如闪电照彻长空；忽然顿悟到平日里的种种痛苦煎熬，根源不过都在自身的眼耳鼻舌身意、喜怒哀乐爱恶欲；而在领悟的那一刻，也就顿感轻松和超然了。

第一四七则

诸恶莫作　众善奉行

反己^①者，触事皆成药石^②；尤人^③者，动念即是戈矛。一以辟众善之路，一以浚^④诸恶之源，相去霄壤矣。

【注释】

①反己：反省、检讨自己。

②药石：药：方药；石：砭石。均指治病的器物，引申为规诫他人改过之言。《左传》："孟孙之恶我，药石也。"

③尤人：尤：指责、归咎。《论语·宪问》："不怨天，不尤人。"

④浚 [jùn]：开辟疏通。

【译文】

一个能够经常反省自己的人，遇到任何事情都可能成为使自己警醒的良药；一个经常怨天尤人的人，起心动念都会像伤害自己的戈矛。一个是通向善行的途径，一个是形成恶行的源头，两者有天壤之别。

【点评】

"我是一切问题的根源"，如果真正能认识到这句话，凡事反求诸己，会有很多宽容、涵纳、慈悲、喜舍产生在心中，带着这样的一颗心，会将很多烦恼、怨结、愁苦变成帮助修行的机缘，上天也会在不知不觉中助我们一臂之力。

反之，如果怨天尤人，把一切问题都归咎于外在和他者，不仅不会使自身得到解脱，反而越来越感到时时处处都是矛盾和障碍。

所谓行善和作恶，只是自己选择要生活在天堂还是地狱的区别。

第一四八则

功名一时　气节千载

事业文章随身销毁，而精神万古如新；功名富贵逐世①转移，而气节千载一日②。君子信③不当以彼易此也。

【注释】

①逐世：随着时代转移。

②千载一日：千年仿佛一日，比喻永恒不变。

③信：诚然、实在。

【译文】

事业成就和文章华彩都会随着人的死亡而消失，但圣洁的精神却可以亘古永存；功名利禄和荣华富贵都会随着时代变迁而转移，但高尚的气节却能够千年不朽。所以一个真正的君子，诚然不可以用永恒的精神气节来换取一时的事业功名。

【点评】

何谓价值观？我们究竟应该把哪些东西摆在更重要的位置？义和利孰轻孰重？

苏轼的事业一度辉煌，文章更是冠绝天下，可是他晚年在给朋友的信中写道："吾侪虽老且穷，而道理贯心肝，忠义填骨髓，直须谈笑于死生之际。"他深深知道

"大江东去，浪淘尽千古风流人物"，一切功名富贵都会过去，可是总有更重要的东西留下来——这就是他写给恩师欧阳修的诗中提到的："一点浩然气，千里快哉风。"

深深懂得生命和世界的人，总会做出自己的取舍。

第一四九则

自然造化之妙　智巧所不能及

鱼网之设，鸿①则罹②其中；螳螂之贪，雀又乘其后③。机里藏机，变外生变，智巧何足恃哉！

【注释】

①鸿：雁中最大的一种，俗称天鹅。

②罹［lí］：遭遇。《三国志·魏书·武帝纪》："河北罹袁氏之难。"

③螳螂之贪，雀又乘其后：比喻只看到眼前利益而忽略了背后的灾祸。《说苑·正谏》："园中有树，其上有蝉，蝉高居悲鸣饮露，不知螳螂在其后也；螳螂委身曲附，欲取蝉，而不知黄雀在其傍也；黄雀延颈欲啄螳螂，而不知弹丸在其下也。此三者，皆务欲得其前利而不顾其后之有患也。"

【译文】

本来是一张为了捕鱼而设的网，不料鸿雁却落入其中；贪婪的螳螂一心想吃眼前的蝉，却不知黄雀在背后伺机偷袭。玄机里面暗藏玄机，变化之外再生变化，人的智慧和计谋又有什么可恃的呢？

【点评】

人类的愚蠢，往往在于以为自己很机智、很强大、很有能力，以为自己可以安排所有、布局一切；可是往往机关算尽太聪明，反误了卿卿性命。

　　人类的愚蠢，还在于远远没有认识到自己的有限、渺小、可怜，没有认识到在浩瀚宇宙中自己甚至都不如一粒微尘。

　　人类的愚蠢，更在于不懂得敬畏，不懂得臣服，不懂得祈祷；天地之大、造物神奇，我们只不过像个在河边捡鹅卵石的孩子，竟然以为自己是宇宙之尊，以小博大、螳臂挡车，确乎可笑。

第一五○则

真诚为人　圆转涉世

作人无点真恳念头，便成个花子①，事事皆虚；涉世无段圆活机趣，便是个木人，处处有碍。

【注释】

①花子：乞丐的俗称。

【译文】

做人如果没有一点真诚恳切的念头，就会像个一无所有的乞丐，做任何事都很虚伪；处世如果没有一些随机应变的技巧，那么就成了一个没有生命的木头人，时时处处都会碰到阻碍。

【点评】

这一条的标题"真诚为人、圆转涉世"巧妙道出了中国传统智慧中最赞赏的一种立身处事的方式。

稻盛和夫在谈到自己生活的时代说："富裕却不知足，丰衣足食却不知礼，充分享受自由却倍感孤独闭塞……社会弥漫着颓废、悲观的氛围，甚至有人甘愿成为丑闻的主角，甚至犯罪。"（《活法》）他认为在纷乱浮躁、迷失自我的时代，很多人找不到活着的意义和价值，所以他深入研读《菜根谭》等经典，像古人一样将其作为身心性命之学，非常清晰地确立了他的人生方向，像在急流中打桩一样，不畏浮云遮望眼，成就了一手打造两家世界五百强企业的辉煌业绩。

这种"急流中打桩"，就是在生活中总要秉持住一些最基本、最重要的立身之基，比如诚信，比如善良。不随波逐流，因时因势改变，而像稻盛和夫这样一位企业家，显然仅靠真诚善良无法创造出如此功业；即便是普通人，光是秉持一端也独木难行。所以还要在主体的骨架之外，加以关节润滑剂，也就是真诚恳切，辅以圆活机趣，如此才可以活动自如，行于世间，奔走驱驰、运筹帷幄而游刃有余。

第一五一则

云去而本觉①之月现　尘拂而真如②之镜明

水不波则自定，鉴③不翳④则自明。故心无可清，去其混之者，而清自现；乐不必寻，去其苦之者，而乐自存。

【注释】

①本觉：佛教用语，认为人本体的心天生清净，具有自反觉悟的本性；这种德行出于天赋，绝非后天修炼得来，故名"本觉"。

②真如：佛教用语，真：真实；如：不变。《唯识论》："真谓真实，显非虚妄；如谓如常，表无度易。谓真实一切法，常如其性，故曰真如。"

③鉴：古指镜子。《左传·庄公二十一年》："王以后之鞶鉴予之。"

④翳［yì］：遮蔽。《楚辞·九歌·远逝》："石屿嵯以翳日。"

【译文】

水不兴波作浪就会自然平静，镜子不被灰尘蒙蔽就自然明净。所以人的心地并不需要刻意去追求什么清静，只要去掉妄想杂念，就自然会明静清澈；快乐不必刻意去寻找，只要去除痛苦和烦恼，快乐就会自然存在。

【点评】

在修行的路上，有时候我们可能过于辛苦，然而却用力相反。

就像禅宗著名的公案和偈子所说："时时常拂拭，莫使惹尘埃。"就像普通的日常，与其努力养生、锻炼身体，不如不断戒除和去掉不良的生活习惯。此消一寸，彼长一寸。方圆固定的土地上，稗草少了，嘉禾自然生长起来。

心灵也是一方田地，不必刻意去追求收获；做一个专心耕种的农夫，每天认真去除污秽和杂草，未来自然丰收可期。

第一五二则

一念能动鬼神　一行克①动天地

有一念而犯鬼神之禁，一言而伤天地之和，一事而酿②子孙之祸者，最宜切戒③。

【注释】

①克：能。

②酿：本意是酿酒，后引申为造成。

③切戒：深深引以为戒。

【译文】

不正当的念头会触犯鬼神的禁忌，不合适的话语会伤害人间的祥和之气，不该做的事情会造成子孙后代的祸患；所有这些看似微小的言行，我们要倍加小心、引以为戒。

【点评】

明代思想家李贽自题过这样一副对联："诸葛一生唯谨慎，吕端大事不糊涂"，用以自警。

越是做得顶天立地大事的人，越是对细枝末节小事战战兢兢，如履薄冰。《易经·乾卦》已经是至刚至阳至上的吉卦，然而其中的爻辞仍有这样的句子："君子终日乾乾，夕惕若厉，无咎。"比喻君子即便得到重用，也仍然要自强不息、奋发有为；而且每天都要心存警惕，好像有危险发生一样，才能免除灾祸，顺利发展。

　　所以，一个真正尊重自己、敬畏天地的人，起一念、出一言、做一事之前，一定会严谨持重、绝不轻发；因为他知道所有一切看似微小的事情，都是一条无限循环的因果链中的一环。一只南美洲亚马孙热带雨林中的蝴蝶，偶尔扇动几下翅膀，可能引起美国德克萨斯的一场海啸。

第一五三则

情急招损　严厉生恨

事有急之不白者，宽①之或自明，毋躁急以速其忿；人有操之不从者，纵之或自化②，毋躁切以益其顽。

【注释】

①宽：舒缓不急迫。

②自化：自己觉悟。《老子》："我无为而反自化。"

【译文】

有些事情越是想弄清楚，就越弄不清楚，可是宽限一些时间就会自然明白，不要急躁以免增加紧张的气氛；有的人想指导他却不愿意听从，如果放松下来任其发展，也许他会自己慢慢觉悟，不要急切地去约束他，以免增加他的抵触情绪。

【点评】

前段时间有部电影叫做《让子弹飞一会》，姑且不说它的内容，单就这个片名，就很值得思量。

这世间有很多事情，如果都能用语言说清楚，急切间能弄清楚，那就天下太平了。很多矛盾激化或难以决断的时候，不如采用"休克疗法"，先把它放一放、等一等，往往可以收到意外效果。

就像一盘菜，不知道是该吃还是该扔的时候，先把它放在冰箱里，过一段时间自然就会有所选择。

第一五四则

不能养德　终归末节

节义傲青云①，文章高白雪②，若不以德性陶熔之，终为血气③之私，技能之末。

【注释】

①青云：高空中的蓝色云彩，比喻身居高位的达官显贵。

②白雪：古代乐曲名，相传师旷演奏此曲时，神鸟也被吸引下凡。《昭明文选》陆机《文赋》："缀下里于白雪。注：淮南子曰师旷奏白雪而神禽下降。白雪：五十弦琴乐名。"

③血气：这里指一时血脉贲张的意气或感情。

【译文】

有些人的节操和正气足以傲视高官厚禄，文章和辞采足以胜过名曲白雪；然而如果不是最终以德行、品性来引领和陶冶，那么终究不过是血气冲动时的个人感情，或微不足道的雕虫小技。

【点评】

博大精深的中医药学中，有"君臣佐使"的用药之方，借君主、臣僚、僚佐、使者四种身份分别所起的不同作用，比喻投药中的主次轻重、搭配技巧。只有"君臣佐使"各司其职、配合得当，才可以"上医医国、中医医人、下医医病"。

　　治病如此，修身也如此；如果主次不分、本末倒置，就算再动人心弦、博人眼球的节义和文章，也是旁门左道、花拳绣腿而已。

第一五五则

急流勇退　与世无争

谢事①当谢于正盛之时，居身宜居于独后②之地。

【注释】

①谢事：指辞官归隐。

②独后：不与人争，独自居后。

【译文】

急流勇退，要在自己事业处于鼎盛的时候，这样才能使自己有一个完满的结局；而安身立世，则应让自我处于清静恬然、与世无争的地方，这样才能真正地修身养性。

【点评】

我们都喜欢花开似锦，喜欢争先恐后，然而这世界的规律却恰恰是盛极必衰，居高则危。真正认识并接受这个规律的人，有一种特别的智慧，能够在最高潮的时候戛然而止，在最美丽的一刹那收场。

泰戈尔说："当使生如夏花之绚烂，死如秋叶之静美"。正因如此，这样的人留给世界的总是在定格瞬间的美好和优雅。

　　然而大多数的人，却不过是费力走完全程，却只留下很有些不堪的背影。

第一五六则

慎德于小事　施恩于无缘

谨德须谨于至①微之事，施恩务施于不报②之人。

【注释】

①至：极、最。《荀子·正论》："罪至重而刑至轻。"

②不报：此指无力回报。

【译文】

一个人要加强品德修养，须在最细微的地方下功夫；一个人要施予别人恩惠，应该施予那些根本无法回报你的人。

【点评】

何谓修行？就像《菜根谭》里的另一句话："小处不渗漏，暗处不欺隐，末路不怠荒"；谨守儒家慎独之道，在微小处、晦暗处仍如光天化日、神明在上，谦虚谨慎、戒骄戒躁。

而助人行善的意义又何在呢？有句话叫做求之不得。愈求之，愈不得。当好人、做好事，本身就已经是上天对我们的嘉奖；因为在这样做的时候，我们已经感到了全然的欣喜和快乐。这种平和喜乐，只关乎自己的内心，而不关乎他人和外在。

第一五七则

文华不如简素　读今不如述古

交市人①不如友山翁，谒朱门②不如亲白屋③；听街谈巷语，不如闻樵歌牧咏；谈今人失德过举，不如述古人嘉言懿行。

【注释】

①市人：市井之徒。

②朱门：红色的大门，比喻富贵之家。杜甫《自京赴奉先县咏怀五百字》："朱门酒肉臭，路有冻死骨。"

③白屋：指贫穷人家住的地方。《汉书·萧望之传》："致白屋之意。颜师古注：'白屋谓之白盖之屋，以茅覆之贱人之所居。'"

【译文】

与其和市井逐利之人交朋友，不如与山野老翁来往；与其去努力结交达官贵人，不如亲近布衣平民；与其听街头巷尾的是是非非，不如去听樵夫和牧童的山歌；与其议论当今之人的背德失信，不如讲述古代圣贤的美好言行。

【点评】

这段话里有四个"不如"：山翁、白屋、樵歌牧咏、古人嘉言懿行；它们都有共同特点，那就是：素朴、古拙、真切、天然。然而今天我们绝大多数人，都在交市人、谒朱门、听传闻流言、谈花边新闻。

如果选择以利相交，那么利在则聚、利无则散；如果选择八卦长短，那么长舌之妇必无所成。

既然我们必须花心思去交往一些人，听闻一些话，谈论一些事，那么为何不选择那些更少巧饰、更不依赖外在、更接近自然者，从而更有效地利用我们的生命成本呢？

第一五八则

修身种德　事业之基

德者事业之基^①，未有基不固而栋宇坚久者。

【注释】

①基：基础、根本。《老子》："贵以贱为本，高以下为基。"

【译文】

高尚美好的品德是一切事业的根基，就像兴建高楼大厦，如果没有坚实的地基，就不可能使整座楼宇坚固、持久、耐用。

【点评】

"德"的甲骨文字形左边是"彳"（chi），表示"行走"；右边是"直"，像一只眼睛上面有一条直线，表示眼睛要看正；二者相合就是"行得要正，看得要直"之义。后来西周金文字形在右边的眼睛下加了一颗"心"，即除了"行正、目正"外，还要"心正"。

明白了"德"的字形和字义，就更能懂得，为何《菜根谭》说"德者事业之基"，如果能够内心端正、眼光高远、行走正路，又怎能不根基牢固，事业长久呢？

第一五九则

心善而子孙盛　根固而枝叶荣

心者后裔①之根，未有根不植而枝叶荣茂者。

【注释】

①裔：子孙后代。左思《吴都赋》："虞、魏之昆，顾、陆之裔。"

【译文】

善良、正直的心地，是子孙后代幸福昌盛的根本；就像栽花种树一样，从没有不深植根基，就可能繁花似锦、枝叶茂盛的。

【点评】

佛教认为，我们的心中藏着不同的善恶种子，随缘滋长，就像田地会生长五谷和莨稗。而种子，就是各种行为的原因，有了因，才有果。

所谓经营人生，很大程度上幸福取决于子女是否成器、成材，而"种瓜得瓜，种豆得豆"，这些涉及子孙后代的恩荫福德，早已在不知不觉中埋下种子、植下深根；此后的枝叶花朵，只是必然结果而已。所以，"菩萨畏因，凡夫畏果；自种善因，自得善果"。

勿妄自菲薄　勿自夸自傲

前人云："抛却自家无尽藏[①]，治门持钵效贫儿。"又云："暴富贫儿休说梦，谁家灶里火无烟？"一箴[②]自昧所有，一箴自夸所有，可为学问切戒。

【注释】

①无尽藏：佛教用语，"无尽藏海"之意，比喻无穷无尽的道德和财富。《大乘义章》："德广难穷，名为无尽，无尽之德，包含曰藏。"

②箴 [zhēn]：劝告，规诫。

【译文】

古人说："抛弃自己家里的无穷宝藏，却效仿乞丐拿着饭碗沿门沿户去讨饭。"又说："突然暴富的穷人，千万不要自吹自擂，哪家的炉灶烟囱不冒烟呢？"前一句话是告诫人们不要妄自菲薄，后一句话是告诫人们不要自我夸耀，所说的这两种情况都应该作为做学问的鉴戒。

【点评】

我们究竟是谁？从哪里来，又到哪里去？我们来这世间究竟赋予何种意义，又有何种使命？

就像前段时间热映的电影《无问西东》所说："看到和听到的，经常会令你们沮丧，世俗是这样强大，强大到生不出改变它们的念头来。如果提前了解了你们要面对的人生，不知道你们是否还会有勇气前来？"

所谓爱惜羽毛，只有真正认识到自己的独特和珍贵，认识到上天所赋予的独一无二的灵性的人，才不会像一个一无所有的乞丐，心甘情愿泯灭如猪狗，见利忘义，只知满足口腹之欲；更不会自惭形秽、卑躬屈膝，艳羡富贵功名。

而认识不到自己的珍贵和灵性的人，才会"抛却自家无尽藏，治门持钵效贫儿。"正像《无问西东》所说："愿你在被打击时，记起你的珍贵，抵抗恶意；愿你在迷茫时，坚信你的珍贵，爱你所爱，行你所行，听从你心，无问西东。"

第一六一则

道乃公正无私　学当随时警惕

道是一重公众物事①，当随人而接引②；学是一个寻常家饭，当随事而警惕。

【注释】

①公众物事：指社会大众的事。

②接引：佛教用语，本指引渡众生，这里是迎接、引导的意思。

【译文】

真正的"道"是人人都可以追求和探索的，只要顺随本性去做，自然可以与之相逢；真正的"学"也是人人都可以体悟的，只要随着事情的变化而警觉和观察，自然可以水到渠成。

【点评】

《庄子》中记述了这样一个故事：东郭子问于庄子曰："所谓道，恶乎在？"庄子曰："无所不在。"东郭子曰："期而后可。"庄子曰："在蝼蚁。"曰："何其下邪？"曰："在稊稗。"曰："何其愈下邪？"曰："在瓦甓。"曰："何其愈甚邪？"曰："在屎溺。"

在常人眼里，"道"往往是高不可攀的东西，只有贤达圣哲才可求得，却不知"道"其实就在日常事物之中，人人皆可得之。而所谓"学问"，也并非莫测高深，只要用心去做、时时警醒，就如家常便饭，人人可为。

第一六二则

信人示己之诚　疑人显己之诈

　　信人①者，人未必尽诚，己则独诚矣；疑人②者，人未必皆诈，己则先诈矣。

【注释】

　　①信人：相信别人。

　　②疑人：怀疑别人。

【译文】

　　一个能信任别人的人，虽然别人未必全都是以诚相待，但起码他自己先做到了诚实；一个常怀疑别人的人，虽然别人未必全都是虚伪狡诈，但至少他自己先成为虚诈的人。

【点评】

　　《列子·说符》云："人有亡斧者，意其邻之子。视其行步，窃斧也；颜色，窃斧也；言语，窃斧也；动作态度，无为而不窃斧也。俄而掘其谷而得其斧，他日复见其邻人之子，动作态度无似窃斧者。"

　　还有那个著名的"杯弓蛇影"故事。晋朝有个叫乐广的人，经常请朋友到家里喝酒聊天。但是却有一位亲友很久也不来，广问其故，答曰："前在坐，蒙赐酒，方欲饮，见杯中有蛇，意甚恶之，既饮而疾。"他一直觉得喝到肚子里的有一条小蛇，感到全身都不舒服，就这样一病不起。直到乐广再次把他邀请到家，当着他的面把墙壁上的弓箭拿下来，杯里的"小蛇"自动消失，这位亲友才恍然大悟，疴疾顿消。

信任是一种力量，缺乏这种力量的人，往往心神不宁、疑神疑鬼。而一个愿意付出信任和诚心的人，虽然常被认为有些天真愚痴，但他们的内心却是安定而踏实的。

第一六三则

春风育物　朔雪杀生

念头宽厚的，如春风煦育①，万物遭之而生；念头忌刻的，如朔②雪阴凝，万物遭之而死。

【注释】

①煦［xù］育：煦：温暖。育：化育。颜延之《陶征士诔》："晨烟暮霭，春煦秋阴。"

②朔：北。

【译文】

一个心念宽容仁厚的人，就像温暖和煦的春风，能让万物充满生机；而一个心胸狭窄刻薄的人，就像阴冷凝固的冰雪，会让万物枯萎凋谢。

【点评】

正如《菜根谭》的另几句话："吾身一小天地也……天地一大父母也。""心体便是天体，一念之喜，景星庆云；一念之怒，震雷暴雨；一念之慈，和风甘露；一念之严，烈日秋霜。"心念虽小，却如燎原之火，不可不慎。

己所不欲，勿施于人。我们常形容与温暖和煦的人交往"如沐春风"，常感慨"良言一句三冬暖，恶语伤人六月寒"。既然如此，又何必不做一个"对待同志，像春天般温暖"的人呢？

第一六四则

善根暗长　恶损潜消

为善不见其益，如草里冬瓜，自应暗长；为恶不见其损，如庭前春雪，当必潜①消。

【注释】

①潜：偷偷地、秘密地。

【译文】

做了好事不一定能立即看出它的益处，但是好事的益处就像生长在草丛里的冬瓜一样，自然会不知不觉中暗暗长大；做了坏事也不一定会立即看出它的害处，但恶行的灾祸就像春天庭院中的积雪被阳光照射融化一样，一定会逐渐地显现出来。

【点评】

人们往往只善于计算当下、当前、当世的利益，所以往往看不到为善有何好处，为恶有何损害，也因此而心生蒙昧、胆大妄为、不怕因果，做了很多愚蠢而又害人害己的事。

究竟何者为益、何者为损？是否看得见抓得到的才是益，看不见抓不着的就是损？

有关价值观的教育，的确应该重视。

第一六五则

厚待故交　礼遇衰朽

遇故旧之交，意气要愈新；处隐微①之事，心迹宜愈显；待衰朽之人②，恩礼当愈隆。

【注释】

①隐微：隐私细微之事。

②衰朽之人：指年老体衰的人。

【译文】

遇到多年不见的老朋友，情意要如同对待新知一样特别热烈真诚；处理隐秘细微的事情，态度要更加光明磊落；对待年老体衰的人，礼节应当更加恭敬周到。

【点评】

《菜根谭》教给我们很多看人、识人的本领，这一句说的就是：观察一个人的真正德行，应当看他对待故知旧交如何，对待隐秘细微之事如何，对待势衰力弱之人如何。

换句话说，也就是，如果一个人能不喜新厌旧，能不阳奉阴违，能不前倨后恭，那么他就是耐得住品味和推敲的。

反过来，反观我们自身，我们也可以拿这句话检查自己：当我们面对这三类人的时候，我们的态度又如何？我们的德行又如何？

第一六六则

君子以勤俭立德　小人以勤俭图利

　　勤者敏①于德义，而世人借勤以济其贫；俭者淡于货利，而世人假俭以饰其吝。君子持身之符②，反为小人营私之具矣，惜哉！

【注释】

　　①敏：努力、奋勉。《汉书·东方朔传》："敏行而不敢怠。"

　　②符：护身符，这里指原则和依据。

【译文】

　　真正的勤奋，应该在德行和义理上下功夫，而世人却只借助勤奋来解决贫困；真正的俭朴，应该淡泊金钱财物，但世人偏偏假借俭朴来掩饰吝啬。君子修身立德的原则，却成了市井之人营私谋利的工具，真是可惜啊！

【点评】

　　勤俭的意义究竟何在？也许我们惯常理解的"勤奋刻苦"、"勤俭持家"是远远不够的。

　　《说文》云：勤者，劳也。应该勤于何事？《菜根谭》说应该勤于"德义"。真正用功、用力、用心的事，解决生计、饱暖无忧固然很好，但如果只是满足口腹之欲、德业无进，岂不是愈勤愈南辕北辙？

《说文》云：俭者，约也。真正的俭，应该简单、朴素，并且有所约束和知止。所以《论语》中才将"温良恭俭让"作为君子的重要品质，诸葛亮《诫子书》才说"静以修身，俭以养德"。

深思至此，不能不感叹，我们的确将勤俭的意蕴降低到太浅表、太物化的层面了！

第一六七则

学贵有恒　道在悟真

凭意兴作为者，随作则随止，岂是不退之轮①；从情识解悟者，有悟则有迷，终非常明之灯②。

【注释】

①不退之轮：佛家语，认为佛法能摧毁众生罪恶，就像轮王的法宝能碾碎山岳岩石和一切妖魔鬼怪；同时法轮如车轮一样辗转不停，所以称为不退之轮。

②常明之灯：指佛家所说的本智的光明，用以比喻赫灼长久的光明之灯。

【译文】

只凭一时意气、兴趣做事的人，情绪高的时候就去行动，冲动一过马上就停止，这样怎能成为不断前进永不倒退的车轮呢？从情感出发去领悟事理的人，有时候领悟，有时候迷惑，这样终究不是永保光明的智慧之灯。

【点评】

人生有如一条赛道，而中长跑选手更适合这个旅程。

他们虽然不具备短暂的爆发力和一瞬间的冲劲，但是其持恒长久、匀速分配的体能与耐力，不疾不徐、不骄不躁、有条不紊的心理状态，往往能最终跑完全程、获得胜利。

　　所以有大作为者，并不是一时兴起、灵光闪现的人物，而恰恰是懂得抑制和约束自己的暂时性情绪与情感，同时用理性和韧性去客观操持全局者。

第一六八则

律己宜严　待人宜宽

人之过误宜恕①，而在己则不可恕；己之困辱宜忍，而在人则不可忍。

【注释】

①恕：宽恕、原谅。

【译文】

对于别人的过失和错误应该多加包容宽恕，而对于自己的过失和错误却不可轻易放过；对于自己遇到的困境和屈辱应当尽量忍受，可是对于别人的困境和屈辱则不应袖手旁观、忍心不顾。

【点评】

"夫子之道，忠恕而已。""恕"一直被作为儒家奉行终身的道德伦理原则，然而如何执行"恕"的精神？

《菜根谭》告诉我们：不只要己所不欲、勿施于人，还要严以律己、宽以待人。可以恕他人之过，却不可轻易恕自己之过，因为这正是"吾日三省吾身"，提升自我的绝佳机会。

同样道理，如果他人有难，应该设法出手相助；而自己有难，则应尽量忍耐，这其实也是推己及人的忠恕之道。

第一六九则

为奇不为异　求清不求激

能脱俗①便是奇，作意尚奇者，不为奇而为异②；不合污便是清，绝俗求清者，不为清而为激。

【注释】

①脱俗：不沾染俗气。

②异：不同的、特殊的。

【译文】

能够超凡脱俗，就已经是"奇"了，如果刻意去标新立异、特立独行，那就不是"奇"，而是"怪异"；不肯同流合污，就已经是"清"了，如果以与世隔绝来标榜自己的清高，那就不是"清"，而是"偏激"。

【点评】

看到这一句，忽然想起时下的网络流行语，常形容某人思维奇特、身形曼妙，或者某事特出其位，叫做"思路清奇"、"骨骼清奇"或者"画风清奇"，总之是很不同于流俗、清高标举之意。

没想到四百年前的《菜根谭》无意中为这些网络流行语做了标注，它说：真正的"清奇"绝不是"作意尚奇"或"绝俗求清"，这样的做作、刻意、决绝所得来的所谓"清奇",实际是怪异、是偏激。

真正的"清奇",只是清水出芙蓉、天然去雕饰,自有一段不俗之骨、不染之心,这样浑然天成的"清奇"与故作姿态的"清奇",正是西施与东施的区别。

第一七〇则

恩宜自薄而厚　威须先严后宽

恩宜自淡而浓，先浓后淡者，人忘其惠^①；威宜自严而宽，先宽后严者，人怨其酷^②。

【注释】

①惠：恩惠。《论语·卫灵公》："群居终日，言不及义，好行小惠，难矣哉！"

②酷：冷酷，苛刻。晁错《贤良文学对策》："刑罚暴酷，轻绝人命。"

【译文】

对人施予恩惠应该从淡薄到浓厚，如果开始浓厚而后来却逐渐淡薄，那么人们就容易忘掉你的恩惠；树立威信要先严格而后宽容，如果先宽容而后严格，人们就会怨恨你的冷酷。

【点评】

真的是，做领导、做尊长，甚至做父母，都需要有配套的情商。

以"施恩"来说，绝不是光有一腔慈爱、万钟谷粟，一下子呼啦倾倒给对方就完事。人心是很微妙的，正如大地上的植物，须经三春回暖、夏阳暴晒；春霖滋润、夏雨灌溉，才能循序渐进成熟。倘若毒日连天或者淫雨霏霏，多半非死即残。

再说"建威"，其实等于是在对人与人关系的合适评估之后，所建立的相处模型和边界框架。只有这个原则建立，才容易进一步发展各种情感。如果不懂得从一开始就设立规范，那就仿佛像一个要盖房子的人，上来就先堆土块、和泥巴，砌墙垒砖，胸中毫无施工的图谱，直到中途才想起搭建房屋架子，当然不成体统、不成规矩。

"施恩"、"建威"这种事情看似简单，实际上非常有技术含量，处理不好，很容易滥施恩泽、乱立威严，费了好多心思却事倍功半、南辕北辙。

第一七一则

心虚意净　明心见性

心虚①则性②现，不息心而求见性，如拨波觅月；意净则心清，不了意而求明心，如索镜增尘③。

【注释】

①心虚：指心中没有杂念，并非俗语中所说心中慌张或者恐惧的"心虚"。

②性：与生俱来的本性。《中庸》："天命之谓性。"

③索镜增尘：拿着镜子照人，而镜子上却堆积着很厚的灰尘。

【译文】

内心清净无物，本性就会显露，不息灭纷飞的妄想却想照见自然本性，就像努力拨开水中的波浪去捞月亮，只是一场空；意念宁静纯洁，心灵就会清明，不了却烦乱的意念而想求得内心清明，就像本想拿着镜子照人，可是又增厚了一层灰尘，只是空费气力。

【点评】

某日，朋友和我分享《清静经》，忽然了悟到，原来儒道释的精髓中，身心修养的关键都只是在"心虚意净"——也就是，先去除心中妄起的杂念和多余的欲望，自然明心见性、得见清静。

我们并未有太多劳作，却常感身心俱疲；实际上，无数升起落下的欲望和杂念，正以伪装良好、不易发现的情态，不断销蚀、啃啮着我们的元神精气；而我们往往还认为这是理所当然、人皆如此。

所以儒家讲"正心诚意"，道家讲"清静无为"，佛家讲"心无挂碍"，其实都是在告诉我们，只有铲除妄念、贪欲这些孳生烦恼的根源，才有可能看到真正的本我之心，明见真正的本我之性。

第一七二则

人情冷暖　世态炎凉

　　我贵而人奉之，奉此峨冠大带①也；我贱而人侮之，侮此布衣草履②也。然则原非奉我，我胡为喜？原非侮我，我胡③为怒？

【注释】

　　①峨冠大带：峨：高。这里指高冠博带，比喻身居高位之人。

　　②布衣草履：粗布衣服和草鞋，比喻贫贱清苦的平民百姓。

　　③胡：疑问代词，怎么，为什么。《诗经·魏风·伐檀》："不稼不穑，胡取禾三百亿兮？"

【译文】

　　我富贵了人们就敬重我，敬重的是我的华丽威严的官服和宽大的绶带；我贫穷了人们就轻视我，轻视的是我的布衣和草鞋。人们原本敬重的是官服而不是我本人，我有什么可高兴的呢？人们原本轻视的是布衣草鞋而不是我本人，我又有什么可恼怒的呢？

【点评】

　　这句话似乎可以与《菜根谭》的另一句互为照应："世人只缘认得'我'字太真，故多种种嗜好，种种烦恼。前人云：'不复知有我，安知物为贵？'又云：'知身不是我，烦恼更何侵？'真破的之言也。"

世间太多烦恼，只不过是太拿"我"当回事，或者还没有真切地认识到"我"是谁。太多时候，我们以为"我"就是与自己名字相关的那个名誉、地位、金钱，所以随物而喜、随物而悲。

如果一旦明白这些东西原本其实与"我"无关，甚至连"我"都只是一个短暂的过客，那么所有喜怒哀乐也许就会烟消云散了。

第一七三则

慈悲之心　生生之机

　　为鼠常留饭，怜蛾不点灯，古人此等念头，是吾人一点生生之机①。无此，便所为土木形骸②而已。

【注释】

　　①生生之机：此指使万物生长的意念。

　　②形骸：人的形体。范缜《神灭论》："是生者之形骸变为死者之骨骼也。"

【译文】

　　常为老鼠留下一些饭粒不让它饿死，怕飞蛾扑火烧死尽量不点灯，古代的人常有这些仁慈的心肠，这些慈悲之心正是我们人类繁衍不息的生机。没有这些，那么人类也就与那些树木泥土没有什么区别了。

【点评】

　　在佛教中，慈爱众生，带给他人利益与快乐叫做慈；同感其苦，怜悯众生，扫除他人心中的悲伤叫做悲。

　　所谓慈悲，是知道自己与这世界上的生物一样，都只不过是天地的孩子、宇宙的微尘，都一样脆弱、渺小、卑微，所以才会有同情心、同理心；才会在理智行事的同时，也知道这本是一个有情世界，而自己与万物本是相通相连的；唯如此，才可以生机绵延、生生不息。